导弹发射动力学仿真技术

Missile Launch Dynamics
Simulation Technology

杨必武 姜毅 牛钰森 胡东 著

北京理工大学出版社
BEIJING INSTITUTE OF TECHNOLOGY PRESS

图书在版编目（ＣＩＰ）数据

导弹发射动力学仿真技术 / 杨必武等著. ﹣﹣ 北京：
北京理工大学出版社，2022.1
　ISBN 978 ﹣ 7 ﹣ 5763 ﹣ 0870 ﹣ 9

　Ⅰ．①导… Ⅱ．①杨… Ⅲ．①导弹发射 ﹣ 动力学 ﹣ 系
统仿真 ﹣ 高等学校 ﹣ 教材 Ⅳ．①TJ7 60.13

中国版本图书馆 CIP 数据核字（2022）第 018118 号

出　　版 / 北京理工大学出版社有限责任公司
社　　址 / 北京市海淀区中关村南大街 5 号
邮　　编 / 100081
电　　话 / （010）68914775（总编室）
　　　　　（010）82562903（教材售后服务热线）
　　　　　（010）68944723（其他图书服务热线）
网　　址 / http：//www.bitpress.com.cn
经　　销 / 全国各地新华书店
印　　刷 / 固安县铭成印刷有限公司
开　　本 / 710 毫米 × 1000 毫米　1/16
印　　张 / 23.75
彩　　插 / 3　　　　　　　　　　　　　　　　责任编辑 / 徐　宁
字　　数 / 417 千字　　　　　　　　　　　　文案编辑 / 徐　宁
版　　次 / 2022 年 1 月第 1 版　2022 年 1 月第 1 次印刷　责任校对 / 周瑞红
定　　价 / 108.00 元　　　　　　　　　　　　责任印制 / 李志强

专家委员会委员（按姓氏笔画排列）：

于　全	中国工程院院士
王　越	中国科学院院士、中国工程院院士
王小谟	中国工程院院士
王少萍	"长江学者奖励计划"特聘教授
王建民	清华大学软件学院院长
王哲荣	中国工程院院士
尤肖虎	"长江学者奖励计划"特聘教授
邓玉林	国际宇航科学院院士
邓宗全	中国工程院院士
甘晓华	中国工程院院士
叶培建	人民科学家、中国科学院院士
朱英富	中国工程院院士
朵英贤	中国工程院院士
邬贺铨	中国工程院院士
刘大响	中国工程院院士
刘辛军	"长江学者奖励计划"特聘教授
刘怡昕	中国工程院院士
刘韵洁	中国工程院院士
孙逢春	中国工程院院士
苏东林	中国工程院院士
苏彦庆	"长江学者奖励计划"特聘教授
苏哲子	中国工程院院士
李寿平	国际宇航科学院院士

李伯虎	中国工程院院士
李应红	中国科学院院士
李春明	中国兵器工业集团首席专家
李莹辉	国际宇航科学院院士
李得天	国际宇航科学院院士
李新亚	国家制造强国建设战略咨询委员会委员、中国机械工业联合会副会长
杨绍卿	中国工程院院士
杨德森	中国工程院院士
吴伟仁	中国工程院院士
宋爱国	国家杰出青年科学基金获得者
张　彦	电气电子工程师学会会士、英国工程技术学会会士
张宏科	北京交通大学下一代互联网互联设备国家工程实验室主任
陆　军	中国工程院院士
陆建勋	中国工程院院士
陆燕荪	国家制造强国建设战略咨询委员会委员、原机械工业部副部长
陈　谋	国家杰出青年科学基金获得者
陈一坚	中国工程院院士
陈懋章	中国工程院院士
金东寒	中国工程院院士
周立伟	中国工程院院士

郑纬民　中国工程院院士

郑建华　中国科学院院士

屈贤明　国家制造强国建设战略咨询委员会委员、工业
　　　　和信息化部智能制造专家咨询委员会副主任

项昌乐　中国工程院院士

赵沁平　中国工程院院士

郝　跃　中国科学院院士

柳百成　中国工程院院士

段海滨　"长江学者奖励计划"特聘教授

侯增广　国家杰出青年科学基金获得者

闻雪友　中国工程院院士

姜会林　中国工程院院士

徐德民　中国工程院院士

唐长红　中国工程院院士

黄　维　中国科学院院士

黄卫东　"长江学者奖励计划"特聘教授

黄先祥　中国工程院院士

康　锐　"长江学者奖励计划"特聘教授

董景辰　工业和信息化部智能制造专家咨询委员会委员

焦宗夏　"长江学者奖励计划"特聘教授

谭春林　航天系统开发总师

前　言

　　导弹发射动力学问题具有高度非线性、耦合性及复杂性的特点。基于虚拟样机技术进行导弹发射动力学研究能够缩短武器装备的研制周期，节省研制成本，加快研制进程，已经在方案设计阶段、样机阶段、工程设计阶段、产品研制阶段、试验验证和产品使用等工程中得到了应用，并且随着仿真技术和计算机能力的发展，必将发挥越来越重要的作用。

　　导弹发射动力学仿真研究涉及多体动力学、流体力学、结构力学、有限元方法、流固耦合技术、控制理论等多门学科。本书侧重于工程应用，从相关工程问题中提炼出科学问题进行介绍，对发射系统设计与评估、动平台发射复杂载荷环境模拟、机动发射导弹安全性仿真、发射环境多相流计算及发射系统—平台设备—承载场坪耦合动力学分析等内容进行了详细阐述。基于现有研究成果和经验积累，本书涵盖了导弹发射动力学基本理论、发射装置结构设计优化、发射环境载荷模拟、车辆机动性能评估、动平台导弹发射安全性评估、发射场坪承载能力评估、内弹道问题研究、激波开盖问题研究、热发射流场问题研究和多相流流场问题研究等内容。通过本书的学习，读者能够掌握导弹发射的基本理论和研究途径，以及导弹发射系统动力学和燃气射流常见工程应用问题的计算方法。

　　本书由96901部队杨必武研究员、北京理工大学姜毅教授共同编写，北京理工大学牛钰森、胡东参与了本书的编写及整理工作。本书包括绪论和3个部分，3个部分共分为13章。运载工具动力学篇包括：多体系统动力学基本概念与理论，公路车辆行驶动力学仿真，铁路运输过程动力学仿真；发射平台动力学篇包括：发射动力学基本概念与理论，冷发射动力学仿真，热发射动力

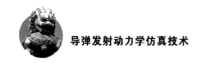

学仿真，动平台发射动力学仿真，发射场坪动力学仿真；燃气射流动力学篇包括：燃气射流基本概念与理论，弹射内弹道流场仿真，激波开盖过程流场仿真，导弹热发射燃气流场仿真，水下发射环境多相流场仿真。杨必武负责全书的统稿并负责第1、2、3章的撰写；姜毅负责第7、8、9、10章的撰写；牛钰森负责第11、12、13章的撰写；胡东负责第4、5、6章的撰写。姜毅教授学科组的程李东、蒲鹏宇、孟卫、马立琦、王勃曼、赵宸扬、严松、赵若男、王志浩、魏冬冬、陈麒齐、黄阳阳、什那儿、励明君、余浩、赵振等参与了相关章节的撰写，他们所做的工作对本书的完成起到了重要的作用。

本书致力于更好地推动我国导弹发射技术的快速发展，特别适用于导弹发射系统的总体设计、性能验证和仿真评估，能够为相关工程研制的预测和决策提供科学依据。全书内容丰富，逻辑性、可读性及工程应用性强，尤其适合从事发射技术研究工作的科研人员查阅，也可供高等院校相关专业的师生参考。

鉴于编者水平有限，书中难免存在缺点和疏漏，恳请广大读者提出宝贵意见。

编　者
2022 年 1 月

目　录

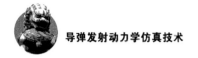

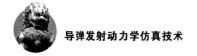

燃气射流动力学篇

绪　　论

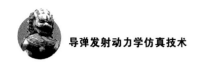

在现代导弹发射装置的研制过程中，计算机仿真发挥着十分重要的作用。从方案设计阶段开始，到结构设计，再到方案试验和故障归零，仿真几乎贯穿设计研制过程的始终。方案设计阶段，可根据初步构想建立较为简单的仿真模型，通过仿真确定关键设计参数。结构设计阶段可单独建立各细节结构的仿真模型，通过仿真确定结构设计和材料选择。方案试验阶段则建立较为完整的系统仿真模型，通过模拟真实的发射过程，判断方案设计能否满足战术指标要求。故障归零阶段，通过仿真能较为全面地还原定型试验的场景，更高效准确地找到故障点。相比于物理试验，仿真的成本更低、周期更短、数据更全面，可大幅加快方案迭代，降低研制成本。

导弹发射装置的研制过程如图 0.1 所示。

在上述过程中，方案试验是对整个方案设计的完整考察，因此在发射系统的设计过程中显得尤为重要。通常而言，导弹的作战过程包含图 0.2 所示的环节。首先是运输过程，除了大型地下井中的弹以外，其余弹都具有一定的机动性，需要依靠公路、铁路、舰船等发射平台运送到指定的发射地点。随后在发射装置的运转下，导弹从运输姿态转移到发射姿态，其间需要经历起竖和调平的过程。

在导弹满足发射条件情况下，发动机点火或者动力装置工作，实现导弹的发射。方案试验阶段必须对整个作战过程中涉及的发射系统各组成部分都进行研究，因此仿真的内容也就包含从运输到发射的整个作战过程，所涉及的问题主要包括运载工具动力学问题、发射平台动力学问题和燃气射流动力学问题。本书也主要从以上三个方面的问题切入，系统地介绍发射系统设计中使用到的仿真技术及其基本原理。

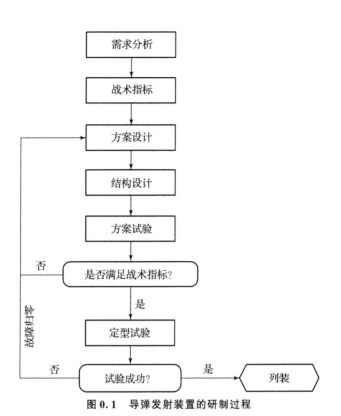

图 0.1 导弹发射装置的研制过程

运载工具动力学问题指的是运输过程中发射系统与导弹的动力学问题。发射系统主要由发射车、发射筒与导弹组成，其中发射车多为多轴轮式车辆，主要由车架、车轮、车桥和悬架组成。根据作战环境的要求，公路运输过程中可能面临公路、山路、沙地等不同路面条件。路面条件（如路面不平度）作为一种激励引起发射系统结构振动，其振动特性与发射车、发射筒、导弹自身结构以及三者之间的连接关系（如适配器、耳轴等）高度相关。此外，面对不同路面条件，多轴车辆各轴之间的转速配合，也是确保导弹发射系统公路运输平稳安全的重要保障。导弹发射系统公路运输中的动力学问题主要包括路面谱激励特性、多轴车转速配合控制规律、发射系统结构振动特性以及发射系统对运输路面谱激励响应。

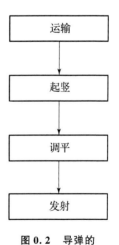

图 0.2 导弹的
作战过程

发射平台动力学问题是指导弹发射装备的总体结构设计及导弹发射过程中的系统动力学问题。进行发射平台动力学研究，主要涉及导弹发射系统—平台

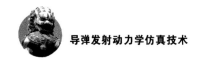

设备—承载场坪的耦合动力学建模与仿真，重点开展发射系统结构设计与优化、复杂载荷环境模拟、机动平台导弹发射安全性评估、发射场坪承载能力评估等。本书的发射平台动力学篇针对导弹发射平台典型的动力学问题展开阐述，详细介绍了基于仿真技术的导弹发射过程中导弹发射系统—平台设备—承载场坪耦合动力学研究方法，包括：①导弹的典型发射方式及发射动力学基础理论与数值解法；②提拉杆弹射装置和气囊弹射装置的结构设计与动力学仿真；③箱式热发射装置和同心筒发射结构的动力学建模仿真；④公路车辆、两栖车和海上船舰等机动平台发射的载荷环境特性及动力学仿真方法；⑤导弹运输、起竖和发射过程中装备与场坪耦合响应仿真方法等。

燃气射流动力学问题是指导弹发射过程中与动力装置和火箭发动机产生的高温高速燃气流动相关的力学问题。对采用弹射发射方式的发射装置而言，主要涉及燃气发生器产生的燃气在发射箱或者提拉杆活塞缸中的流动；部分箱式发射需要考虑点火冲击波开盖的过程；采用热发射方式的发射装置主要关注火箭发动机产生的燃气射流的排导、对发射装置的冲击和在发射环境内的流动，根据发射装置的结构不同，又包括裸弹发射、箱式热发射以及同心筒发射等；对于水下发射的导弹，水气两相流问题是研制过程中的重点和难点。计算机仿真过程中，对于燃气射流动力学问题需要借助计算流体力学（computational fluid dynamics，CFD）软件。由于发射过程中涉及的计算流体力学问题大多是高速可压缩流问题，主要依赖于基于雷诺平均（Reynolds-averaged）N-S（RANS）方程组、RANS 湍流模型和有限体积法开发的各类软件。

本书后续内容分为 3 个篇章共 13 个章节，第一个篇章为运载工具动力学篇，将系统介绍与导弹运输相关的动力学问题及其仿真方法；第二个篇章为发射平台动力学篇，阐述发射过程中发射装置相关的动力学问题及其仿真方法；第三个篇章为燃气射流动力学篇，讲解发射过程中的典型燃气射流动力学问题及其仿真解决方案。本书为概述型入门书籍，主要供相关专业的学生和技术人员参考，以对发射相关仿真技术知识有系统的初步了解。

运载工具动力学篇

第 1 章

多体系统动力学基本概念与理论

多 体系统动力学是基于经典力学发展而来的新应用学科，其主要目的是利用计算机数值求解技术研究航空航天、机器人等复杂系统的动力学性态，对机械领域的发展起着重要作用。20 世纪 60 年代，人们开始了对多体系统动力学的研究，目标侧重于多刚体系统。经过 20 多年的发展，多刚体系统动力学的建模方法逐渐成熟，稳定有效的数值求解方法是当时的热点。20 世纪 80 年代末期至今，由于计算机技术的发展和机械系统的复杂化，研究重点已然转向多柔体系统。本章将对多体系统动力学基本概念与理论进行详细阐述。

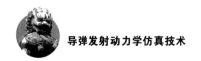

|1.1 多刚体系统动力学理论|

多刚体系统动力学的研究方法包括 Lagrange 方法、Newton – Euler 方法、Roberson – Wittenburg 方法、Kane 方法和变分法等。基于第一类 Lagrange 方程建立带乘子的最大数目动力学方程，对推导任意多刚体系统的运动微分方程提供了一种规范化的方法，其主要特点有：为减少未知量数目，选择非独立的笛卡儿广义坐标；运动微分方程中不包含约束反力，利于求解；在方程中引入动能和势能函数，求导计算量随分析系统的刚体数目增加而大增。此方法由于方便计算机编译通用程序，目前使用广泛，已被一些多体动力学软件作为建模理论而采用。

1.1.1 笛卡儿广义坐标下的各参量

笛卡儿方法是以系统中每个物体为单元，在物体上建立随体坐标系。体的位形均相对于一个公共参考系定义，位形坐标统一为固连坐标系原点的笛卡儿坐标系与坐标系的姿态坐标。

规定全局坐标系 $OXYZ$，其基矢量为 $e = [e_1, e_2, e_3]^T$，过刚体任意一点 O（基点）建立与刚体固连的随体坐标系 $oxyz$，其基矢量为 $e' = [e'_1, e'_2, e'_3]^T$。随体坐标系能够确定刚体的运动，采用 3 个笛卡儿坐标以及 3 个方位坐标。坐标变换矩阵 A 表示随体坐标相对于全局坐标系的关系。

$$A = e \cdot e'^{\mathrm{T}} = \begin{bmatrix} e_1 \cdot e'_1 & e_1 \cdot e'_2 & e_1 \cdot e'_3 \\ e_2 \cdot e'_1 & e_2 \cdot e'_2 & e_2 \cdot e'_3 \\ e_3 \cdot e'_1 & e_3 \cdot e'_2 & e_3 \cdot e'_3 \end{bmatrix} \tag{1.1}$$

如图1.1所示,假设刚体从 $OXYZ$ 变换到 $oxyz$,随体坐标系 $oxyz$ 相对于全局坐标系 $OXYZ$ 的姿态可以由三次有限转动(绕体轴 $3-1-3$ 顺序)确定,即先绕 OZ 轴转 ψ 角度,再绕 ON 轴转 θ 角度,最后绕 oz 转 φ 角度。其中,θ 为章动角;ψ 为进动角;φ 为自转角。

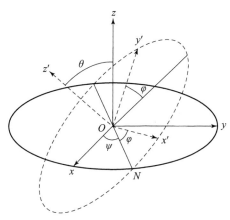

图1.1 坐标系转换示意图

将 ψ、θ 和 φ 这3个描述刚体姿态的坐标称为欧拉角坐标。三次转动的坐标变换矩阵分别为

$$A_1 = \begin{bmatrix} \cos\psi & -\sin\psi & 0 \\ \sin\psi & \cos\psi & 0 \\ 0 & 0 & 1 \end{bmatrix} \tag{1.2}$$

$$A_2 = \begin{bmatrix} 1 & 0 & 0 \\ 0 & \cos\theta & -\sin\theta \\ 0 & \sin\theta & \cos\theta \end{bmatrix} \tag{1.3}$$

$$A_3 = \begin{bmatrix} \cos\varphi & -\sin\varphi & 0 \\ \sin\varphi & \cos\varphi & 0 \\ 0 & 0 & 1 \end{bmatrix} \tag{1.4}$$

从随体坐标系 $oxyz$ 到全局坐标系 $OXYZ$ 的坐标变换矩阵为

$$A = A_1 A_2 A_3 = \begin{bmatrix} c_\psi c_\varphi - s_\varphi c_\theta s_\varphi & -c_\psi s_\varphi - s_\psi c_\theta c_\varphi & s_\psi s_\theta \\ s_\psi c_\varphi + c_\psi c_\theta s_\varphi & -s_\psi s_\varphi + c_\psi c_\theta c_\varphi & -c_\psi s_\theta \\ s_\theta s_\varphi & s_\theta c_\varphi & c_\theta \end{bmatrix} \tag{1.5}$$

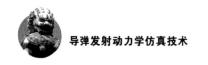

式中，$c_{\psi} = \cos \psi$，其余类推。

根据角速度叠加原理，刚体的角速度矢量 $\boldsymbol{\omega}$ 为

$$\boldsymbol{\omega} = \dot{\psi}\boldsymbol{e}_3 + \dot{\theta}\boldsymbol{e}_N + \dot{\varphi}\boldsymbol{e}_3' \qquad (1.6)$$

将该矢量投影到全局坐标系中，写成矩阵形式，有

$$\boldsymbol{\omega} = \boldsymbol{G}\dot{\boldsymbol{\Theta}} \qquad (1.7)$$

其中

$$\dot{\boldsymbol{\Theta}} = \begin{bmatrix} \dot{\psi} & \dot{\theta} & \dot{\varphi} \end{bmatrix}^{\mathrm{T}}$$

$$\boldsymbol{G} = \begin{bmatrix} \boldsymbol{e} \cdot \boldsymbol{e}_3 & \boldsymbol{e} \cdot \boldsymbol{e}_N & \boldsymbol{e} \cdot \boldsymbol{e}_3' \end{bmatrix}$$

$$= \begin{bmatrix} 0 & \cos \varphi & \sin \psi \sin \theta \\ 0 & \sin \varphi & -\cos \psi \sin \theta \\ 0 & 0 & \cos \theta \end{bmatrix}$$

求导角速度表达式可得到角加速度的表达式：

$$\boldsymbol{\varepsilon} = \boldsymbol{G}\ddot{\boldsymbol{\Theta}} + \dot{\boldsymbol{G}}\dot{\boldsymbol{\Theta}} \qquad (1.8)$$

如上所述，刚体的位形由随体坐标系的平动以及相对全局坐标系的转动确定。

刚体上任意一点的 P 相对于全局坐标系的原点 O 的矢径为

$$\boldsymbol{r} = \boldsymbol{R}_o + \boldsymbol{u} = \boldsymbol{R}_o + \boldsymbol{A}\boldsymbol{u}' \qquad (1.9)$$

其中，$\boldsymbol{R}_o$ 为随体坐标系原点 o' 相对于全局坐标系原点 O 的矢径；$\boldsymbol{u}'$ 为矢量 $\boldsymbol{u}$ 在随体坐标系中的坐标列阵，它在刚体运动过程中保持不变。

对式（1.9）求导得到任意点 P 的速度为

$$\begin{aligned} \dot{\boldsymbol{r}} &= \dot{\boldsymbol{R}}_o + \dot{\boldsymbol{A}}\boldsymbol{u}' \\ &= \dot{\boldsymbol{R}}_o + \boldsymbol{A}\boldsymbol{A}^{\mathrm{T}}\boldsymbol{A}\boldsymbol{u}' \\ &= \dot{\boldsymbol{R}}_o + \tilde{\boldsymbol{\omega}}\boldsymbol{u} \end{aligned} \qquad (1.10)$$

其中，$\boldsymbol{u}'$ 为矢量 $\boldsymbol{u}$ 在全局坐标系中的坐标列阵，$\tilde{\boldsymbol{\omega}}$ 为矢量 $\boldsymbol{\omega}$ 在全局坐标系中的坐标列阵的反对称轴矩阵，若坐标列阵为 $\boldsymbol{\omega} = \begin{bmatrix} \omega_1 & \omega_2 & \omega_3 \end{bmatrix}^{\mathrm{T}}$，其反对称矩阵表示为

$$\tilde{\boldsymbol{\omega}} = \begin{bmatrix} 0 & -\omega_3 & \omega_2 \\ \omega_3 & 0 & -\omega_1 \\ -\omega_2 & \omega_1 & 0 \end{bmatrix} \qquad (1.11)$$

进一步对 P 点的速度求导，得到加速度表达式：

$$\begin{aligned} \ddot{\boldsymbol{r}} &= \ddot{\boldsymbol{R}}_o + \ddot{\boldsymbol{A}}\boldsymbol{u}' \\ &= \ddot{\boldsymbol{R}}_o + \tilde{\boldsymbol{\varepsilon}}\boldsymbol{A}\boldsymbol{u}' + \tilde{\boldsymbol{\omega}}\tilde{\boldsymbol{\omega}}\boldsymbol{A}\boldsymbol{u}' \\ &= \ddot{\boldsymbol{R}}_o - \tilde{\boldsymbol{u}}\boldsymbol{\varepsilon} + \tilde{\boldsymbol{\omega}}\tilde{\boldsymbol{\omega}}\boldsymbol{u}' \end{aligned} \qquad (1.12)$$

其中，u' 为矢量 u 的坐标列阵的反对称矩阵。

若用广义坐标 $q = \begin{bmatrix} x & y & z & \psi & \theta & \varphi \end{bmatrix}^{\mathrm{T}} = \begin{bmatrix} \boldsymbol{R}_o^{\mathrm{T}} & \boldsymbol{\Theta}^{\mathrm{T}} \end{bmatrix}^{\mathrm{T}}$ 来表示平动以及转动坐标，那么速度和加速度可以写作如下形式：

$$\dot{r} = \begin{bmatrix} I & -\tilde{u} \end{bmatrix} \begin{bmatrix} \dot{\boldsymbol{R}}_o \\ \boldsymbol{\omega} \end{bmatrix} = \begin{bmatrix} I & -\tilde{u}G \end{bmatrix} \begin{bmatrix} \dot{\boldsymbol{R}}_o \\ \dot{\boldsymbol{\Theta}} \end{bmatrix} \tag{1.13}$$

$$= B\dot{q}$$

$$\ddot{r} = \ddot{\boldsymbol{R}}_o - \tilde{u}\boldsymbol{\varepsilon} + \tilde{\omega}\tilde{\omega}u$$

$$= \ddot{\boldsymbol{R}}_o - \tilde{u}(G\ddot{\boldsymbol{\Theta}} + \dot{G}\dot{\boldsymbol{\Theta}}) + \tilde{\omega}\tilde{\omega}u$$

$$= \begin{bmatrix} I & -\tilde{u}G \end{bmatrix} \begin{bmatrix} \ddot{\boldsymbol{R}}_o \\ \ddot{\boldsymbol{\Theta}} \end{bmatrix} - \tilde{u}\dot{G}\dot{\boldsymbol{\Theta}} + \tilde{\omega}\tilde{\omega}u \tag{1.14}$$

$$= B\ddot{q} + a_v$$

式中，$B = \begin{bmatrix} I & -\tilde{u}G \end{bmatrix}$，$a_v = -\tilde{u}\dot{G}\dot{\boldsymbol{\Theta}} + \tilde{\omega}\tilde{\omega}u$。

1.1.2　约束及约束方程

多体系统存在各种类型的铰约束（运动副），因此，它们之间必须满足某种给定的限制条件，也就是运动学约束。刚体的运动学约束可以分为相对平动约束和相对转动约束。相对平动约束可以通过两个刚体上点的相对距离来描述；相对转动约束可以通过分别固定在两个刚体上的单位矢量的相对关系来描述。这些矢量关系的数学表达式就是约束方程。

如图 1.2 所示，通过 i 和 j 对刚体进行铰连接，m 和 n 为其作用点，$o_i x_i y_i z_i$ 和 $o_j x_j y_j z_j$ 为两个物体的随体坐标系，原点分别位于两个物体质心，定义固结在两刚体上的矢量为 a_i 和 a_j。

连接铰作用点 m 和 n，可以得到矢量 l_{mn}，在广义坐标下根据矢量相关公式有

$$l_{mn} = u_i + h_m - u_j - h_n \tag{1.15}$$

对式（1.15）求导有

$$\dot{l}_{mn} = \dot{u}_i + \boldsymbol{\omega}_i \times h_m - \dot{u}_j - \boldsymbol{\omega}_j \times h_n \tag{1.16}$$

式中，u_i 和 u_j 分别为随体坐标系原点相对全局坐标系原点的矢径；h_m 和 h_n 分别为两个刚体 i 和 j 的铰作用点相对各自随体坐标系原点的矢径。

两刚体间的相对运动可以通过定义矢量 l_{mn} 来描述，共点约束即是铰作用点 m 和 n 始终重合，含有 3 个自由度约束，此时的约束方程可写为

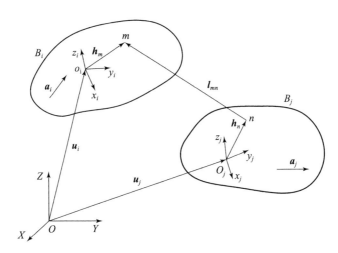

图 1.2　刚体 B_i 和 B_j 的连体矢量及铰作用点 m 和 n

$$C = l_{mn} = 0 \tag{1.17}$$

速度约束方程为

$$\dot{C} = \dot{l}_{mn} = 0 \tag{1.18}$$

分别固结在刚体上的矢量 a_i 和 a_j 相互垂直的充分必要条件是点积为零，可表示为 $a_i^{\mathrm{T}} a_j = 0$，那么其约束方程和速度约束方程分别为

$$C = a_i^{\mathrm{T}} a_j = 0 \tag{1.19}$$

$$\dot{C} = a_i^{\mathrm{T}} \dot{a}_j + a_j^{\mathrm{T}} \dot{a}_i = 0 \tag{1.20}$$

其中，a_i 和 a_j 分别为全局坐标系下两刚体上的固结矢量。此垂直约束定义了两刚体间连接的相对方位。

旋转铰限制了两个刚体间的相对平动，只允许沿特定轴线运动。因此，旋转铰的约束方程总共有 5 个，由共点约束和两个方向的垂直约束构造。

定义刚体 i 和 j 之间的连接铰作用点为 t 和 b，两点重合；定义刚体 i 上矢量 a_i 沿转轴方向，同时在刚体 j 上定义一对矢量 a_{j1} 和 a_{j2}，均与矢量 a_i 垂直且相互正交。那么，旋转铰的约束方程可以写成

$$C = \begin{bmatrix} u_i + h_t - u_j - h_b \\ a_i^{\mathrm{T}} a_{j1} \\ a_i^{\mathrm{T}} a_{j2} \end{bmatrix} = 0 \tag{1.21}$$

速度约束方程为

$$C = \begin{bmatrix} \dot{u}_i + \omega_i \times h_t - \dot{u}_j - \omega_j \times h_b \\ a_i^{\mathrm{T}} \dot{a}_{j1} + a_{j1}^{\mathrm{T}} \dot{a}_i \\ a_i^{\mathrm{T}} \dot{a}_{j2} + a_{j2}^{\mathrm{T}} \dot{a}_i \end{bmatrix} = 0 \tag{1.22}$$

系统约束由铰约束和驱动约束集合而成。铰约束通常是与位置坐标有关的定常约束，其个数与运动副数目 M 相等；驱动约束则是与时间相关的非定常约束，在数目上等于系统的自由度 N。在笛卡儿广义坐标下，铰约束和驱动约束方程的矩阵形式分别为

$$\boldsymbol{\Phi}^k(\boldsymbol{q}) = \begin{bmatrix} \boldsymbol{\Phi}_1^k(\boldsymbol{q}) & \boldsymbol{\Phi}_2^k(\boldsymbol{q}) \cdots \boldsymbol{\Phi}_M^k(\boldsymbol{q}) \end{bmatrix} = \boldsymbol{0} \qquad (1.23)$$

$$\boldsymbol{\Phi}^D(\boldsymbol{q},t) = \begin{bmatrix} \boldsymbol{\Phi}_1^D(\boldsymbol{q},t) & \boldsymbol{\Phi}_2^D(\boldsymbol{q},t) \cdots \boldsymbol{\Phi}_N^D(\boldsymbol{q},t) \end{bmatrix} = \boldsymbol{0} \qquad (1.24)$$

式中的上标 k 和 D 表示约束的不同性质：k 指约束性质为铰约束；D 指约束性质为驱动约束。

　　因此，系统的所有约束为

$$\boldsymbol{\Phi}(\boldsymbol{q},t) = \begin{bmatrix} \boldsymbol{\Phi}^K(\boldsymbol{q}) \\ \boldsymbol{\Phi}^D(\boldsymbol{q},t) \end{bmatrix} = \boldsymbol{0} \qquad (1.25)$$

1.1.3　多刚体系统的动力学方程

　　假设某系统包含 N 个刚体，存在 K 个不完整约束以及 S 个完整约束，定义系统广义坐标 $\boldsymbol{q} = \begin{bmatrix} q_1 & q_2 & \cdots & q_i \end{bmatrix}^T$，采用广义坐标 q_i 描述第 i 个体的位形，则其动能的形式为

$$T_i = \frac{1}{2}\int_{m_i} \dot{r}^2 \mathrm{d}m = \frac{1}{2}\dot{R}_i^T m_i \dot{R}_i + \frac{1}{2}\omega_i^T J_i \omega_i \qquad (1.26)$$

　　则系统的总能 T 表示为总势能以及动能之和：

$$T = \sum_{i=1}^N T_i + U \qquad (1.27)$$

　　根据第一类 Lagrange 的动力学方程，可推导出一些多体动力学软件采用的多刚体系统动力学方程：

$$\begin{cases} \dfrac{\mathrm{d}}{\mathrm{d}t}\left(\dfrac{\partial \boldsymbol{T}}{\partial \dot{\boldsymbol{q}}}\right)^T - \left(\dfrac{\partial \boldsymbol{T}}{\partial \dot{\boldsymbol{q}}}\right)^T + \boldsymbol{\Phi}_q^T \boldsymbol{\lambda} + \boldsymbol{\Psi}_{\dot{q}}^T \boldsymbol{\mu} - \boldsymbol{Q} = \boldsymbol{0} \\ \text{完整约束方程} \qquad \boldsymbol{\Phi}(\boldsymbol{q},t) = \boldsymbol{0} \\ \text{不完整约束方程} \qquad \boldsymbol{\Psi}(\boldsymbol{q},\dot{\boldsymbol{q}},t) = \boldsymbol{0} \end{cases} \qquad (1.28)$$

式中，$\boldsymbol{Q}$ 为广义力列阵；$\boldsymbol{\lambda}$ 为对应于完整约束的拉氏乘子列阵；$\boldsymbol{\mu}$ 为对应于非完整约束的拉氏乘子列阵。

|1.2　多柔体系统动力学理论|

　　考虑部件柔性效应的多体系统称为多柔体系统。多柔体系统动力学主要研

究部件的大范围刚体运动和部件本身的弹性形变互相耦合作用下的系统动力学响应。它是多刚体系统动力学的自然发展，同时也是多学科交叉发展而产生的新学科。多柔体系统动力学在某种特定假设下可以退化为多刚体系统动力学和结构动力学问题，但其本质是一个高度非线性的耦合复杂问题。对于多柔体系统动力学建模方法和数值求解的研究，目前已取得了不少成果。其主要思想是基于多刚体系统动力学，对柔性结构变形进行描述，通常使用有限段方法和模态综合法，在对位形的描述上又分为相对坐标方法和绝对坐标方法。

有限段方法仅适用于细长结构体，其本质是用柔性梁描述结构体的柔性效应，即将柔性结构体离散成有限段梁，每段梁之间用扭簧、线弹簧和阻尼器连接，建立梁段间相对角速率和体间相对（角）速度的广义速率的动力学方程。模态综合法适合小变形大规模多体系统分析，其将柔性结构体等效成有限元模型节点的集合，将柔性结构体变形处理成模态振型的线性叠加。同时，每个节点的线性局部运动近似看为振型和振型向量的线性叠加。

1.2.1 柔性体运动学描述

假设某柔性体如图 1.3 所示，在柔性体上建立随体坐标系 $Oxyz$。

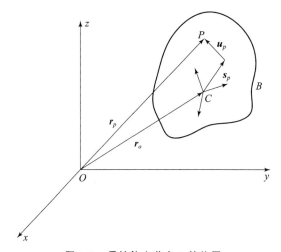

图 1.3 柔性体上节点 P 的位置

则在全局坐标系中表示节点 P 的矢径的列阵为

$$r = R_o + u = R_o + A(u_o' + u_f') \tag{1.29}$$

式中，u_o' 为物体变形时 P 点相对于 o 点位矢动坐标的列阵，为常数列阵；u_f' 为 P 点相对位移矢量在动坐标系中的列阵。

应用模态综合法，u_f' 可以表示为

$$u'_f = \Phi q_f \tag{1.30}$$

式中，$\Phi = [\begin{matrix} \Phi_1 & \Phi_2 & \cdots & \Phi_N \end{matrix}]$ 为模态向量矩阵；$q_f = [\begin{matrix} q_{f1} & q_{f2} & \cdots & q_{fN} \end{matrix}]$ 为模态坐标。将其代入可得

$$r = R_o + A(u'_o + \Phi q_f) \tag{1.31}$$

对式（1.31）求一阶导数和二阶导数，得到 P 的速度和加速度表达式：

$$\dot{r} = \dot{R}_o + A\tilde{\omega}' u' + A\Phi \dot{q}_f = B\dot{q} \tag{1.32}$$

$$\begin{aligned} \ddot{r} &= \ddot{R}_o + \tilde{\varepsilon}u + \tilde{\omega}\tilde{\omega}u + 2\tilde{\omega}A\Phi\dot{q}_f + A\Phi\ddot{q}_f \\ &= B\ddot{q} + a_v \end{aligned} \tag{1.33}$$

式中，$B = [\begin{matrix} I & -A\tilde{u}'G' & A\Phi \end{matrix}]^T$，$a_v = -A\tilde{u}'\dot{G}'\dot{\Theta} + A\tilde{\omega}'\tilde{\omega}'u' + 2A\tilde{\omega}'\Phi\dot{q}_f$，$q = [\begin{matrix} R_o^T & \Theta^T & q_f^T \end{matrix}]^T$ 是柔性体的广义坐标，它包含了柔性体的刚体运动坐标和弹性运动坐标。

1.2.2　多柔体系统的动力学方程

本小节使用第一类 Lagrange 方程建立多柔体系统的动力学方程。

1. 柔性体的动能

柔性体的动能用广义速度表达为

$$T = \frac{1}{2}\int_V \rho \dot{r}^T \dot{r} \mathrm{d}V = \frac{1}{2}\dot{q}^T M \dot{q} \tag{1.34}$$

式中，ρ 和 V 分别为柔性体密度还有体积；$\dot{r}$ 为柔性体上一点的绝对速度；$\dot{q}$ 为广义速度；M 为质量（mass）矩阵，可以写成分块形式：

$$\begin{aligned} M &= \int_V \rho B^T B \mathrm{d}V \\ &= \begin{bmatrix} M_{RR} & M_{R\Theta} & M_{Rf} \\ & M_{\Theta\Theta} & M_{\Theta f} \\ \text{对称} & & M_{ff} \end{bmatrix} \end{aligned} \tag{1.35}$$

式中，$M_{RR} = \int_V \rho I \mathrm{d}V$ 为物体的平动惯量，即总质量矩阵；$M_{R\Theta} = -\int_V \rho A\tilde{u}'G'\mathrm{d}V = M_{\Theta R}^T$ 为物体的平动和转动的惯性耦合；$M_{Rf} = \int_V \rho A\Phi \mathrm{d}V = M_{fR}^T$ 为物体的平动和变形的惯性耦合；$M_{\Theta\Theta} = \int_V \rho G'^T \tilde{u}'^T \tilde{u}'G' \mathrm{d}V$ 为物体的转动的惯性张量；$M_{\Theta f} = \int_V \rho G'^T \tilde{u}'^T \Phi \mathrm{d}V = M_{f\Theta}^T$ 为物体的转动和变形的惯性耦合；$M_{ff} = \int_V \rho \Phi^T \Phi \mathrm{d}V$ 为物体相对变形的惯性。

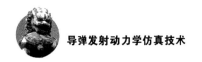

2. 柔性体的弹性势能

柔性体的弹性势能可以由模态刚度矩阵表示：

$$W_k = \frac{1}{2}\boldsymbol{q}^{\mathrm{T}}\boldsymbol{K}\boldsymbol{q} \tag{1.36}$$

式中，$\boldsymbol{K} = \begin{bmatrix} \boldsymbol{0} & \boldsymbol{0} & \boldsymbol{0} \\ \boldsymbol{0} & \boldsymbol{0} & \boldsymbol{0} \\ \boldsymbol{0} & \boldsymbol{0} & \boldsymbol{K}_{ff} \end{bmatrix}$，$\boldsymbol{K}_{ff}$ 为模态刚度矩阵。

3. 阻尼力

阻尼力的大小和广义速度相关，通过损耗函数对广义速度的偏导数得到。损耗函数的表达式为

$$\boldsymbol{\Gamma} = \frac{1}{2}\dot{\boldsymbol{q}}^{\mathrm{T}}\boldsymbol{D}\dot{\boldsymbol{q}} \tag{1.37}$$

式中，$\boldsymbol{D}$ 为模态阻尼矩阵。

综上所述，一些多体动力学软件中柔性体的动力学控制方程运用拉格朗日方程可得

$$\begin{cases} \dfrac{\mathrm{d}}{\mathrm{d}t}\left(\dfrac{\partial L}{\partial \dot{\boldsymbol{q}}}\right) - \dfrac{\partial L}{\partial \boldsymbol{q}} + \dfrac{\partial \boldsymbol{\Gamma}}{\partial \dot{\boldsymbol{q}}} + \left(\dfrac{\partial \boldsymbol{\Psi}}{\partial \boldsymbol{q}}\right)^{\mathrm{T}}\boldsymbol{\lambda} - \boldsymbol{Q} = \boldsymbol{0} \\ \boldsymbol{\Psi} = \boldsymbol{0} \end{cases} \tag{1.38}$$

式中，$L = T - W$ 为拉格朗日函数；$\boldsymbol{\Psi}$ 为约束方程；$\boldsymbol{\lambda}$ 为对应于约束方程的拉格朗日乘子列阵；$\boldsymbol{Q}$ 为广义力列阵。

|1.3   多体系统动力学计算方法|

一些动力学软件处理机械系统动力学问题时，根据系统不同特性选择不同求解方法：对于刚性系统，直接进行微分代数方程（DAE）求解；对于高频系统，则通过坐标分离法简化 DAE 方程为常微分方程（ODE），再进行求解。

1.3.1　DAE 求解方法

通过引入 $\boldsymbol{u} = \dot{\boldsymbol{q}}$，将多体系统动力学方程改成一般形式如下：

$$\begin{cases} F(\boldsymbol{q}, \boldsymbol{u}, \dot{\boldsymbol{u}}, \boldsymbol{\gamma}, t) = 0 \\ G(\boldsymbol{u}, \dot{\boldsymbol{q}}) = \boldsymbol{u} - \dot{\boldsymbol{q}} = 0 \\ \Psi(\boldsymbol{q}, t) = 0 \end{cases} \tag{1.39}$$

定义状态变量 $\boldsymbol{y} = \begin{bmatrix} \boldsymbol{q}^{\mathrm{T}} & \boldsymbol{u}^{\mathrm{T}} & \boldsymbol{\gamma}^{\mathrm{T}} \end{bmatrix}^{\mathrm{T}}$，式（1.39）可进一步写为单一矩阵方程：

$$g(\boldsymbol{y}, \dot{\boldsymbol{y}}, t) = \boldsymbol{0} \tag{1.40}$$

DAE 通常具有强非线性、刚性特点，一些动力学软件采用的是变系数的向后微分公式（BDF）刚性积分方法，提供了 GSTIFF、WSTIFF 和 CONSTANT_BDF 多种刚性积分器。BDF 刚性积分方法是一种预估校正法，在每一步积分求解时均使用了修正的牛顿 – 拉夫森（Newton – Raphson）迭代法，其求解过程如下。

1. 预估阶段

首先，根据泰勒级数预估下一时刻的系统状态值，泰勒展开式为

$$y_{n+1} = y_n + \frac{\partial y_n}{\partial t} h + \frac{1}{2!} \frac{\partial^2 y_n}{\partial t^2} h^2 + \cdots + \frac{1}{k!} \frac{\partial^k y_n}{\partial t^k} h^k \tag{1.41}$$

式中，$h = t_{n+1} - t_n$ 为时间步长。

通常，这种预估算法得到的下一时刻系统状态并不准确，可以使用向后差分积分方法进行校正。在此使用 Gear 积分方法进行校正：

$$y_{n+1} = -h \beta_0 y_{n+1} + \sum_{i=1}^{k} \alpha_i y_{n-i+1} \tag{1.42}$$

式中，y_{n+1} 是 $t = t_{n+1}$ 时刻的近似值；β_0 和 α_i 均是 Gear 积分方法的参数。

2. 校正阶段

将预估的状态值 $\boldsymbol{y}$ 代入系统动力学方程 $g(y, \dot{y}, t) = 0$ 进行验证，如果满足 $g = 0$，那么 $\boldsymbol{y}$ 即为方程的解。否则采用修正的 Newton – Raphson 法进行迭代求解，其迭代校正表达式为

$$\boldsymbol{J} \Delta \boldsymbol{y} = g(\boldsymbol{y}, \dot{\boldsymbol{y}}, t_{n+1}) \tag{1.43}$$

式中，$\boldsymbol{J}$ 为系统的雅可比（Jacobian）矩阵。

3. 误差控制阶段

将预估和校正值间的误差与误差精度比较，如果小于规定的误差精度，进行下一时刻的计算求解。否则舍弃此解，并且优化积分步长和阶数，重新由第一步开始进行预估 – 校正步骤。当达到设定的仿真结束时间，停止计算。

1.3.2　ODE 求解方法

对于多数类型的多体系统动力学方程，将其转换为 n 维一阶常微分方程

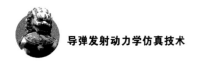

组为

$$\begin{cases} \dot{\boldsymbol{q}} = f(\boldsymbol{q},t) = \boldsymbol{0} \\ q(t_0) = q_0 \end{cases} \tag{1.44}$$

因此，仿真计算的直接数值方法可归纳为对常微分方程组初值问题的求解。利用欧拉方法，通过化导数为差商可将式（1.44）写为

$$q_{n+1} = q_n + h f(q_n, t_n) \tag{1.45}$$

1. 龙格 – 库塔法

作为求解非线性常微分方程重要的一类隐式或显式迭代法，龙格 – 库塔法（Runge – Kutta）仅需已知一阶导数值，可由式（1.45）求得。定步长龙格 – 库塔法计算公式为

$$q_{n+1} = q_n + \sum_{i=1}^{s} b_i k_i \tag{1.46}$$

式中，b_i 为待定权因子；s 为公式阶数；k_i 为不同点的导数和步长乘积，其表达式为

$$k_i = f\left(t_n + c_i h, q_n + h \sum_{j=1}^{s} a_{ij} k_i\right) \tag{1.47}$$

式中，a_{ij}、c_i 为待定系数，且 $c_1 = 1$，$i = 1$，2，$\cdots$，s。

根据大量实际工程问题的计算经验，经典四阶龙格 – 库塔法公式已经能够满足精度要求。该方法在已知方程导数和初值信息前提下，利用计算机完成迭代过程，省去求解微分方程的复杂过程。即已知一组（q_n，t_n），便可计算得到 q_{n+1}，根据初值（q_0，t_0）自动起步进行积分。

2. 多步预估 – 校正法

线性多步法计算公式为

$$q_{n+1} = \sum_{i=1}^{r} \alpha_i f_{n+1-i} + \sum_{j=0}^{r} \beta_i f_{n+1-j} \tag{1.48}$$

式中，r 为确定整数；$\alpha_i (i = 1$，2，$\cdots$，$r)$ 和 $\beta_i (i = 0$，1，$\cdots$，$r)$ 通常不为 0。因此，式（1.48）为 f 的线性函数。

当 β_i 为 0 时，由已知的 q_n，q_{n-1}，$\cdots$，q_{n-r+1} 和 f_n，f_{n-1}，$\cdots$，f_{n-r+1} 可以求得 q_{n+1}，即为显式多步法。当 β_i 不为 0 时，除上述值外，还需计算 f_{n+1}，因而需要知道待求值 q_{n+1}，即为隐式多步法。

预估 – 校正法的求解思想为：首先使用显式方法预估 q_{n+1}，然后使用隐式方法对 q_{n+1} 进行校正，直至满足误差要求。

第 2 章

公路车辆行驶动力学仿真

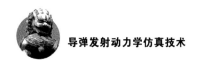
|2.1 典型车辆的基本结构|

历史上最早的装甲车，是 1855 年英国人科恩发明的，就是在轮式蒸汽拖拉机的底盘上安装机枪和装甲。在第一次世界大战期间，英国最先研制出了履带式装甲车和轮式装甲车，车上有轻型装甲和一挺机枪。第二次世界大战期间，随着机械化部队在欧洲战场的应用，装甲车得到更大范围的应用。装甲车按照行走装置，可以分为轮式装甲车和履带式装甲车。

2.1.1 轮式装甲车

历史上最早参加战争的轮式装甲车是在 1914 年的"一战"初期，英国人用汽车加机枪改装的轮式装甲车。轮式装甲车，就是以轮胎作为行走装置的装甲车，车身下方装有 4 个、6 个、8 个乃至多达 10 个巨大的轮胎。轮式装甲车通常用 $A \times B$ 的方式表示其轮胎个数和驱动轮个数。例如 8×4，表示 8 个轮胎，其中有 4 个驱动轮。显然，同等条件下驱动轮个数越多，装甲车的动力越强劲，机动性能越好，同时也越耗油（图 2.1）。

轮式装甲车越野能力、爬坡能力都不如履带式装甲车，然而轻便灵活，易于机动，橡胶轮胎不容易压坏公路，较轻的重量也不怕压垮桥梁，甚至可以通过大型飞机进行运输。轮式装甲车在公路上的通行速度也比履带式装甲车高。同时，轮式装甲车相对造价低廉，维修保养成本也低。

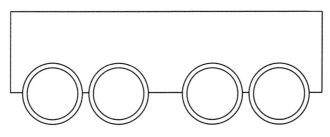

图 2.1　轮式装甲车

　　轮式行驶系的作用是支承汽车的总重量，将传动系传来的转矩转化为汽车行驶的驱动力，承受并传递路面作用于车轮上的各种反力及力矩，减振缓冲、保证汽车平顺行驶。轮式行驶系主要由车架、车桥、车轮和悬架四部分组成。车架通过弹性悬架与车桥连接，车桥两端装有车轮，如图 2.2 所示。

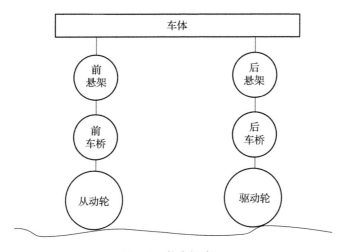

图 2.2　轮式行驶系

　　轮式行驶系主要构件如下。

　　（1）车架：车架是车体的主要结构，车架上装有变速器、转向器、传动轴、发动机、水箱、油箱、伺服电机、前后桥、车身等机构。车架的主要作用是将车体内各个机构的构件保持在合适的位置，将各个构件的载荷传递到车架，再由车架将载荷传递给其他机构，使整个车体保持相对位置不变。

　　（2）车桥：车桥是车架与车轮之间的连接构件，向上通过悬架连接到车架上，向下与车轮直接连接。车架上的载荷通过悬架传递给车桥，车桥上的驱动力、制动力、弯矩、扭矩等载荷再传递给车轮。车桥的主要作用是作为悬架和车轮的连接，并作为驱动力和制动力的传达者。

（3）车轮：车轮与轮胎是车体构造的重要构件，车桥上的驱动力、制动力、弯矩、扭矩等载荷传递到车轮上，再由车轮将各种载荷传递给路面，保证车辆的正常行驶，车轮的性能质量直接影响整个车辆的行驶安全。

（4）悬架：悬架是车架与车桥之间所有的载荷传递机构的总称。悬架主要由弹性元件、导向装置和减振器等三部分组成。作为车架与车桥的连接机构，起着承上启下的作用，悬架将车架的载荷传递到车桥、车轮上。同样，地面上的各个方向的支反力以及形成的力矩传递给车架，保证车体的正常行驶。

2.1.2　履带式装甲车

履带式装甲车是指用履带行驶系代替车轮行驶系的汽车。这种车对地面单位压力小、下陷小、附着能力强、行驶通过能力强。驾驶室与普通轮式装甲车基相似。履带式装甲车是安装两条履带，有的直接用坦克车的底盘。履带式装甲车，是将柴油内燃机的动力通过机械连接方式传递到各个车轮，通过调整侧减速器的减速比控制各轮驱动状态，实现直驶或转向；利用铅酸蓄电池组满足车辆照明、通信等电力需求。履带式装甲车由于两条履带的接触面大，越野性能好，翻山越岭如履平地，在松软的雪地、沼泽更是方便得多。然而全金属的履带底盘，重量比轮胎要大得多，造成全车过重，对公路、桥梁的承重要求很高，空运压力也更大。履带车还是"油老虎"，烧汽油的胃口极大，技术成本较高，对后勤的要求高。

履带式行驶系由车体、双侧履带系统及悬挂系统组成。每个履带系统由主动轮、承重轮、导向轮和托带轮组成，其中托带轮分为内托带轮和外托带轮两种，履带系统与车体由悬挂系统和履带架连接起来（图2.3）。

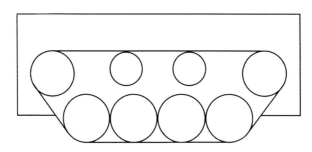

图2.3　履带式装甲车

履带式装甲车的典型特点是行动部分采用了履带行驶装置。履带行驶装置是借助两条平行旋转的闭合履带，使车辆运动的机构。履带行驶装置由两条闭合的履带、两个导向轮、两个驱动轮及若干个承重轮和托带轮组成。承重轮与车体之间有弹性、阻尼元件，以减轻车辆运动过程中的振动。导向轮上还配置履带张紧装置，以调整履带的张紧程度，保证履带链环在行驶过程中的稳定性。履带是装配到不同车轮上的闭合的履带链或带。履带链是由许多等距的用铰链互相连接的金属板构成的（图 2.4）。

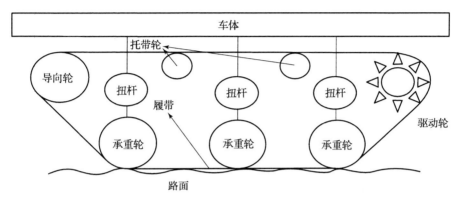

图 2.4　履带式行驶系结构

履带式行驶系主要构件如下。

（1）驱动轮：和履带板的内侧接触，通过将驱动力传递给履带，实现车体的驱动作用。

（2）承重轮：与靠近地面的履带板内侧接触，将扭杆的载荷向下传递给履带板。

（3）导向轮：和履带板的内侧接触，主要作用是将履带板张拉，达到履带板张紧、承托履带板的作用。

（4）托带轮：与靠近车体的履带板内侧接触，起到辅助导向轮对履带板进行张拉、承托履带板的作用。

（5）张紧装置：与车体连接，通过前后移动，控制导向轮，起到张紧履带板的作用。

（6）扭杆：扭杆是车体与承重轮（履带系统）之间的连接机构，力通过车体传达给扭杆，再由扭杆传给承重轮（履带系统），最终将力传导给地面，保证车辆平稳行驶。

（7）履带总成：履带总成是由履带板用连接销连接起来的封闭环，连接销将每个履带板连接起来形成一个履带链。其起到传递压力、驱动力、制动力等载荷控制车体行驶的作用。

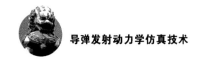

| 2.2　车辆动力学建模方法 |

2.2.1　车辆动力学建模概述

过去的武器研究人员对于车辆动力学发射系统的设计还是以经验为主，缺乏系统的理论知识，停留在画图、加工和打靶的基础上。导致的后果就是武器研制周期长、效率低、投资大，并且设计出的车辆动力学发射系统性能提高有限。直到火箭导弹发射动力学这门学科的出现，它提供了系统有效的理论和方法，使设计方法产生了质的变化，同时大大提高了武器的性能，促进了武器系统的更新换代。火箭导弹发射动力学是以弹架系统为研究对象，研究火箭导弹发射过程中的动力学特性，其目的在于寻求合理并实用的计算方法，以保证动载作用下结构的安全、经济及使用性能，使火箭导弹的发射精度和可靠性符合要求。

进行动力学建模计算的过程非常复杂，其中涉及的计算量也可能是非常惊人的，我们通常需要一些合理的动力学分析和简化，并采用合适的建模方法。当计算资源有限、需要减少一定的计算量时，可以对车辆系统建立 1/4 模型或者 1/2 模型，对于 1/2 来说，在车辆纵向对称截面两侧的动力学特征非常相似时，我们一般以车辆的纵向对称截面作为对称面，建立 1/2 模型。这种建模方法可以分析车辆系统最基本的频率和振型特征，在车辆的设计计算时经常使用，通过 1/4 和 1/2 模型可以有效地反映出整车的动力学特征。

2.2.2　轮式装甲车动力学建模

1. 坐标系与基本假设

轮式装甲车进行动力学建模分析时，系统和各部件运动复杂，通过设定如下坐标系可以更明确地描述它们的动态特性：全局坐标系——惯性坐标系 $OXYZ$，其与大地固连，X 轴正向指向车头正前方，Y 轴正向垂直于地面向上，Z 轴正向则通过右手定则确定；测量坐标系——随体坐标系 $o_ix_iy_iz_i$，各部件质心为对应坐标系原点，x_i、y_i、z_i 轴初始方向分别与惯性坐标系中 X、Y、Z 轴方向相同。

轮式装甲车进行动力学建模分析时所处的力学环境十分复杂，要借助多体动力学工程对模型进行仿真计算以模拟现实环境下的动力学特性，需做出如下假设：主要研究随机路面激励的影响，忽略次要因素；各类铰接均当作理想约束，不考虑摩擦因数及链接铰的间隙。用等效弹簧阻尼模型模拟独立悬挂系统；将整个车体等变形较小的车体机构视为刚体，不考虑车体弹塑性变形等非线性变化因素；将车体几何参数理想化，不考虑车体间的微小缝隙，以及车体构造几何尺寸偏差；不考虑风荷载等次要因素对车辆整体在运动工程中的影响。

2. 轮式装甲车动力学模型拓扑结构

轮式装甲车系统是一个复杂的机械系统，根据各部件功能关系可以分成地面、车辆整体和车载设备三大部分，轮式装甲车由车体、悬架、车轮、动力装置和转向机构等组成，其伺服电机、传动机构、油箱、水箱、车架等机构通过质心、质量和转动惯量等效建模简化。地面与车轮由路面与车轮的作用力与反作用力表示。车轮与悬架之间通过旋转副约束，悬架与车体之间由旋转副连接，车体内部构件均为固定约束。车体与车载之间作用通过作用力与反作用力表示。车轮与地面之间的摩擦约束根据车轮具体材料与地面材料属性的不同变化取值，车轮与车载的摩擦约束取值与车轮和地面的摩擦约束取值方法相同。轮式装甲车拓扑结构的动力学模型如图 2.5 所示。

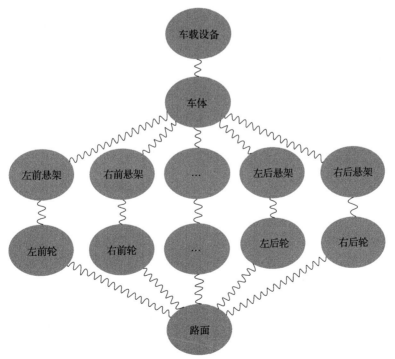

图 2.5　轮式装甲车拓扑结构的动力学模型

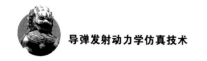

3. 轮式装甲车轮胎模型

轮式装甲车在路面上行驶时，由于实际路面的不平，车轮将沿着凹凸路面做上下起伏运动，车辆不断受到路面的冲击，影响到了车体的行驶稳定性，车载防空导弹武器系统每时每刻的姿态都在改变，恶化的行驶环境不仅对车体本身会产生许多负面影响，甚至可能对载荷产生毁灭性的破坏。路面轮胎输入模型能否准确地反映实际路面对分析研究的准确性有着根本的影响。动力学优化建模中，建立合理的路面轮胎输入模型对于仿真结构的进一步提高起着重要的作用。

轮胎是整车的重要组成部件，主要由胎面、胎肩、胎侧、胎体、带束层、钢丝圈和三角铰等构成。轮胎不仅结构十分复杂，而且其力学特性也难以描述，集几何、材料和边界非线性于一体。在行进间发射动力学研究中，选择符合实际的轮胎模型起着关键作用，其决定了整车发射动力学仿真的计算精度。

轮胎动力学模型经过多年的发展，种类很多，从建模方法上可分为三种：经验－半经验模型、物理模型和有限元模型；从应用范围上又可分为适用于操稳分析和适用于耐久性分析。常用的典型轮胎模型主要有以下几种。

（1）点接触模型。定义轮胎路面接触方式为点接触，同时接触模型为等效弹簧阻尼，地面的合作用力方向始终为法线方向。这是早期使用广泛的模型，仅适用于低频路面的估算。

（2）滚子接触模型。其分为刚性滚子模型和弹性滚子模型：前者是用滚子模型来描述与地面的接触，接触点不再始终处于轮中心的正下方；后者则是在印迹内分布垂直刚度。该轮胎模型由于其滤波作用属于非动力学范畴，所以适用程度受到限制。

（3）固定印迹模型。假设轮胎和路面相互作用的印迹长度始终不变，以印迹上排列的弹簧阻尼模型来描述轮胎。此模型不适用垂直轴荷的高频计算。

（4）径向弹簧模型。用线性或非线性的多个径向弹簧代替轮胎，弹簧沿胎体周向排列，相互间独立。

（5）等效平面模型。此模型对解决轮胎包容问题提供了重要思路，其本质为将处理得到的等效路形作为输入，再基于径向弹簧模型得到输出响应。等效平面模型计算速度快，但是为了得到等效路形，需要进行大量烦琐的工作。

（6）有限元模型。该轮胎模型是基于有限元思想，通过对结构的尺寸和材料属性的详细建模而得到的。有限元模型精度非常高，但是由于其本身自由度非常高造成计算求解的困难，因此不适用于整车模型耦合仿真。

（7）环模型。用包含径向和周向弹簧的圆环来描述轮胎特性，模型中的圆环表示胎冠，径向和周向弹簧描述充气效应，胎冠和刚性轮辋的联系关系同样采用弹簧描述。

上述每种轮胎类型都有其优缺点及合适的应用领域，前三种适用于车辆平顺性，缺点是对高频特性的描述精度低；中间三种精度较高，但是受到具体试验条件和通用性所限，在整车耦合仿真中应用不广；最后一种环模型是国内外学者描述短波不平路面上轮胎特性的广泛使用模型。目前，还没有一种轮胎模型能适用所有问题类型，应该根据问题的特点来选择符合的轮胎模型。

多体动力学软件中提供了多种轮胎模型：Fiala 模型、UA 模型、PAC2002 模型、SWIFT 模型和 FTire 模型等，考虑车辆动力学问题的特点和所建路面模型短波不平的性质，本文采用 FTire 模型，如图 2.6 所示。

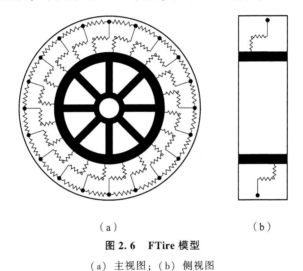

（a）　　　　　　　　　　　　　　　（b）

图 2.6　FTire 模型

（a）主视图；（b）侧视图

FTire 模型本质是柔性环模型，能描述胎内振动和胎外特性；胎体在圆周方向（甚至胎宽方向）离散成多个以弹簧连接的胎体单元，胎体单元上分布着数个胎面单元；轮辋和胎体以三向弹簧相连，弹簧刚度与轮胎转速相关；橡胶轮胎的表面摩擦系数是一个与压力和滑移速度相关的函数。FTire 模型的这些特点能很好地仿真轮胎复杂的非线性特性，同时 FTire 模型不需要对路面数据做预处理，可用于短波不平路面，甚至高或锋利的障碍物。FTire 模型是适用于车辆行驶性和操稳性研究的新模型，并且能够描述轮胎高频动态特性。

建立 FTire 模型需要较多的参数，比如轮胎具体几何参数、质量属性、静刚度和模态参数等。其中轮胎的几何和质量参数容易获得，其余参数的测量需要具备一定的试验条件，进行相应的试验。

（1）静刚度参数。其包括静垂向刚度和静侧向刚度，前者通过测量 10 mm

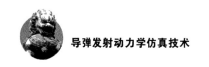
和 20 mm 变形下垂直载荷拟出的垂直位移 – 载荷的特性曲线而获得；后者通过测量 50% 和 80% 名义载荷下的侧向变形拟出的侧向位移 – 载荷特性曲线得到。

（2）轮胎胎面摩擦特性参数。其可以通过不同滑移速度和压力的胎面摩擦特性试验获得。

（3）轮胎模态参数。其可以进行相应的模态试验，即使用力锤对固定住的轮辋进行不同方向的敲击，通过传感器获得侧向、径向和切向的振动响应信号，最后利用相关的数据处理软件对响应信号进行分析得到轮胎模态参数：各阶模态振型和相应的频率。

根据合作方提供的相关试验数据，按照 FTire 文件的格式将各项参数写入就能生成对应的轮胎模型，表 2.1 列出了轮胎多项参数中的重要部分（模态参数）。

表 2.1　轮胎试验模态参数

模态阶数	模态频率/Hz	备注	模态阶数	模态频率/Hz	备注
1	42.37	面外 1 阶转动	4	74.07	面内 0 阶转动
2	53.70	面外 0 阶平动	5	83.05	面内 2 阶弯曲
3	62.35	面外 2 阶弯曲	6	93.22	面内 1 阶错动

4. 柔性体模型的建立

考虑到系统各结构特性对发射过程的影响程度，对整车模型中的车大梁、副车架、发射架和支撑杆结构部件进行柔性化处理。本书采用模态综合法来生成上述部件的柔性模型，主要包括两个步骤。

（1）利用有限元分析软件对部件实体模型进行结构化网格划分，对附着点（施加力与约束副的外部节点）和柔体与相邻部件实际连接区域内的节点建立梁单元或者刚性连接，进行模态计算得到模态中性文件。

（2）在多体动力学软件中导入模态中性文件，生成柔性体模型，根据其与相邻部件的连接关系，对外部节点施加约束。

以发射架为例，先采用有限元软件建立其有限元模型，材料密度为 $7.8 \times 10^3 \ kg/m^3$，弹性模量为 210 GPa，泊松比为 0.3，共有 29 578 个节点数和 10 048 个六面体单元，由于其与发射箱、车大梁和支撑梁共有 8 个接触区域，因此还包括 8 个附着点，然后利用宏命令对发射架有限元模型进行模态计算得到模态中性（.mnf）文件，最后将 .mnf 文件导入多体动力学软件生成柔性体，对 8 个附着点和其相邻刚柔结构件施加对应约束副。其余 3 个部件的柔性化处理与此类似。表 2.2 列出了 4 个柔性部件的仿真模态频率；图 2.7 给出了车大梁除刚性模态外的 4 种典型模态振型。

表 2.2　柔性体模态频率　　　　　　　　单位：Hz

模态阶数	车大梁	副车架	发射架	支撑梁
7	9.01	7.43	102.76	180.72
8	14.85	11.53	121.91	272.22
9	18.26	11.63	143.75	468.93
10	18.79	17.51	171.72	681.01
11	27.13	17.53	218.68	871.31
12	28.36	19.28	244.93	1 094.21
13	30.46	22.96	299.21	1 135.92
14	32.62	26.87	346.91	1 392.42
15	38.34	27.81	441.41	1 555.31
16	39.84	29.44	551.25	1 948.17

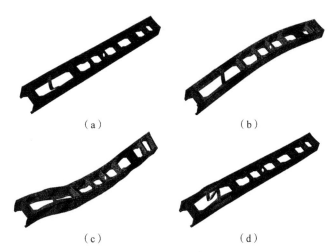

（a）　　　　　　　　　　　（b）

（c）　　　　　　　　　　　（d）

图 2.7　车大梁 4 种典型振型

（a）车大梁第 8 阶振型；（b）车大梁第 9 阶振型；

（c）车大梁第 10 阶振型；（d）车大梁第 12 阶振型

2.2.3 履带式装甲车动力学建模

履带式装甲车结构的车体、悬架、履带板、托带轮、承重轮、导向轮、动力装置和转向机构等组成相比于轮式装甲车更为复杂，其行驶过程中存在大量的构件碰撞问题。履带式装甲车的伺服电机、传动机构、油箱、水箱、车架等机构通过质心、质量和转动惯量等效建模简化。由于履带式装甲车的行驶环境相比于轮式装甲车更为复杂，履带板外侧与地面（土壤）的作用根据地面属性不同进行设置。履带板内侧与主动轮、承重轮、导向轮、托带轮的约束均为刚性约束。主动轮和托带轮通过旋转副与车体约束，根据车体动力性能在主动轮处增加一转动力矩。扭杆悬架与车体和承重轮均为旋转铰约束，扭杆悬架应建立等效扭簧模拟其刚度阻尼特性。张紧装置与导向轮通过旋转副连接，与车体固定约束（图2.8）。履带式装甲车建模过程见2.4节。

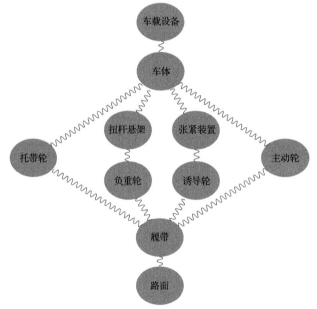

图2.8 履带式装甲车拓扑结构

2.3 随机路面模拟方法

2.3.1 路面不平度概述

路面不平度（road surface roughness），也称路面平度或路面平整度。根据

IRRE（international road roughness experiment）中规定，路面不平度指道路表面对于理想平面的偏离，其具有影响车辆动力性、行驶质量和路面动力载荷三者的数值特征。更直观地，如图 2.9 所示，路面不平度指相对基准平面的高度 d 沿道路走向长度的变化 $d(l)$。

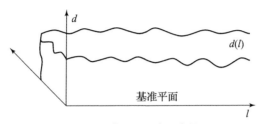

图 2.9　路面不平度示意图

沿着车辆的行驶方向，即在道路纵剖面上，路面不平度根据波长可分为长波、短波和粗糙纹理三种类型。其中，长波引起车辆的低频振动，短波引起车辆的高频振动，粗糙纹理则引起轮胎的行驶噪声。在道路横断面上，路面不平度表现为车辙和横断面的不平，它引起车辆的侧倾。国际耐久性协会（PLARC）给出的路面构造分类如图 2.10 所示，其给出了四种类型的波长和频率，同时也给出了车辆在路面行驶时车辆和路面之间的相互作用与各种物理现象。图中，空白区域表示有利因素，方框区域表示不利因素。一般情况下，认为路面不平度的数值范围为：波长 $\lambda = 0.1 \sim 100$ m，幅值 $A = 1 \sim 200$ mm。

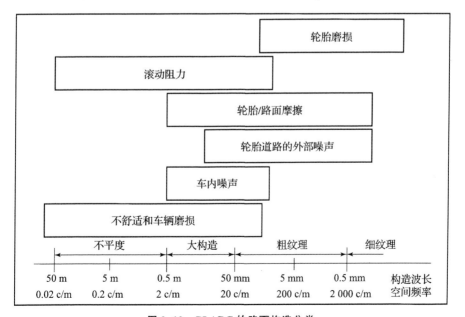

图 2.10　PLARC 的路面构造分类

路面的随机不平度是零均值且各态历经平稳的高斯随机过程，统计学中常以功率谱密度（PSD）对路面随机不平度进行统计和描述。在路面不平度高斯随机过程中，路面不平度功率谱密度通常表达为幂函数或有理函数形式。国际标准协会文件 ISO/TC 108/SC2 N6 制定了路面不平度的功率谱密度表达式模型及分级方法，我国国家标准 GB/T 7031—2005 也沿用了这种方法。该方法中路面位移谱密度 $G_d(n)$ 由路面等级确定，且只在一段空间频率（n_1, n_2）范围内有意义。虽然路面有很多等级，但 $G_d(n)$ 的值都是根据标准或试验来获取。路面不平度功率谱密度拟合表达式为

$$G_d(n) = \begin{cases} G_d(n_0)\left(\dfrac{n}{n_0}\right)^{-\omega}, & n \in (n_1, n_2) \\ 0, & \text{else} \end{cases} \qquad (2.1)$$

式中，n 为空间频率，m^{-1}；$n_0 = 0.1$ 为参考空间频率；$G_d(n_0)$ 为路面不平度系数，m^2/m^{-1}，路面等级不同系数不同；ω 为频率指数，一般取 $\omega = 2$；$G_d(n)$ 为功率谱密度，m^2/m^{-1}；（n_1, n_2）为有效空间频率范围，应该覆盖整车的固有频率，一般取为（$0.011\ m^{-1}$, $2.83\ m^{-1}$）。

国家标准根据路面功率谱密度把路面按不平度分为 8 个等级，表 2.3 中列出了各级路面不平度系数 $G_d(n_0)$ 的范围和其几何平均值，以及路面不平度相应的均方根值 σ 的数值范围和其几何平均值。

表 2.3　分等级路面标准

路面等级	$G_d(n_0) \times 10^{-6}/m^3$ $n_0 = 0.1/m^{-1}$			$\sigma \times 10^{-3}/m$ $0.011\ m^{-1} < n < 2.83\ m^{-1}$		
	下限	几何平均值	上限	下限	几何平均值	上限
A	8	16	32	2.69	3.81	5.38
B	32	64	128	5.38	7.61	10.77
C	128	256	512	10.77	15.23	21.53
D	512	1 024	2 048	21.53	30.45	43.06
E	2 048	4 096	8 192	43.06	60.90	86.13
F	8 192	16 384	32 768	86.13	121.79	172.26
G	32 768	65 536	131 072	172.26	246.61	344.53
H	131 072	262 144	524 288	344.53	487.22	689.04

以一定速度 v 在路面上行驶的车辆，在计算功率谱密度时，需要把空间频率功率谱密度 $G_d(n)$ 换算成时间频率功率谱密度 $G_d(f)$。空间频率 n 和时间频率 f 关系为

$$f = vn \tag{2.2}$$

$$\Delta f = v\Delta n \tag{2.3}$$

设 $\sigma_{d-\Delta n}^2$ 为路面功率谱密度在频带 Δn 内包含的功率，根据功率谱密度的定义得到 $G_d(n)$ 和 $G_d(f)$ 的计算公式为

$$G_d(n) = \lim_{\Delta n \to 0} \frac{\sigma_{d-\Delta n}^2}{\Delta n} \tag{2.4}$$

$$G_d(f) = \lim_{\Delta n \to 0} \frac{\sigma_{d-\Delta n}^2}{\Delta f} \tag{2.5}$$

由式（2.2）~ 式（2.5）可得到 $G_d(n)$ 和 $G_d(f)$ 的关系为

$$G_d(f) = \frac{1}{v}G_d(n) \tag{2.6}$$

2.3.2　路面不平度数学模型

路面不平度是车辆行驶过程中产生行驶阻力和振动的主要原因，获得准确的路面信息是进行车辆平顺性分析、耐久性分析和操作稳定性分析等性能研究的关键。因此，十分有必要掌握路面不平度的各种数学模型及模拟方法。

1. 功率谱分析

信号处理领域中功率谱理论的研究已经非常成熟。对于不同等级的路面，主要区别于表面粗糙度的不同，通常采用谱密度函数来表现不同粗糙度的路面。对于路面不平度的研究，各国学者提出了不同形式的功率谱密度表达式模型，包括过滤泊松过程模型、三角级数法、线性滤波白噪声法和傅里叶逆变换法等。

1）过滤泊松过程模型

路面不平度的过滤泊松过程模型为

$$d(x) = \sum_{k=1}^{N(x)} \alpha_k W(x, \zeta_k, b_k) \tag{2.7}$$

式中，$d(x)$ 是时域路面随机激励；$N(x)$ 是区间 x 内凹凸发生的个数，令其为一个稳态的泊松过程，单位长度凹凸的发生率为 $U_0(=\mathrm{const})$；α_k 是第 k 个凹凸的中心高度，其概率分布密度为 $P(a)$；b_k 是第 k 个凹凸在 x 轴上的存在区间，其概率分布密度为 $P(b)$；ζ_k 是第 k 个凹凸在 x 轴上的起始位置；$W(x,$

ζ_k，b_k）是在位置 ζ_k 所发生路面凹凸的形状函数。从而 $x < \zeta_k$ 或者 $x > \zeta_k + b_k$ 时，$W(x, \zeta_k, b_k) = 0$，以上随机变量 α_k、b_k、ζ_k 均假定为相互独立的随机变量。

形状函数 $W(x, \zeta_k, b_k)$ 的选定，应根据实际路面的起伏情况，如对于比利时试验路面，可选择矩形形状函数。但是，一般的道路都是十分复杂的随机过程，所以常选用半正弦波形状函数，即

$$W(x, \zeta_k, b_k) = \begin{cases} \sin \dfrac{\pi}{bk}(x - \zeta_k)，& (\zeta_k \leqslant x \leqslant \zeta_k + b_k) \\ 0，& \text{其他} \end{cases} \tag{2.8}$$

过滤泊松过程模型在频率大于一定值后，能较好地逼近目标谱密度，在频率为零附近效果较差。该模型的最大缺点是参数的求取缺乏严密的算法，需要实凑，因此很不方便。

2）三角级数法

三角级数法的研究思想是通过一组具有随机相位的三角函数相互叠加近似描述目标随机过程。假设时间频率的大小关系为 $f_1 < f < f_2$，则与之对应的路面不平度的方差可以表示为

$$\sigma_d^2 = \int_{f_1}^{f_2} G_d(f) \, \mathrm{d}f \tag{2.9}$$

将频率区间 (f_1, f_2) 划分为 m 个小区间，用每个小区间内中心点处的频率 $f_{\mathrm{mid}-i}(i = 1, 2, \cdots, m)$ 的谱密度值 $G_d(f_{\mathrm{mid}-i})$ 表示 $G_d(f_i)$ 在整个区间段内的积分值，则式（2.9）处理后可近似表示为

$$\sigma_d^2 \approx \sum_{i=1}^{m} G_d(f_{\mathrm{mid}-i}) \Delta f_i \tag{2.10}$$

在划分后的小区间内，频率为 $f_{\mathrm{mid}-i}(i = 1, 2, \cdots, m)$、标准差为 $\sqrt{G_d(f_{\mathrm{mid}-i}) \Delta f_i}$ 的正弦波函数表达式为

$$d_i(t) = \sqrt{2 G_d(f_{\mathrm{mid}-i}) \Delta f_i} \sin(2\pi f_{\mathrm{mid}-i} t + \theta_i) \tag{2.11}$$

叠加每个区间的正弦波函数，则时域路面随机位移为

$$d(t) = \sum_{i=1}^{m} \sqrt{2 G_d(f_{\mathrm{mid}-i}) \Delta f_i} \sin(2\pi f_{\mathrm{mid}-i} t + \theta_i) \tag{2.12}$$

式中，θ_i 是 $[0, 2\pi]$ 上均匀分布的随机数。根据 $t = x/v$ 将式（2.12）写成空间域内表达式为

$$d(x) = \sum_{i=1}^{m} \sqrt{2 G_d(f_{\mathrm{mid}-i}) \Delta f_i} \sin(2\pi f_{\mathrm{mid}-i} x/v + \theta_i) \tag{2.13}$$

三角级数法思维严谨、使用路面范围广，主要适用于非等级公路以及非标道路行驶的车辆，在实测道路面谱过程中进行时域模拟时使用。但是，使用计

算机进行三角函数的大批量计算的技术不够成熟导致了计算缓慢、效率低下。

3）线性滤波白噪声法

线性滤波白噪声法主要是通过抽象后的白噪声来代替路面高低变换的随机波动，进行变化拟合路面的随机不平度的时域模型，其数学模型为

$$d_{ij}(t) = \alpha v d_{ij}(t) = \xi_{ij} \qquad (2.14)$$

式中，$i = 1$，2，表示车辆在路面行驶途中前、后轮激励采集点；$j = 1$，2，表示车辆在路面行驶途中左、右轮激励采集点；d_{ij}表示车辆行驶过程中路面的随机激励；α表示与路面等级相关的常数；v表示被测车辆车速；ξ_{ij}表示过程为零均值的 Gaussian 随机过程。

上述通过微分方程的研究方法是以白噪声作为研究的输入信息，滤波白噪声作为研究的输出信息。其中以模拟路面高程的d_{ij}及其变化速度作为输入，在运动方程的激励项中嵌入轮胎垂直刚度和阻尼系数，使微分方程表达式更符合实际。线性滤波法具有计算量小、速度快的优点，其不足之处在于算法烦琐、精度不高。

4）傅里叶逆变换法

傅里叶逆变换能将频域信号转换为时域信号，基于傅里叶逆变换法进行路面不平度模拟的基本原理是：首先构造频域信号，即通过离散傅里叶变换得到已知路面功率谱的模值及通过傅里叶变换将正态分布随机序列生成相角输入。然后对所得频域信号进行傅里叶逆变换得到随机路面序列。

设空间路面随机不平度用$d(l)$表示，则其傅里叶变换，即路面的单边频谱公式为

$$F_d(n) = \int_{-\infty}^{+\infty} d(l) e^{-j2\pi nl} \mathrm{d}l \quad (0 < n < +\infty) \qquad (2.15)$$

对于路面不平度的处理，一般是考虑覆盖车体固有频率的一段区间，不可能是无限长的。设路面长度为L，采样点数为N，采用间隔为Δl，则式（2.15）的离散表达式为

$$F_d(k) = \sum_{m=0}^{N-1} d_m e^{-i2\pi \frac{k}{N\Delta l} m\Delta l} \Delta l = D_k \Delta l \qquad (2.16)$$

其中

$$D_k = \sum_{m=0}^{N-1} d_m e^{-i2\pi \frac{k}{N\Delta l} m\Delta l} \quad (k = 0, 1, \cdots, N-1) \qquad (2.17)$$

根据功率谱密度函数与路面不平度的傅里叶变换公式的关系可以得

$$G_d(n) = \lim_{L \to \infty} \frac{2}{L} |F_d(n)|^2 \qquad (2.18)$$

式（2.18）可以离散成如下表达式：

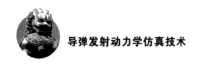

$$G_d(n_k) = \frac{2\Delta l}{N}|D_k|^2 \quad (k=0,1,\cdots,N-1) \tag{2.19}$$

式中，n_k 为离散空间频率；$G_d(n_k)$ 为功率谱密度函数在区间 (n_1,n_2) 中的离散采样值。

整理式（2.19）可得

$$|D_k| = \sqrt{\frac{N}{2\Delta l}G_d(n_k)} \quad (k=0,1,\cdots,N-1) \tag{2.20}$$

式（2.20）得到的是随机路面的幅值。事实上，由于国标定义的路面功率谱密度不包含相位信息，因此需要人为加入相位值，设相位角为 φ_k，那么有

$$D_k = |D_k|e^{i\varphi_k} \quad (k=0,1,\cdots,N-1) \tag{2.21}$$

式中，φ_k 服从正态分布，取值范围为 $[0,2\pi]$。

由式（2.17）可以看出，路面不平度离散数据 $d_m(m=0,1,\cdots,N-1)$ 经过傅里叶变换得到 $D_k(k=0,1,\cdots,N-1)$。对于 N 个路面不平度离散数据 $d_m(m=0,1,\cdots,N-1)$，计算其功率谱密度只需要其前 $\frac{N}{2}+1$ 个傅里叶变换数据，为了通过傅里叶逆变换求得 $d_m(m=0,1,\cdots,N-1)$，需要根据逆变换的相关性质补齐剩余的傅里叶变换数据：对于经过零均值化的路面不平度离散信号 $d_m(m=0,1,\cdots,N-1)$，其傅里叶变换 $D_0=0$；$D_{\frac{N}{2}}=0$；并且 D_1 与 D_{N-1}、D_2 与 D_{N-2}、$\cdots$、$D_{\frac{N}{2}-1}$ 与 $D_{\frac{N}{2}+1}$ 互为共轭复数。

这样联立式（2.20）和式（2.21），可以得到满足国标功率谱密度的 $\frac{N}{2}+1$ 个傅里叶变换数据，利用上述性质进行补齐得到 N 个傅里叶数据点 $D_k(k=0,1,\cdots,N-1)$，最后利用傅里叶逆变换公式得到路面不平度离散数据：

$$d_m = \frac{1}{N}\sum_{k=0}^{N-1}D_k e^{i2\pi\frac{km}{N}} = \frac{1}{N}\sum_{k=0}^{N-1}\sqrt{\frac{N}{2\Delta l}G_d(n_k)}e^{i\left(2\pi\frac{km}{N}+\varphi_k\right)} \quad (m=0,1,\cdots,N-1) \tag{2.22}$$

傅里叶逆变换法是严格按照傅里叶逆变换的理论推导而得，可以保证所得路面不平度离散数据点的功率谱密度与国家标准功率谱密度一致，具有极高的精度。

2. 时间序列分析

时间序列分析是统计学科的一个重要分支内容。在实际路面测量中，只能测到路面不平度的有限数据，利用时间序列分析的主要任务就是根据观测数据的特点为数据建立尽可能合理的统计模型，然后利用模型的统计特性去解释数

据的统计规律，以达到控制或预报的目的。在时间序列分析中，AR（auto regressive，自回归）模型和 ARMA（自回归移动平均）模型较为常用。

1）AR 模型

AR 系统相当于一组数字滤波器，可以将白噪声变成近似具有目标谱密度或相关函数的离散随机场。设空间的一维路面不平度用随机过程 $d(k)$ 表示，满足以下 AR 模型：

$$d(k) = -\sum_{i=1}^{p} a_i d(k-i) + w(k) \qquad (2.23)$$

式中，p 是 AR 自回归模型的阶数；$a_i(i=1, 2, \cdots, p)$ 是自回归参数；$w(k)$ 是均值为 0、方差为 σ_w^2 的随机信号白噪声序列。

根据空间域平稳过程 $d(k)$ 的自相关函数 $R_d(\tau)$ 的性质，可以得到 k 阶 AR 模型的 Yule – Walker 方程为

$$\begin{bmatrix} R_d(0) & R_d(1) & \cdots & R_d(p) \\ R_d(1) & R_d(0) & \cdots & R_d(p-1) \\ \vdots & \vdots & \vdots & \vdots \\ R_d(p) & R_d(p-1) & \cdots & R_d(0) \end{bmatrix} \begin{bmatrix} 1 \\ a_1 \\ \vdots \\ a_p \end{bmatrix} = \begin{bmatrix} \sigma_w^2 \\ 0 \\ \vdots \\ 0 \end{bmatrix} \qquad (2.24)$$

其中，自相关函数 $R_d(\tau)$ 公式为

$$R_d(\tau) = \frac{1}{2\pi} \int_{-\infty}^{+\infty} G_d(n) e^{in\tau} dn \qquad (2.25)$$

求解式（2.24），可得 AR 模型的参数 $a_i(i=1, 2, \cdots, p)$ 和 σ_w^2。

利用 AR 方法建立采样点数为 N 且空间频率范围为 (n_1, n_2) 的路面模型，采样阶数 m 对其精确性和稳定性有着重要影响，可以采取 AIC（An information criterion）准则进行最优判断，取值最小时的 m 作为最佳阶数，其计算公式定义为

$$A(m) = N\ln\sigma_a^2 + 2m \qquad (2.26)$$

其中

$$\sigma_a^2 = \frac{1}{N-m} \sum_{t=m+1}^{N} (d_t - \phi_1 d_{t-1} - \cdots - \phi_m d_{t-m})^2 \qquad (2.27)$$

与 AR 模型对应的功率谱是连续谱，分辨率可以无限提高。其能够很好地解决以采用傅里叶变换为基础的功率谱分析时产生的数据泄露。通过对一维模型的直接推广，利用 AR 模型能够对二维路面进行模拟。

2）ARMA 模型

从总体精度来看，ARMA 模型优于 AR 模型，它能够很好地逼近目标谱。在阶次很低时，ARMA 模型在低频段效果较差，阶次增加后，在整个模拟范围

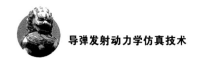
内都达到极好的效果。根据 AR 模型，可进一步建立 ARMA 模型：

$$d(k) = - \sum_{i=1}^{p} a_i d(k - i) + w(k) + \sum_{j=1}^{q} b_j w(k - j) \tag{2.28}$$

式中，$a_i (i = 1, 2, \cdots, p)$ 是自回归参数；$b_j (j = 1, 2, \cdots, q)$ 是滑动平均（moving average）参数；$w(k)$ 是均值为 0、方差为 σ_w^2 的随机信号白噪声序列。

ARMA 模型阶次选择以保证具有较好的模拟效果为原则。一般而言，模型阶数越高，模拟效果越好，但当阶数达到一定数值后，阶数的增大仅使在原有 ARMA 模型中引入一些系数接近为零的高阶项，对模拟的精度影响不大。因此 ARMA 模型阶次的选取应综合考虑运算量、总体精度两个因素。对于 ARMA 模型的最优阶次的选取尚无成熟理论，需要进一步的研究。

3. 小波分析

前面所讨论的路面不平度模型都是基于傅里叶变换的统计分析，傅里叶分析使用的是一种全局变换，不能获得信号的局部特征。而且对于非平稳信号的分析，要么完全在时域，要么完全在频域，无法表述信号的时频局域性质。与傅里叶变换相比，小波变换是时间（空间）频率的局部化分析，它通过伸缩平移运算对信号逐步进行多尺度细化，最终达到高频处时间细分，低频处频率细分，能够自动适应时频信号分析的要求，从而可聚焦到信号的任意细节，解决了傅里叶变换的困难问题。

小波变换是一种时频分析方法，其基本原理是将连续小波基函数 $\{\psi_{a,\tau}(t)\}_{a>0,\tau \in R}$ 作用于能量有限信号 $f(t)$，或将能量有限信号 $f(t)$ 在这些小波基函数下进行投影分解。信号 $f(t)$ 的连续小波变换（CWT）为

$$\text{WT}_f(a,\tau) = \frac{1}{\sqrt{a}} \int_R f(t) \psi^* \left(\frac{t - \tau}{a} \right) dt \quad (a > 0) \tag{2.29}$$

式中，a 为尺度因子或伸缩因子；τ 为平移因子；$\psi^* \left(\frac{t - \tau}{a} \right)$ 为 $\psi \left(\frac{t - \tau}{a} \right)$ 的共轭。通过改变 a、τ 可生成不同的小波函数构成小波族。

4. 分形分析

近年来，分形分析这一数学工具得到了快速的发展，并且在路面不平度的研究领域也有成功的应用。从一般意义上说，分形维数是用来衡量一个几何集或自然物体不规则程度的数，分维值 D 越高反映道路表面越平坦。在计算出分维值后，可以利用 $W - M$ 函数、布朗函数、中点位移随机算法等方法来模拟路面不平度，作为汽车平顺性研究的输入激励。其中 $W - M$ 函数在工程中较为

常用，其模型为

$$d(x) = G^{D-1} \sum_{n=n_1}^{M} \frac{\cos(2\pi\gamma^n x)}{\gamma^{(2-D)n}} \quad (1 < D < 2, \gamma > 1) \qquad (2.30)$$

式中，$d(x)$ 为随机路面激励；G 为幅度系数，反映 $d(x)$ 的幅值大小；D 为分形维数，它描述函数 $d(x)$ 在所有尺度上的不规则；γ^n 表示轮廓的空间频率，它的取值范围取决于采样长度和采样频率；n 为和空间频率范围相对应的整数值。

　　分形测量属于对测度的相似性测量，是一种相对性的描述参数，它无法唯一表达道路表面不平程度，即分形维数和功率谱不存在对应关系。将分形维数和尺度系数联系起来可提出表观分形维数，表观分形维数结合分形维数的相似测量和尺度系数的绝对测量。其表观分形维数数值越大，道路表面不平度越大。

2.3.3　三维随机路面建模

　　进行车辆行驶动力学仿真时，动力学软件通常为用户提供了一个路面模型库供以直接调用，但受到模型数量和种类的限制，实际工作中需要自行构造所需路面模型，方法包括平行样条线法、独立样条线法、路面文件综合构成法等。本小节以三角级数法和傅里叶逆变换法为例，进行路面不平度模拟说明。

1. 基于三角级数法的三维随机路面建模

　　对式（2.13）进行扩展得到三维路面不平度为

$$d(x,y) = \sum_{i=1}^{m} \sqrt{2}A_i \sin(2\pi f_{\text{mid}-i} \sqrt{x^2+y^2}/v + \theta_i(x,y)) \qquad (2.31)$$

式中，$d(x, y)$ 为三维空间内的路面高程，m；$\theta_i(x, y)$ 为均匀分布在 $[0, 2\pi]$ 区间内的相互独立的随机变量；x 为路面纵向行程，m；y 为路面横向行程，m。

　　采用 C 语言编写程序，生成随机路面不平度样本数据，得到随机路面模拟结果，如图 2.11 所示，所得路面不平度离散数据点的功率谱密度与国际标准功率谱密度基本一致，说明了路面模型具有极高的精度。

2. 基于傅里叶逆变换法的三维随机路面建模

　　基于式（2.31），与上述过程类似，采用 C 语言编写程序，即可得到随机路面不平度样本数据。实际中车体左右轮的路面激励存在相关性，且相关性会随着空间频率的增大而衰减；低频相关性强，高频相关性弱。由路面不平度的

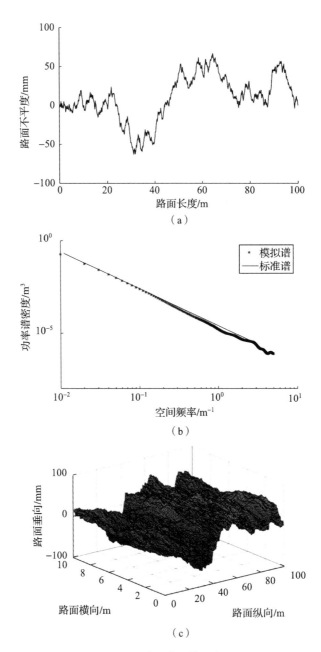

图 2.11 随机路面模拟结果

（a）路面不平度；（b）功率谱密度；（c）三维路面不平度

表达式可知，左右轮路面激励的不一致是由相位角 φ_k 的不同而引起的。因此可以通过拟合左轮相位角 φ_k^L 和右轮相位角 φ_k^R，使左右轮相干关系近似符合实际。有一种拟合公式，可以得到满意的结果，具体为

$$\varphi_k^R = e^{\frac{-Bn}{2.5}}\varphi_k^L + \left(1 - e^{\frac{-Bn}{2.5}}\right)\varphi_k^h \quad (m = 0, 1, \cdots, N-1) \tag{2.32}$$

式中，B 为轮距；φ_k^h 服从正态分布，取值范围为 $[0, 2\pi]$。

这样，由式（2.31）可得到左右轮的路面不平度：

$$d_{m\_\text{Left}} = \frac{1}{N}\sum_{k=0}^{N-1}\sqrt{\frac{N}{2\Delta l}G_d(n_k)}\, e^{i\left(2\pi\frac{km}{N} + \varphi_k^l\right)} \quad (m = 0, 1, \cdots, N-1) \tag{2.33}$$

$$d_{m\_\text{Right}} = \frac{1}{N}\sum_{k=0}^{N-1}\sqrt{\frac{N}{2\Delta l}G_d(n_k)}\, e^{i\left(2\pi\frac{km}{N} + \varphi_k^R\right)} \quad (m = 0, 1, \cdots, N-1) \tag{2.34}$$

设路面采样点数为 N，则路面总长为 $L = N\Delta l$，为避免频率混叠和保证仿真模型的有效空间频率下限 n_1 准确，采样路面间隔 Δl 和仿真路面长度 L 应满足：

$$\Delta l \leqslant \frac{1}{2n_2} = 0.177 \text{ m}$$
$$L \geqslant \frac{1}{n_1} = 90.91 \text{ m} \tag{2.35}$$

选择采样路面间隔为 0.1 m、采样点数为 1 000 进行编程计算，模拟 100 m 长的路面不平度。不同等级的仿真路面相应几何平均值如表 2.4 所示，与表 2.3 所给参考值非常接近，进一步说明了模型的正确性。

表 2.4　路面不平度均方根值

路面等级	均方根值 σ/mm		
	国标参考值	左车轮路面仿真	右车轮路面仿真
A	3.81	3.816	3.822
B	7.61	7.617	7.621
C	15.23	15.278	15.181

基于获得的随机路面不平度样本数据，根据实际使用的动力学软件路面谱文件的格式要求，通过设计算法对不平度样本数据进行有序组合，构造三角形单元拟合路面形状。建立三维路面模型，如图 2.12 所示。

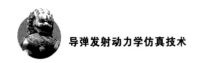

图 2.12   C 级路面模型

|2.4   实例分析|

为了更好地帮助读者理解并掌握公路车辆行驶动力学仿真方法，本节将以某履带式装甲车为具体对象，结合多体动力学软件，详细阐述履带式装甲车行驶动力学建模与仿真过程，并对计算结果的处理分析进行简要说明。

2.4.1   问题描述

履带式装甲车具有极好的通过性，能适应恶劣的作业环境。以履带式装甲车作为运输载体的车载武器，将发射系统的防护性与车载平台的机动性完美融合，能够大幅度提高武器系统作战能力。履带式装甲车行驶过程中，路面不平度会激发装甲车的振动，其对系统组件产生强烈的冲击作用，加快零部件的老化及失效。同时，该振动通过车体及发射装置传递到导弹，形成力矩，致使导弹在与发射装置全部分离的瞬间，其质心运动方向与参考射向产生偏差，即产生初始扰动。过大的初始扰动会引起导弹失控，无法达到控制要求，影响行进间发射的安全性。

因此，十分有必要对履带式装甲车行进间发射动力学问题进行研究。建立履带式装甲车动力学模型，对其行进间发射过程进行仿真，分析导弹出筒姿态分布规律，以及路面质量、行车速度等对导弹初始扰动的影响规律。另外，考虑到实际工程的需求，分析装甲车姿态与导弹出筒姿态的关系，由此，作战中通过惯导陀螺仪等测量仪器获得的装甲车姿态变化能够为驾驶人员提供准确的安全发射信号。

2.4.2   动力学建模

1. 坐标系说明和模型假设

履带式装甲车是一个极其复杂的机械系统，为描述系统动态特性，规定全

局坐标系 $OXYZ$ 与大地固连，X 轴正向指向装甲车行驶方向，Y 轴正向垂直于地面向上，Z 轴正向则通过右手定则确定；随体坐标系 $o_ix_iy_iz_i$ 的坐标系原点为各对应部件质心，x_i、y_i、z_i 轴初始方向分别与全局坐标系中 X、Y、Z 轴方向相同。该实例中导弹采用垂直发射方式，定义导弹绕全局坐标系 X、Y、Z 轴转动角度分别为俯仰角位移 θ_x、滚转角位移 θ_y、偏航角位移 θ_z，同样定义可得相应的角速度 ω_x、ω_y、ω_z。

装甲车系统涉及大量铰约束，且其行进间发射过程中力学环境十分复杂。在能够准确描述系统动力学特性的前提下，为合理简化模型，提高仿真效率，特做如下假设。

假设 1：不考虑连接铰间隙，均设为理想约束。

假设 2：不考虑零部件变形，整个模型为刚体。

假设 3：不考虑发动机运转时产生的振动。

假设 4：履带与地面之间为刚性接触。

假设 5：系统其他组件如座椅、电气设备、通信设备等仅赋予配重考虑。

假设 6：导弹尺寸小，出筒时间短（$t < 0.2$ s），因此忽略风载荷作用。

根据各部分功能关系，模型主要分为履带底盘、车体和发射装置三大部分。如图 2.13 所示，发射装置与车体之间固定连接；驱动轮、导向轮和托带轮与车体之间转动连接；扭杆一端与承重轮之间转动连接，另一端与车体之间转动连接。扭杆与车体之间添加扭簧力，通过设置扭簧的刚度 K、阻尼 C 值模拟车体和履带底盘之间的减振特性。

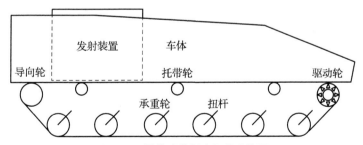

图 2.13　履带式装甲车拓扑连接图

2. 装甲车子系统建模

1）履带底盘模型

一些动力学软件为用户提供了坦克装甲等车辆设计的专业化高机动履带系统工具包，能够实现驱动轮、承重轮、履带片等构件的参数化建模，简化履带底盘烦琐的建模过程。

该实例中驱动轮类型选择"sprocket"，其结构参数如图 2.14 所示，主要包括：dedendum circle radius（R_d），base circle radius（R_b），pitch circle radius（R_p），addendum circle radius（R_a），sprocket carrier radius（R_i），number of teeth，carrier width（W_i），total width（W_o），radius of the tracked pins（Pin circle radius）。distance from the hub to the center of the track pins（loop radius）。

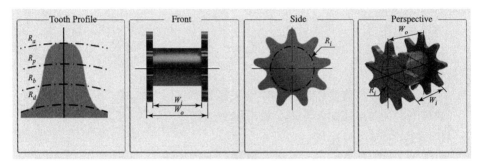

图 2.14　驱动轮尺寸信息

承重轮和导向轮类型都选择"double wheel"，其结构参数如图 2.15 所示，主要包括：hub radius（R_i），wheel radius（R_o），double wheel total width（W_o），hub width（W_i）。

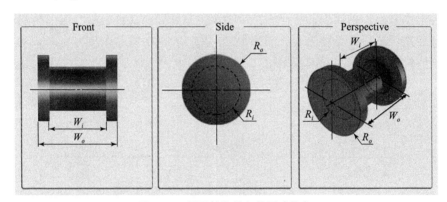

图 2.15　承重轮和导向轮尺寸信息

托带轮类型选择"single wheel"，其结构参数如图 2.16 所示，主要包括：wheel width（W），wheel radius（R）。

履带片类型选择"double pin track link"，其结构参数如图 2.17 所示，主要包括：link body upper height（H_u），link body lower height（H_b），link body left length（L_l），link body right length（L_r），end connector length（L_e），link body width（W_b），pin length（L_p），pin radius（R_p），center guide length（L_c），center guide thickness（T_c），left pin position（P_{lc}），right pin position（P_{rc}）。

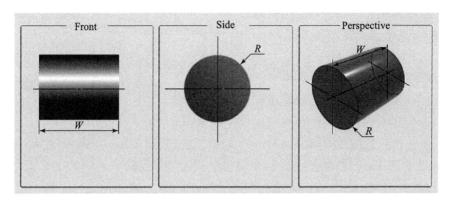

图 2.16　托带轮尺寸信息

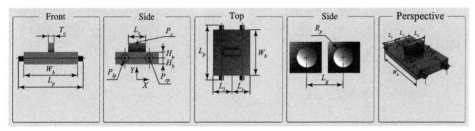

图 2.17　履带片尺寸信息

通过设置相关参数建立履带底盘各构件模型，如图 2.18 所示。

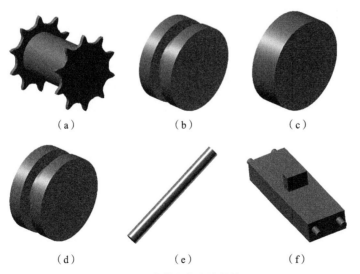

（a）　　　　　　　　　　（b）　　　　　　　　　　（c）

（d）　　　　　　　　　　（e）　　　　　　　　　　（f）

图 2.18　履带底盘各构件模型

（a）驱动轮；（b）承重轮；（c）托带轮；（d）导向轮；（e）扭杆；（f）履带片

根据各构件之间的连接关系添加相应约束进行装配，建立履带底盘模型，如图 2.19 所示。

2）车体模型

车体系统建模过程中，不考虑系统其他组件诸如座椅、电气设备、通信设备等对研究对象的影响，仅赋予配重考虑。因此，将整个车体系统等效为一个具有一定形状尺寸和质量属性的简单车体结构。

首先使用三维建模软件建立车体几何模型，然后将车体几何模型导入动力学软件，设置其质量属性，包括质量、质心（center of mass）和转动惯量（I_{xx}，I_{yy}，I_{zz}，I_{xy}，I_{yz}，I_{zx}）。建立车体模型，如图 2.20 所示。

图 2.19　履带底盘模型　　　　　　　图 2.20　车体模型

3）发射装置模型

该履带式装甲车装备 16 联装垂直发射系统，建模过程中主要简化为发射筒、导弹、适配器、弹托等结构（图 2.21）。

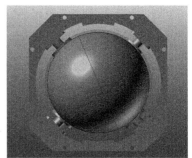

图 2.21　发射装置模型

3. 三维路面建模

见 2.3.3 小节。

4. 激励载荷

履带式装甲车行进间发射过程中，主要受到自身重力、路面激励、行驶动力、导弹弹射力以及各构件间的接触碰撞力的作用，力学环境复杂。

装甲车行驶动力由底盘发动机提供，不考虑加速传动过程，装甲车的行驶通过对驱动轮添加转动驱动实现，控制表达为

$$\text{step}(\text{time}, t_0, 0, t, \omega) \tag{2.36}$$

式中，ω 为驱动轮角速度，由装甲车行驶速度转换而得，随时间变化曲线如图 2.22 所示。

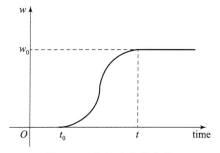

图 2.22　角速度变化曲线

导弹在弹射力作用下运动，仿真过程中采用随体单向力进行模拟。作用点位于待发导弹的弹托质心，方向近似平行于导轨，反作用力作用于发射箱。弹射力大小为

$$F(t) = p(t)A \tag{2.37}$$

式中，$p(t)$ 为试验测量所得各时刻燃气压强；A 为活塞筒截面积。采用 AKISPL 函数进行拟合得到弹射力变化曲线，如图 2.23 所示。

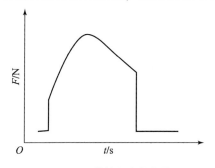

图 2.23　弹射力变化曲线

装甲车行驶动力学模型仿真过程中含有大量的接触力，包括适配器和导轨的接触、履带底盘组成构件之间的接触等。该实例涉及的接触力计算是根据基

于 Hertz 接触理论提出的非线性弹簧阻尼模型，并在此基础上加以修正，计算公式为

$$f_n = k\delta^{m_1} + c\frac{\dot{\delta}}{|\dot{\delta}|}|\dot{\delta}|^{m_2}\delta^{m_3} \tag{2.38}$$

式中，k 为接触刚度系数；c 为阻尼系数；m_1、m_2、m_3 分别为刚度指数、阻尼指数及凹痕指数；δ 为穿透深度；$\dot{\delta}$ 为接触点相对速度。

接触摩擦力计算公式为

$$f_f = \mu|f_n| \tag{2.39}$$

式中，μ 为摩擦系数，和相对速度 v 有关。

2.4.3 动力学仿真

1. 计算工况

该实例研究的是履带式装甲车行进间发射导弹出筒姿态分布规律及路面质量和行车速度对导弹出筒姿态的影响规律。路面质量和行车速度是影响导弹出筒姿态的主要因素，考虑客观实际，选择路面等级水平为 A 级、B 级和 C 级；选择车速水平为 20 km/h、25 km/h 和 30 km/h。则计算工况如表 2.5 所示。

表 2.5　计算工况

路面等级	20 km/h	25 km/h	30 km/h
A 级	工况 1 - 1	工况 1 - 2	工况 1 - 3
B 级	工况 2 - 1	工况 2 - 2	工况 2 - 3
C 级	工况 3 - 1	工况 3 - 2	工况 3 - 3

2. 样本数据获取与处理

考虑到路面不平度激励是一个随机过程，当导弹在不同位置进行发射时，传递到发射装置的激励不同，发射装置姿态改变，导弹出筒姿态是随机的。因此，要研究行进间发射导弹出筒姿态分布规律，需通过编写程序生成批处理文件和求解控制文件，以发射时刻 t 为设计变量进行参数化自动仿真，获取不同工况下大量样本数据，从统计学角度出发进行分析。仿真控制流程如图 2.24 所示。

采用直方图法对样本数据进行处理，将 N 个样本数据分为 k 组，确定组距 Δ、组限及各组中间值 t_i。组数 k 由以下经验公式确定：

$$k = 1 + 3.32\lg N \tag{2.40}$$

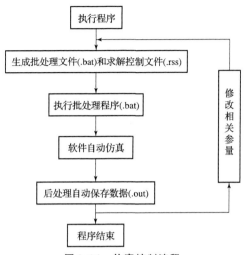

图 2.24　仿真控制流程

统计各组的频数 n_i，计算各组的频率 f_i 为

$$f_i = n_i/N \qquad (2.41)$$

计算样本平均值 $\bar{t}$ 和标准差 s 为

$$\begin{cases} \bar{t} = \dfrac{1}{N}\sum_{i=1}^{k} n_i t_i = \sum_{i=1}^{k} f_i t_i \\[2mm] s = \sqrt{\dfrac{1}{N}\sum_{i=1}^{k} n_i \left(t_i - \bar{t} \right)^2} \end{cases} \qquad (2.42)$$

以 t_i 为横坐标、f_i/Δ 为纵坐标绘制频率直方图，当样本容量 N 足够大、组距 Δ 足够小时，频率接近概率，直方中点的连线可表示总体的概率密度曲线。

3. 仿真过程介绍

动力学软件具有强大的二次开发功能，编写的求解控制文件（.rss）能够实现求解环境和仿真过程的控制。需要设置的环境参数包括仿真时间、数据采样步数、最大积分阶次、最大时间步长、求解误差、积分类型等，具体数值请读者参考多体动力学软件帮助文档或相关图书。该实例仿真过程大致为：0—t_1(s) 进行静平衡，t_1(s) 施加驱动；t_1—t_2(s) 为装甲车加速过程，t_2(s) 达到目标速度；t_2—t_3(s) 装甲车匀速行驶，t_3(s) 撤销导弹闭锁力并施加弹射力；t_3—t_4(s) 为导弹运动过程，t_4(s) 导弹出筒，仿真结束。

t_1、t_2、t_3 和 t_4 的取值由目标速度、路面等级、计算时长等多个因素决定，如 t_1 过小会造成静平衡时间不足，可能引起装甲车振动加剧，t_1 过大虽能保证装甲车在自身重力作用下达到平衡，但会延长仿真时间，降低计算效率。t_2 –

t_1 过小会使履带底盘加速度过大，可能导致仿真过程中履带链条脱落，仿真报错，同样，$t_2 - t_1$ 过大会延长计算时间。

2.4.4 计算结果分析

仿真结束后，针对所关注的动力学问题进行分析。动力学软件具备高超的仿真结果处理能力，能够输出各种数据曲线和动画文件，也可对曲线进行编辑和数字信号处理等，用户从中可以方便快捷地观察、研究仿真结果。针对一些特殊问题，需对仿真结果数据自行进行处理。正如该实例针对每一种工况进行参数化自动仿真，得到大量的导弹出筒姿态试验样本数据，因此，需要自行编写脚本提取每一次计算结果。该实例以俯仰角位移 θ_x 和俯仰角速度 ω_x 为例，提取得到不同发射时刻下的导弹出筒姿态结果，图 2.25 给出了一种工况下（C 级路面，20 km/h 车速）的样本数据。

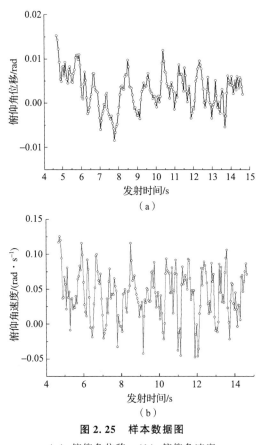

图 2.25 样本数据图

（a）俯仰角位移；（b）俯仰角速度

由图 2.25 可得，俯仰角位移 θ_x 和俯仰角速度 ω_x 随着发射时刻（发射位置）的改变呈现随机变化。采用直方图法对样本数据进行处理，绘制频率直方图。由图 2.26 可以看出，随着路面不平度的扰动，履带式装甲车行进间发射导弹出筒俯仰角位移 θ_x 和俯仰角速度 ω_x 服从正态分布。

以上实例以履带式装甲车为研究对象，阐述了公路车辆行驶动力学建模与仿真过程，读者可仿照之建立轮式装甲车或民用汽车行驶动力学模型进行分析。此外，为了方便初学者理解，该实例中对履带式装甲车系统结构进行了一定程度的简化，且没有考虑车架、发射架、发射筒等结构的柔性效应。请读者通过学习前文所述的车辆动力学建模与仿真方法，进一步完善实例中涉及模型，继续对相关问题开展研究。

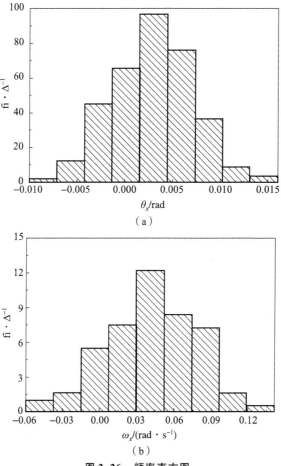

（a）

（b）

图 2.26　频率直方图

（a）俯仰角位移；（b）俯仰角速度

第 3 章

铁路运输过程动力学仿真

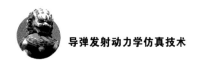
|3.1 铁路平车与路基的基本结构|

3.1.1 铁路平车的基本结构

平车没有固定的侧壁和端壁，所以作用在车上的垂向载荷和纵向载荷完全由底架的各架承担，是典型的底架承载结构。本书中铁路平车的模型依据 NX_{17} 型平车建立。因为是底架承载结构，所以本书中 NX_{17} 型平车主要建立底架、转向架、车钩缓冲装置等。

NX_{17} 型平车的底架为型钢、板材拼组的全钢焊接结构，长 15 400 mm、宽 2 960 mm、定距 10 920 mm，其中中梁为 600×200 的 H 型钢制成鱼腹型并组焊成箱形结构，侧梁为单根 600×200 的 H 型钢制成鱼腹型，底架两端设有端梁和箱形结构的枕梁，底架中央设有一根中央大横梁，两边为工字型大横梁。端梁、枕梁、大横梁均为钢板组焊结构，底架上铺有 70 mm 厚的木质地板。NX_{17} 型平车底架模型如图 3.1 所示。

NX_{17} 铁路平车的转向架为转 8AG 型转向架，该转向架通过采取在两侧架间加装弹性下交叉支撑拉杆装置、空重车两级刚度弹簧、双作用常接触弹性旁承、心盘磨耗盘等技术设计而成，通过大量试验表明其具有较好的动力学性能。转 8AG 型转向架主要由轮对、侧架、摇枕、下心盘、侧架下交叉支撑装置、旁承、制动装置等组成。本书中建立的转 8AG 转向架的主要结构如图 3.2 所示。

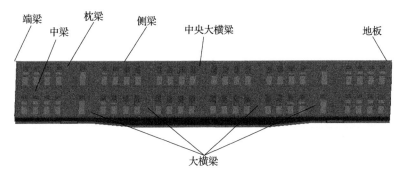

图 3.1　NX$_{17}$ 型平车底架模型

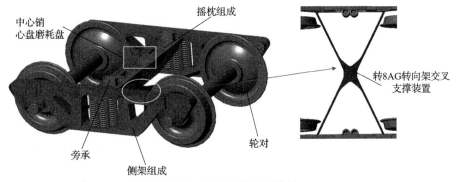

图 3.2　转 8AG 转向架模型

　　铁路平车初步模型如图 3.3 所示,主要由轨枕、钢轨、转向架、底架组成。

图 3.3　铁路平车初步模型

　　根据上述三维模型建立动力学仿真模型,各部件连接关系拓扑图如图 3.4 所示。其中平车底架做柔性体处理,其余部件为刚形体,以此建立刚柔耦合动力学模型。

3.1.2　铁路路基的基本结构

　　铁路路基主要包括道床、基床表层、基床底层、地基等部分。道床通常是在轨枕下、路基面上铺设的石砟垫层。其主要作用是支撑轨枕,将轨枕的巨大

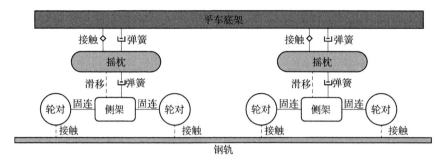

图3.4 各部件连接关系拓扑图

压力均匀地传递给路基面，并固定轨枕的位置。真实的道砟大多由碎石或混凝土层组成，通常具有较大的不连续性，砟石或混凝土层内部力学性质较为复杂。道床具有一定的弹性，可缓和列车对线路的冲击，并可缓解水平方向的变化，以缓解轨道的不稳定性。考虑基床表层为级配碎石路基，道床基本厚度为0.3 m，有轨枕放置处厚度为0.2 m，与轨枕形成半包含关系，模拟道床对轨枕的固定作用。

铁路路基的基床由基床表层和基床底层组成。基床表层是指路基顶部直接支撑轨道结构的承载层，既为轨道提供一定弹性，又不致出现塑性变形，同时又为其下路基提供保护，并由具有足够强度、刚度和耐磨及满足反滤特性要求材料组成，该处采用级配碎石。基床底层为基床表层以下具有一定强度、刚度的主要受力层，采用 AB 填料。基床表层以上表面即路基面的宽度为 8.8 m，基床表层、基床底层厚度分别为 0.6 m 和 1.9 m，两者边坡率为 1 : 1.5（图3.5、表3.1）。

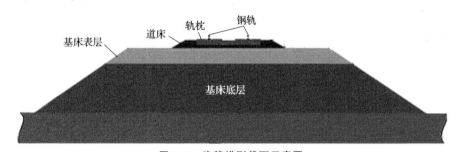

图3.5 路基模型截面示意图

表3.1 路基模型尺寸

名称	厚度/m	宽度/m	坡率
轨枕	0.235	2.5	

续表

名称	厚度/m	宽度/m	坡率
道床	0.3	3.5	
基床表层	0.6	8.8，10.6	1 : 1.5
基床底层	1.9	10.6，16.3	1 : 1.5
地基	25	32.5	

地基作为路基下部与天然土体相连的部分，宽度和深度依据载荷的影响范围确定。

路基各部分材料参数、力学性质根据不同的作用选用不同的模型。由于轨枕材料为钢筋混凝土，相对于一般土体刚度和强度较大，因此将轨枕设置为刚体。道床为轨枕下主要承力结构，采用弹塑性本构模型，保证刚度和缓冲性能，屈服准则为摩尔库伦准则。同理，基床也采用弹塑性模型。地基距离载荷作用点较远，载荷经过道床、基床后已衰减很多，考虑到地基土体本身的性质，将地基处理为线弹性模型。路基各层材料模型参数如表 3.2 所示。

表 3.2　路基各层材料模型参数

名称	密度/(kg·m⁻³)	弹性模量/MPa	泊松比	内摩擦角	黏聚力/kPa
轨枕	2 200	30 000	0.16		
道床	2 000	300	0.18	40	200
基床表层	1 950	220	0.25	30	69
基床底层	1 900	180	0.25	23	50
地基	1 850	200	0.25		

3.2　铁路平车动力学建模方法与理论

3.2.1　铁路平车子系统建模分析

在建立单节列车过程中，建立的顺序是建立轮对、构架、车体、一悬挂和

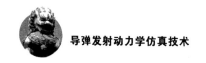

二系悬挂。轮对是通过多体动力学软件的相关模块输入轮对的相关参数自动生成轮对模型。在建立构架时，可选择相关的构架，也可以通过导入三维模型的方法将所需构架导入。构架和轮对之间通过弹簧连接，弹簧的参数可根据所研究转向架的类型去查找相关的刚度和阻尼。车体和构架之间通过弹簧阻尼相连。

3.2.2　整列铁路平车动力学建模

　　整列平车建模在于单节列车之间的连接。平车的车端连接装置是车辆最基本的重要部件组合之一，主要包括车钩、缓冲器、风挡、车端阻尼装置、车端电气连接装置等，现今铁路平车上均装载车钩和缓冲器，通常将二者合称为车钩缓冲装置，是车端连接装置中起牵引连挂和冲击作用的主要部件。我国铁路平车采用的自动车钩分为非刚性车钩和刚性车钩，非刚性车钩允许两个连接车钩的垂向有相对位移，而刚性车钩不允许两相连车钩在垂向上存在位移，如NX_{17}型平车采用的是非刚性自动车钩。

1. 车钩缓冲装置组成

　　车钩缓冲装置由车钩、缓冲器、钩尾框、从板等零件组成。在钩尾框内依次装有前从板、缓冲器和后从板，借助钩尾销把车钩和钩尾框连成一个整体，从而使车辆具有连接、牵引和缓冲三种功能。

　　在车钩缓冲装置中，车钩的作用是实现机车和车辆或车辆和车辆之间的连接和传递牵引力及冲击力，并使车辆之间保持一定距离。缓冲器是用来减缓列车运行及调车作业时车辆之间的冲撞，吸收冲击动能，减小车辆相互冲击时所产生的动力作用，从板和钩尾框起着传递纵向力（牵引力和冲击力）的作用。

　　当铁路车辆受牵拉时，作用力的传递过程为：车钩→钩尾框→后从板→缓冲器→前从板→前从板座→牵引梁；当车辆受冲击时，作用力的传递过程为：车钩→前从板→缓冲器→后从板→后从板座→牵引梁。由此，车钩缓冲装置无论是承受牵引力还是承受冲击力，都要通过缓冲器将力传递至牵引梁，这使得车辆间的纵向冲击振动得到缓解和消减，从而改善运行条件，保护车辆及货物。

　　缓冲器的作用是缓和平车在运行中由于机车牵引力的变化或在启动、制动及调车作业时平车相互碰撞引起的纵向冲击和振动。缓冲器有耗散平车之间冲击和振动能量的功能。缓冲器的工作原理是借助压缩弹性元件来缓和冲击作用力，同时在弹性元件变形过程中利用金属摩擦、液压阻尼和胶质阻尼等吸收冲击能量。

2. 车钩缓冲装置建模

以 NX_{17} 型平车的 13A 型车钩为例进行建模说明。图 3.6 为根据具体尺寸在合理简化的基础上建立的 13A 型车钩模型，主要包括钩舌、钩头、钩舌销、钩尾框、前从板、后从板。

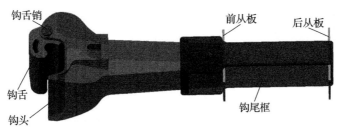

图 3.6　13A 型车钩模型

NX_{17} 型平车选用 MT - 3 型缓冲器，决定缓冲器特性的主要参数是缓冲器的行程、最大作用力、容量及能量吸收率等。MT - 3 型缓冲器的行程为 83 mm、最大作用力为 2 000 kN、容量为 45 kJ、吸收能量 37 kJ、能量吸收率 ≥80%。根据 MT - 3 型缓冲器的相关参数，采用弹簧阻尼器来模拟缓冲器的缓冲性能。缓冲器加载与卸载特性不同，即加载与卸载特性曲线不一致，缓冲器的压力 - 变形曲线如图 3.7 所示。

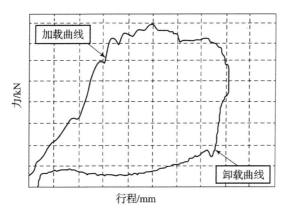

图 3.7　缓冲器的压力 - 变形曲线

3.2.3　轮轨接触建模

在建立铁路路线时，需要设置路线的直线、缓和曲线、曲线、缓和曲线以及直线的长度以及对应的缓和曲线和圆曲线的类型及曲率半径。轮轨之间设置切向摩擦力和法向摩擦力系数。

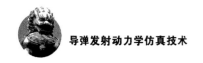

|3.3 铁路路基建模方法与理论|

3.3.1 有限元 – 离散元耦合方法

有砟铁路结构体系比较复杂，包括钢轨、轨枕、道床、基床表层、基床底层、地基等，其中铁路道床由道砟组成，道砟是一种典型的离散介质材料，具有很强的非均匀性、非连续性、各向异性等非线性特性。道砟可以将从轨枕传递来的载荷分散穿丝至地基，以此降低铁路结构内部应力，提高地基的承载力。由于道砟中含有大量尺寸在 20 ~ 60 mm 的碎石块，因此需要做离散元处理。与道砟相比，基床与地基等部分结构更加紧密，因此可以作为连续介质使用有限元方法处理。

3.3.2 道砟离散单元接触模型

接触模型用以描述颗粒间接触点处的本构关系，即使接触点处的接触模型采用相对简单的线弹性接触模型，在宏观尺度下散体材料仍会表现出独特的物理力学特性。接触模型一般由三部分组成：接触刚度模型、滑动及分离模型和黏结模型。

1. 接触刚度模型

接触刚度模型定义了颗粒间接触点处的接触力和相对位移间的关系。接触刚度模型主要有两种：线性模型和赫兹接触模型。赫兹接触模型的刚度与接触颗粒的几何形状、材料性质、接触颗粒当前应力状态相关，赫兹接触模型适用于颗粒结合离散元模型中没有黏结、小变形以及仅承受压力的情况。

2. 滑动及分离模型

滑动模型可以使两个黏结的颗粒相互滑动直至相互分离，当剪切力分量达到颗粒间剪切力极限时，颗粒间的剪切力 – 剪切位移的关系由滑动模型控制。滑动模型可以使颗粒间发生相对滑动从而避免巨大剪切力的发生，当颗粒间的切向力大于最大静摩擦力时，滑动摩擦开始作用。

3. 黏结模型

接触刚度模型和滑动及分离模型基本描述了离散体材料中的颗粒 – 颗粒和

颗粒 – 边界的力学关系，在考虑颗粒间有黏结作用或离散元方法模拟连续介质时需要考虑颗粒间的黏结模型。黏结模型允许离散单元被黏结形成任意形状，常用的黏结模型有接触黏结模型和平行黏结模型，其中黏结模型是简单的黏结方式，只能传递力。

3.3.3　无限元边界原理

在对岩土介质进行动力分析时，必须处理实际上趋于无穷远的边界问题。用有限元法进行计算时，计算区域的大小是有限的，必须人为截断边界。由于土的成层性，波在界面上的反射和透射以及动载荷等因素的影响，需对截断边界进行处理。动力学有关软件提供了无限元思路，即在边界区域采用无限元，无限元与有限元可以灵活连接，以此来模拟无限区域。

无限元的主要特点如下。

（1）用以模拟无限区域的边界问题或关注区域相对周围介质区域较小的问题。

（2）与有限元连接使用。

（3）仅具有线形行为特性。

（4）在静力实体分析中提供刚度并在动力分析中为有限元模型提供"静态边界"。

3.3.4　铁路路基建模

路基的土体结构是一个比较复杂的系统，由于数值模拟技术的局限性，其材料、尺寸和性质在仿真中建立完整真实的模型具有较大的难度，且计算效率不高。为高效、准确地建立路基模型，需在一定的假设和简化的基础上对路基模型进行研究。

（1）假设路基各层填料和土体均为连续介质，忽略其孔隙和含水特性等，将其视为各向同性的实体材料。

（2）假设道床为连续体，忽略道砟离散性和孔隙性，实际工程中的道床形状不规则，但其形状基本不影响其承力和传力特性，因此将其形状简化为规则性梯状实体，不考虑道床边坡。

（3）轨枕外形含有较多形状细节，简化其为无倒角长方形组合结构；相关仿真试验表明，轨枕模型内部是否含有钢筋对路基响应的影响较小，轨枕作为研究路基模型的传力辅助结构，不关注轨枕内部的化学变化，可将其处理为均质刚体。

（4）简化各层结构之间接触面为光滑无摩擦硬接触，各部分土体之间无

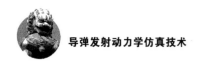

交叉、融合的现象，各层之间分离时存在理想的相互作用关系。

（5）忽略冲击载荷通过车厢、转向架、车轮等传递后产生的不均衡性，认为载荷传递至轨枕上时各面承载同等大小的压力。

（6）道床、基床发挥主要承力作用，其材料选用理想弹塑性材料，考察其应力和塑性变化；地基离载荷作用点较远，假设其材料为线弹性材料。

（7）假设路基截面沿模型纵向长度方向保持不变，并且只考虑列车的竖向载荷作用而忽略列车载荷对路基横向、纵向作用。

|3.4　实例分析|

3.4.1　问题描述

平车在曲线行驶过程中，车辆的各力学性能会受到诸多因素的影响，如大风、雨、雪、轨道曲线以及车体本身的结构等。在诸多影响因素中，车体结构和轨道曲线对车体的各力学性能影响较大。在本例中，将建立机车的多体动力学模型，解决运输过程中的运输动力学问题。

3.4.2　动力学建模

通过动力学软件建立平车的轮对模型（图3.8）、转向架模型（图3.9）及车体模型（图3.10）。

图3.8　轮对模型

图 3.9 转向架模型

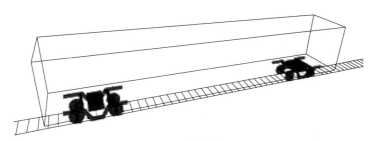

图 3.10 车体模型

3.4.3 动力学仿真

平车各个构件的质量信息、转动惯量（包括侧滚、点头和摇头）信息如表 3.3 所示。机车的悬挂参数如表 3.4 所示。

表 3.3 机车的各构件信息

名称	轮对	构架	车体
质量/t	1	3	32
侧滚转动惯量/$(t \cdot m^{-2})$	1	1.5	560
点头转动惯量/$(t \cdot m^{-2})$	0.1	2.5	2 000
摇头转动惯量/$(t \cdot m^{-2})$	1	2.8	2 000

表 3.4 机车的悬挂参数

名称	一系	二系
纵向刚度/$(MN \cdot m^{-1})$	10	0.15
横向刚度/$(MN \cdot m^{-1})$	10	0.15

续表

名称	一系	二系
垂向刚度/(MN·m^{-1})	0.6	0.45
纵向阻尼/(kN·S·m^{-1})	6.0	60.0
横向阻尼/(kN·S·m^{-1})	6.0	60.0
垂向阻尼/(kN·S·m^{-1})	6.0	80.0

平车的轨道由直线—缓和曲线—圆曲线—缓和曲线—直线组成。第一段的直线轨道的长度为 100 m，最后一段直线轨道长度为 1 200 m，缓和曲线的长度为 120 m，圆曲线的长度为 100 m，仿真时间为 20 s，采样频率为 200 Hz，曲线的超高是相对内轨超高 0.11 m。影响曲线通过性能的因素主要有圆曲线曲率半径、平车速度、缓和曲线长度、一系纵向定位刚度、一系横向定位刚度、二系纵向定位刚度、二系横向定位刚度。在分析平车的曲线通过性能时，由于第一轮对的各项性能指标明显大于其他轮对的性能指标，因此只给出第一轮对的计算结果。

3.4.4　计算结果分析

在研究缓和曲线长度对平车曲线行驶影响时，分别将圆曲线曲率半径设置为 300 m、600 m 和 1 000 m 作为对比。当缓和曲线的取值在 30～300 m 的范围内变化时，平车的轮对横移量、轮轨横向力和脱轨系数随缓和曲线长度变化而变化的关系如图 3.11～图 3.13 所示。

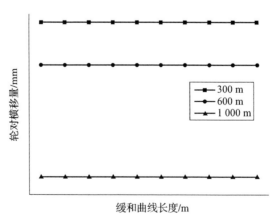

图 3.11　轮对横移量随缓和曲线长度的变化关系

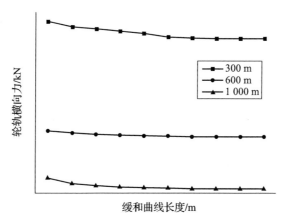

图 3.12　轮轨横向力随缓和曲线长度的变化关系

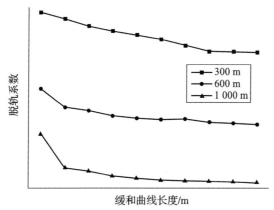

图 3.13　脱轨系数随缓和曲线长度的变化关系

图 3.11 ~ 图 3.13 表明：

（1）随着缓和曲线长度的增加，平车的轮对横移量保持不变。

（2）随着缓和曲线长度的增加，平车的轮轨横向力和脱轨系数逐渐减小，并且随着缓和曲线的增长，轮轨横向力和脱轨系数的改变量越来越小。

参 考 文 献

［1］张湘伟. 一维 Filtered Poisson Process 路面模型及其数值模拟方法 ［J］. 重庆大学学报（自然科学版），1988，11（1）：106 – 112.

［2］曾伟. 车载导弹与无依托发射场坪的发射过程耦合效应研究 ［D］. 北京：北京理工大学，2015.

［3］张军，吴昌华. 轮轨接触问题的弹塑性分析 ［J］. 铁道学报，2000，

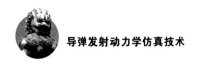
22 (3)：16 – 21.

[4] 张卫华. 高速列车耦合大系统动力学研究 [J]. 中国工程科学，2015，17 (4)：42 – 52.

[5] 马新军. 重载货车 – 路轨耦合动力学建模与分析 [D]. 南京：南京理工大学，2018.

[6] 孟飞，唐堂. 不同类型无砟轨道路基动力响应研究 [J]. 铁道科学与工程学报，2011，8 (4)：19 – 23.

[7] 张振超. 高速铁路有砟道床二维离散元数值模拟 [D]. 成都：西南交通大学，2014.

[8] 罗奇. 基于离散元法的高速铁路有砟道床力学特性研究 [D]. 北京：北京交通大学，2014.

发射平台动力学篇

第 4 章

发射动力学基本概念与理论

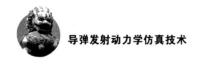

|4.1 导弹的典型发射方式|

导弹发射方式是指由导弹的发射基点、发射动力、发射姿态和发射装置所综合组成的发射方案，其随着科学技术的发展、作战使用的需要和导弹系统性能的改进而不断发展变化。根据不同的标准，可以对发射方式做不同的分类，如图4.1所示。

从各种发射动力系统的特点及发展来看，无论是车载、机载、舰载导弹发射还是潜载导弹发射，弹射发射都具有明显的优势。根据弹射动力，弹射系统可以分为压缩空气式弹射系统、燃气式弹射系统、燃气-蒸汽式弹射系统、自弹式弹射系统和电磁式弹射系统。

1. 压缩空气式弹射系统

导弹置于发射筒内（或发射井内），利用高压气瓶组贮存能源，经电磁阀控制高压空气进入发射筒下部，当压力形成的总推力超过导弹质量之后，则导弹

图 4.1 导弹发射方式的分类

起飞并高速弹出。该系统由高压气瓶组、电磁控制阀、导管活门、排气管和射发筒等组成。

2. 燃气式弹射系统

以燃烧固体火药产生的高压气体作为推动导弹的动力。用调整装药量、增面比和喉管直径尺寸等方法可调节气体生成量。这种方法设备简单、反应速度快，容易满足内弹道要求。

3. 燃气 – 蒸汽式弹射系统

燃气发生器后部有一个冷却器，其内装水。从喷管喷出的高压高速燃气流与冷却器内的水进行充分的热交换，形成混合式蒸汽，使撤气温度降到允许的温度，燃后进入燃气腔，推动导弹运动。这样做的好处是燃气 – 蒸汽温度低，能量可以充分利用，对导弹烧蚀轻、防热简单，且压力变化平稳，可获得理想的内弹道参数，同时对设备烧蚀也轻。

4. 自弹式弹射系统

在以化学燃料作为能源的弹射装置中，自弹式弹射系统有其独特的优点，与固定燃气发生器形式不同，自弹式弹射器是随弹一起运动的。它可以在弹后面加一个小燃烧室，也可以直接由导弹第一级发动机兼任。与自力发射相比，运动的弹射器类似助推器，但它喷出的高温燃气没有排到大气中去，而是在发射筒内聚集起来，再一次膨胀做功。因此，自弹式弹射器能量利用好，是一种很有发展前途的弹射系统。

5. 电磁式弹射系统

其是利用直线弹射电动机产生的电磁力来加速大质量的导弹载荷，直线弹射电动机是构成电磁式弹射系统的执行机构，主要用于产生所需的弹射动力和制动力。其优点在于体积小、操纵人数少、弹射力度可控、弹射器结构相对简单以及清洁环保、节约能源。

导弹弹射是指导弹依靠外加动力进行发射的方式，导弹弹射依靠弹射装置完成。目前常用的导弹弹射方式如下。

1）底推式弹射

如图 4.2 所示，底推式弹射发射时通过燃气推动弹射底座，进而推动导弹。运动过程中，导弹与发射筒件通过适配器（或导轨）进行定位与缓冲，直至导弹出筒。

2）提拉杆式弹射

如图4.3所示，提拉杆式弹射提拉杆与导弹底部相连，发射时通过燃气带动提拉杆，进而带动导弹运动直至导弹出筒。

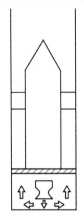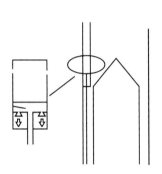

图4.2　底推式弹射原理图　　　图4.3　提拉杆式弹射原理图

3）活塞缸式弹射

如图4.4所示，燃气推动活塞缸伸展做功，进而推动导弹运动，直至导弹与活塞缸接触面分离。

4）开口缸式弹射

如图4.5所示，燃气推动活塞做功，活塞运动的同时带动切刀将气缸侧面的橡胶封口切开以保证连接结构的运动，直至导弹与底座接触面分离。

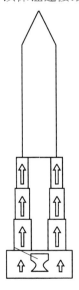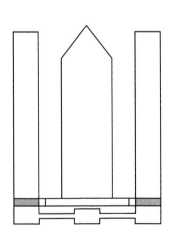

图4.4　活塞缸式弹射原理图　　　图4.5　开口缸式弹射原理图

|4.2 发射动力学基础理论与数值解法|

4.2.1 弹架系统动力学基本任务和发展现状

1. 发射动力学基本任务

研究弹架系统动态优化设计的基本理论和方法，其目的在于寻求合理和实用的分析计算方法，以保证动载作用下结构的安全、经济及使用性能，使火箭导弹的发射精度和可靠性符合要求。

2. 发射动力学发展现状

近年来，多体系统动力学经过了长足发展，从建模方法的研究进入更深层次问题的分析，比如结构柔性、间隙、接触碰撞和摩擦等影响动态分析精度的方面，为发射动力学问题的解决提供了更为准确有效的理论方法。同时随着计算机技术的进步和有限元学科的发展，不仅刚体，弹塑性体的动力学分析也变得十分容易，利用计算机模拟进行发射动力学研究将成为必然趋势。虚拟样机技术的使用将传统的产品设计循环过程以数字化方式进行，可以避免样机的重复构建，不仅能够缩短武器系统研发时间周期和降低开发成本，并且非常利于开展协同工作。

现在，Newton – Euler 法、Lagrange 法、Roberson – Wittenberg 法、Kane 法和变分法是用来建立火箭导弹发射动力学模型的常用方法。使用计算机对建立的发射动力学方程进行数值求解可以解决许多以前难以解决的问题。美国等发达国家早已开发成熟的动力学软件，只需先建立动力学系统的三维实体模型，然后施加系统各部件的约束和外部激励，就可以直接计算并且输出系统的动态响应，避免了大量烦琐的计算机编程。多学科间、多仿真软件间的联合仿真对发射动力学的进一步发展有着非常重要的意义。

目前，国内学者在发射动力学的理论基础和虚拟仿真方法上进行了深入研究，取得了极大的成果。

3. 弹架系统动力学模型分类简介

弹架系统的动力学模型可以按参数类型或参数的分布规律分类。

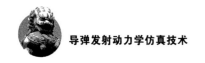

其按参数类型有物理模型、模态模型和响应模型三类。物理模型是描述结构的物理参数（例如惯性、刚度、阻尼）之间的关系，同时用数学模型描述结构动态特性的数学方程，用空间模型，即几何模型，来描述结构动态特性的空间关系；模态模型是描述动态特性的模态参数（包括固有频率、振型和阻尼）；响应模型是描述结构输入和输出的传递关系，一般用频率响应函数矩阵表示。

其按参数的分布规律有集中参数模型（离散系统模型）、分布参数模型（连续模型）、有限元模型和混合模型。集中参数模型描述由有限个离散的惯性元件、弹性元件和阻尼元件来组成的系统的振动特性，其自由度数有限，常用常微分方程来描述；分布参数模型是将系统视为质量和刚度有一定分布规律的弹性体，并且是连续系统，其自由度数无限，常用偏微分方程来描述；有限元模型结构由有限个离散的单元组成，每个单元模拟局部的断面和材料特性，由局部的几何特性和材料特性推导出单元相应的刚度与质量，利用边界约束和单元间的约束将单元质量与刚度组合到总的系统中去；混合模型一般是由集中参数模型和分布参数模型共同来描述。

另外，其也可以按参数特点分为确定性参数模型和随机参数模型两种。确定性参数模型是指质量、刚度等参数是确定性的，或者可以用确定性函数来表述其变化；随机参数模型是指质量、刚度等参数是不确定的，其参数是随机变化的。

4.2.2　弹架系统动力学模型的建立

1. 建立动力学模型的方法

建立动力学模型的方法主要有理论分析法、模态试验法、理论－试验法三种方法。

1）理论分析法

理论分析法是根据实物，用一定的物理定律直接导出物理参数之间的关系，其建立的是系统的物理模型。

在建立集中参数模型或分布参数模型时，一般要对结构进行简化。忽略次要因素，例如在阻尼较小时，求解系统固有频率及远离共振区的强迫振动的振幅时，可以略去阻尼；简化结构动态特性参数的性质，尽量将参数之间的关系简化为线性关系；将结构的动态特性参数离散化或简化它们的分布规律，一般认为结构由有限个离散元件构成。

子结构之间的结合状态包括两种。

（1）刚性结合：两个子结构结合面间没有相对运动的结合状态。需满足两个约束条件：位移相容条件和作用力平衡条件。同一构件划分为几个子结构时，它们之间的结合状态为刚性结合。

（2）弹性结合：相互连接的两个子结构的结合面之间有相对运动的结合状态。如两子结构分属于不同的构件，通过可动结合部联结（轴与轴承结合）通过或固定结合部联结（螺栓联结）时均属于弹性结合。

2）模态试验法

模态试验法是由系统的输入–输出获得结构振动特性的数学描述。用这种方法可建立模态模型或响应模型，进而导出物理模型。其分为频域法和时域法。

其原理是采用模态分析向量及相应的模态坐标来描述物体在空间随时间变化的位移（变形），即 $u_f = \phi q_n$，式中 $\phi = [\phi_1, \phi_2, \cdots, \phi_n]$ 为模态向量矩阵，$q_n = q_n(t)$ 为模态坐标，n 为模态向量数。采用模态分析法的优点在于：首先，可以根据先验的响应特征和精度要求，来考虑模态截取的范围。其次，可以进一步采用模态综合技术，来研究大型复杂系统振动。最后，可以直接应用试验模态技术所得的结果，使理论和数值分析与试验数据紧密结合。

3）理论–试验法

理论–试验法是由理论和试验相结合的方法。用理论法建立集中参数模型或有限元模型，再用试验法来验证、识别或修改模型。由于结构的不确定性、边界处理和模型简化等原因，理论法获得的模型精度较低。而试验模型能测得的模态数较少，且只有前几阶准确，高阶精度差。

2. 弹架系统模型

1）弹架系统的集中参数模型

将整个系统分为若干部分，每部分视为刚体，各部分之间用弹簧、阻尼器连接，模拟各部分及连接处的弹性。

2）弹架系统的分布参数模型

一般情况下弹架系统的分布参数模型用偏微分方程描述运动，这种方法较复杂。若用有限个低阶振型进行近似，计算可以相对简化。

3）弹架系统的有限元模型

对于分布参数模型，在边界条件、几何形状和激励分布复杂时，要得到方程的精确解几乎是不可能的。有限元法提供了一种有效的工程处理方法，有限元法的建模计算流程包括三个步骤，分别为离散化、单元分析和整体求解。

（1）离散化。离散化的本质是将一个无限自由度的系统转换为有限个自由度的系统。离散化是将一个连续的柔性体划分成有限多个有限大小的区域，这种离散化结构称为有限元网格，有限大小的区域即为有限单元（简称单元），单元之间相交的点称为结点。离散化时常采用的单元有四面体单元、六面体单元、壳单元、梁单元等，如图4.6所示。

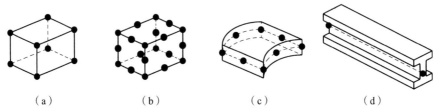

（a）　　　　　　　（b）　　　　　　　（c）　　　　　　　（d）

图4.6　离散化常用的有限单元类型

（a）三维实体单元（一阶精度）；（b）三维实体单元（二阶精度）；（c）壳单元；（d）梁单元

从理论上来说，离散化后的结构越精密，自由度越高，解的精确性就越高，计算代价也就越大。因此，合理地对系统进行离散化是很重要的。在关心的区域内，应适当加密网格；对于一些梁、壳类的工程结构，可以选择梁单元或壳单元以提高计算效率。

（2）单元分析。在柔性体离散化后，先对每个有限单元进行分析。对于材料属性各向同性的弹性体，有以下几组方程。

①平衡方程。弹性体 V 域内任一点的平衡微分方程的矩阵形式为

$$\boldsymbol{L}^{\mathrm{T}}\boldsymbol{\sigma} + \boldsymbol{f} = \boldsymbol{0}$$

其中，$\boldsymbol{L}$ 为微分算子矩阵；$\boldsymbol{\sigma}$ 为应力列阵；$\boldsymbol{f}$ 为体力列阵，它们分别表示如下：

$$\boldsymbol{L}^{\mathrm{T}} = \begin{bmatrix} \dfrac{\partial}{\partial x} & \dfrac{\partial}{\partial y} & \dfrac{\partial}{\partial z} \\ \dfrac{\partial}{\partial y} & \dfrac{\partial}{\partial x} & \dfrac{\partial}{\partial z} \\ \dfrac{\partial}{\partial z} & \dfrac{\partial}{\partial y} & \dfrac{\partial}{\partial x} \end{bmatrix} \tag{4.1}$$

$$\boldsymbol{\sigma} = \begin{bmatrix} \sigma_x & \sigma_y & \sigma_z & \tau_{xy} & \tau_{yz} & \tau_{zx} \end{bmatrix}^{\mathrm{T}} \tag{4.2}$$

$$\boldsymbol{f} = \begin{bmatrix} f_x & f_y & f_z \end{bmatrix}^{\mathrm{T}} \tag{4.3}$$

②几何方程。在小变形情况下，弹性体内任一点的应变与位移的关系用矩阵形式表达为

$$\boldsymbol{\varepsilon} = \boldsymbol{L}\boldsymbol{u} \tag{4.4}$$

其中，$\boldsymbol{\varepsilon}$ 为应变列阵；$\boldsymbol{u}$ 为位移列阵。它们分别表示如下：

$$\boldsymbol{\varepsilon} = \begin{bmatrix} \varepsilon_x & \varepsilon_y & \varepsilon_z & \gamma_{xy} & \gamma_{yz} & \gamma_{zx} \end{bmatrix}^{\mathrm{T}} \tag{4.5}$$

$$\boldsymbol{u} = \begin{bmatrix} u & v & w \end{bmatrix}^{\mathrm{T}} \tag{4.6}$$

③物理方程。各向同性弹性体的应力应变关系用矩阵形式表示如下：

$$\boldsymbol{\sigma} = \boldsymbol{D}\boldsymbol{\varepsilon} \qquad (4.7)$$

其中，$\boldsymbol{D}$ 为弹性矩阵，有

$$\boldsymbol{D} = \begin{bmatrix} \lambda + 2G & \lambda & \lambda & 0 & 0 & 0 \\ & \lambda + 2G & \lambda & 0 & 0 & 0 \\ & & \lambda + 2G & 0 & 0 & 0 \\ & & & G & 0 & 0 \\ & & & & G & 0 \\ & & & & & G \end{bmatrix} \qquad (4.8)$$

其中，λ 和 G 为拉梅常数，与弹性模量 E 和泊松比 ν 的关系为

$$\lambda = \frac{E\nu}{(1+\nu)(1-2\nu)} \qquad (4.9)$$

$$G = \frac{E}{2(1+\nu)} \qquad (4.10)$$

④边界条件。在受已知面力的边界 S_σ 上，应力与面力满足的条件为

$$\boldsymbol{n}\boldsymbol{\sigma} = \bar{\boldsymbol{f}} \qquad (4.11)$$

其中，$\boldsymbol{n}$ 为包含边界法向方向余弦矩阵；$\bar{\boldsymbol{f}}$ 为边界面力列阵，它们的表示如下：

$$\boldsymbol{n} = \begin{bmatrix} l & 0 & 0 & m & 0 & n \\ 0 & m & 0 & l & n & 0 \\ 0 & 0 & n & 0 & m & l \end{bmatrix} \qquad (4.12)$$

其中，l，m，n 分别为边界外法向方向余弦。

$$\bar{\boldsymbol{f}} = \begin{bmatrix} \bar{f}_x & \bar{f}_y & \bar{f}_z \end{bmatrix}^{\mathrm{T}} \qquad (4.13)$$

在位移已知的边界 S_u 上，有

$$\boldsymbol{u} = \bar{\boldsymbol{u}} \qquad (4.14)$$

其中，$\bar{\boldsymbol{u}}$ 为边界位移列阵，有

$$\bar{\boldsymbol{u}} = \begin{bmatrix} \bar{u}_x & \bar{u}_y & \bar{u}_z \end{bmatrix}^{\mathrm{T}} \qquad (4.15)$$

⑤初始条件。单元边界位移在初始时刻的值的矩阵形式为

$$\boldsymbol{u}(x,y,z) = \boldsymbol{u}_0 \qquad (4.16)$$

⑥系统动力学方程。在得到了基本方程、式（4.4）、式（4.7）、式（4.11）、式（4.16）后，对单元内的位移进行离散和插值，表示为

$$\boldsymbol{u} = \boldsymbol{N}\boldsymbol{U} \qquad (4.17)$$

其中，$\boldsymbol{N}$ 为插值函数；$\boldsymbol{U}$ 为整个系统的位移矩阵，有如下形式：

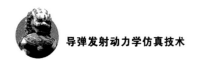

$$U = \begin{bmatrix} u_1 & u_2 & \cdots & u_n \end{bmatrix}^{\mathrm{T}} \tag{4.18}$$

则系统的动力学方程为

$$M\ddot{U} + C\dot{U} + KU = R \tag{4.19}$$

其中，M 为系统质量矩阵；C 为系统阻尼矩阵；K 为系统刚度矩阵，R 为外力的载荷矩阵。

（3）整体求解。对于考虑接触的非线性有限元动力学分析，只使用直接积分法进行求解。直接积分法根据时间的显隐性又分为显式求解方法和隐式求解方法两种方法。显式求解方法是对时间进行差分，根据前一时刻已知的状态量向未知的下一时刻推进，占用内存少，一般不存在发散的现象。显式求解方法适合求解由冲击、爆炸类型载荷引起的波传播问题，不适合求解结构动力学问题。隐式求解方法对时间步长没有限制，每个时间步都是一个循环迭代直至最终收敛的过程，需要进行大规模矩阵迭代求解，占用内存大，对一些接触高度非线性的问题无法保证收敛。

①显式求解算法。显式求解算法常采用中心差分法，其基本思想是对加速度、速度采用中心差分代替，即为

$$\ddot{U}_t = \frac{1}{\Delta t^2}(U_{t-\Delta t} - 2U_t + U_{t+\Delta t}) \tag{4.20}$$

$$\dot{U}_t = \frac{1}{2\Delta t}(U_{t+\Delta t} - U_{t-\Delta t}) \tag{4.21}$$

将式（4.20）、式（4.21）代入系统动力学方程（4.19）中后，得到

$$\hat{M}U_{t+\Delta t} = \hat{R}_t \tag{4.22}$$

其中，$\hat{M}$ 称为有效质量矩阵，$\hat{R}_t$ 称为有效载荷矢量，其表达式如下：

$$\hat{M} = \frac{1}{\Delta t^2}M + \frac{1}{2\Delta t}C \tag{4.23}$$

$$\hat{R}_t = R_t - \left(K - \frac{2}{\Delta t^2}M\right)U_t - \left(\frac{1}{\Delta t^2}M - \frac{1}{2\Delta t}C\right)U_{t-\Delta t} \tag{4.24}$$

可以看出，中心差分法在求解 $U_{t+\Delta t}$ 时，只需要 t 和 $t-\Delta t$ 时刻的已知节点位移量 U_t 和 $U_{t-\Delta t}$，因此此解法为显式解法。当 $t=0$ 时，需要知道 $U_{-\Delta t}$ 的值才能起步。由于 U_0、$\dot{U}_0$、$\ddot{U}_0$ 是已知的，可根据式（4.20）和式（4.21）给出

$$U_{-\Delta t} = U_0 - \Delta t\dot{U}_0 + \frac{\Delta t^2}{2}\ddot{U}_0 \tag{4.25}$$

中心差分法的时间步长 Δt 的大小受到数值算法稳定性和计算时间两方面的制约。时间步长 Δt 过小会造成求解效率低下，过大会使得算法不稳定引起发散。因此，显式算法一般时间步长是根据经验确定的。

②隐式求解算法。隐式求解算法常采用 Newmark 法。Newmark 法是根据时间增量内假定的加速度变化呈线性变化来计算结构动力响应的方法，即在时间间隔 $[t, t+\Delta t]$ 内，采用如下的加速度和速度公式：

$$\dot{U}_{t+\Delta t} = \dot{U}_t + [(1-\delta)\ddot{U}_t + \delta\ddot{U}_{t+\Delta t}]\Delta t \tag{4.26}$$

$$U_{t+\Delta t} = U_t + \dot{U}_t\Delta t + [(0.5-\alpha)\ddot{U}_t + \alpha\ddot{U}_{t+\Delta t}]\Delta t^2 \tag{4.27}$$

其中，δ、α 为按积分的精度和稳定性要求设置的参数。

将式（4.26）和式（4.27）代入系统动力学方程中，有

$$\hat{K}U_{t+\Delta t} = \hat{R}_{t+\Delta t} \tag{4.28}$$

其中，$\hat{K}$ 称为有效刚度矩阵，$\hat{R}_{t+\Delta t}$ 称为有效载荷矢量，其表达式如下：

$$\hat{K} = \frac{1}{\alpha\Delta t^2}M + \frac{\delta}{\alpha\Delta t}C + K \tag{4.29}$$

$$\hat{R}_{t+\Delta t} = R_{t+\Delta t} + M\left[\frac{1}{\alpha\Delta t^2}U_t + \frac{\delta}{\alpha\Delta t}\dot{U}_t + \left(\frac{1}{2\alpha}-1\right)\ddot{U}_t\right] +$$

$$C\left[\frac{\delta}{\alpha\Delta t}U_t + \left(\frac{\delta}{\alpha}-1\right)\dot{U}_t + \left(\frac{\delta}{2\alpha}-1\right)\Delta t\ddot{U}_t\right] \tag{4.30}$$

可以看出，在求解节点位移 $U_{t+\Delta t}$ 时，需要用到 $R_{t+\Delta t}$，因此此方法是隐式算法。研究表明，当参数 $\delta \geq 0.5$、$\alpha \geq 0.25(0.5+\delta)^2$ 时，Newmark 法是无条件稳定的，即 Δt 的大小不影响数值稳定性。式（4.30）是非线性代数方程，可以采用牛顿迭代法（Newton-Raphson Method）进行求解，鲁棒性较好。

发射动力学从建模方法的研究进入更深层次问题的分析，离不开动力学的发展。近年来，动力学在结构柔性、间隙、接触碰撞和摩擦等方面取得了长足的进步，为发射动力学问题的解决提供了更为准确有效的理论方法。同时随着计算机技术的不断发展，动力学仿真分析也变得更加方便快捷，成为一种可靠、高效的研究手段。

第 5 章

冷发射动力学仿真

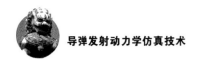

|5.1　冷发射的基本概述|

导弹冷发射是指利用压缩空气或者液压油缸等技术，将导弹弹射至空中再通过导弹的主发动机进行点火发射。

冷发射的工作原理如图 5.1 所示，首先通过空气压缩机将气体输入贮气箱中，然后打开阀门，将气体通过管道送至弹托下方，压缩气体对弹托做功，推动导弹沿发射筒平稳上移。目前采用的冷发射方式主要有以下几种：压缩空气式、液压式、电磁式、燃气式等。其中压缩空气式的辅助动力源包括压缩空气、燃气或燃气 – 蒸汽混合物等，其中燃气 – 蒸汽混合物的性能最佳：弹射力过渡平稳，内弹道温度较低，可减小燃气对发射装置的破坏。

冷发射技术在发射初期无须点火，可以有效节省导弹动力载荷，减小导弹自重，减少射程损失；冷发射技术可控性良好，导弹出筒后自身发动机点火，飞行范围不受限，可攻击360°的目标，消除了作战盲区；冷发射点火时刻晚，可以有效缩短洲际导弹在地面发射初期被敌方侦察卫星发现跟踪的时间周期；冷发射安全性较高，通过利用辅助装置将导弹发射出筒，可有效避免点火产生的高温燃气对导弹和发射筒的灼烧，极大降低了导弹在发射筒内爆炸的可能，由于冷发射通常是倾斜发射，即使点火失败导弹也不会砸落到发射基地，而是在弹射惯性下继续向前做抛体运动，进一步保证了发射的安全系数。冷发射一般用于潜射导弹的水下发射及陆基导弹的冷井发射和带发射筒的机动发射。

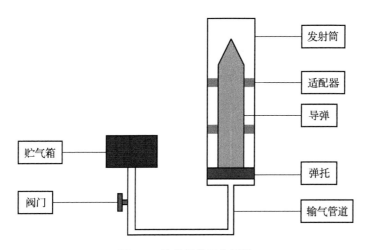

图 5.1　冷发射的工作原理

在冷发射中，导弹的出筒速度、出筒精度与最大过载是需要特别关注的技术指标。导弹的最小出筒速度应能保证导弹在主发动机点火前的飞行稳定性；导弹出筒时的速度偏差应不致影响导弹的命中精度；导弹的最大过载力应小于结构强度限制以保证结构的安全性，因此要根据实际打击需要制定合理的技术指标。

5.2　典型冷发射装置

5.2.1　提拉杆弹射

提拉杆弹射是指高压燃气对活塞做功，通过承载结构将弹射力传导给导弹的一种发射方式，在原理上从属冷发射。外动力弹射方式可免除热发射带来的极为复杂的燃气排导问题与烧蚀问题，有利于发射装置在平台上的布置；使用外动力弹射方式发射时，导弹弹射出筒一段距离之后发动机再进行点火，有利于增加导弹的动力航程；弹射出筒的导弹，低速转弯更容易控制，耗能更小；通过调整装药和承载结构可适用于不同直径和重量的导弹发射，同时便于维护与保养。

提拉杆弹射装置主要由活塞缸、提拉杆（包括做动活塞）、导轨等部分组成。按照弹射动力源与弹射做动机构的装配关系，可以将提拉式弹射技术分为

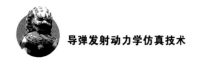

两类。

1. 分离动力式提拉弹射技术

弹射动力源与弹射做动机构如活塞缸、提拉杆、提拉吊篮等，在装配形式上相互分离，弹射动力源与弹射做动机构以并联形式安装于发射装置内，通过管路系统将弹射动力源中的做功工质传输到弹射做动机构当中完成提拉弹射任务，如俄罗斯的 S-300 导弹采用的就是分离动力式提拉弹射技术。

2. 嵌入动力式提拉弹射技术

弹射动力源集成到弹射做动机构中，例如：将作为动力源的推进剂燃烧室嵌入做动活塞中，在弹射过程中动力源产生的做功工质通过喷管直接排入活塞缸内，在反冲推力和工质压力的共同作用下，燃烧室同做动活塞、提拉杆一起运动，完成弹射任务。

5.2.2 气囊弹射

气囊弹射装置包括了内部的气体发生装置、外部的气囊、弹筒以及内部初始段的固定装置。目前，主要通过三种仿真方法去模拟气囊充气的过程：控制体积法（CV 法）、任意拉格朗日-欧拉（ALE）法和粒子法。

控制体积法是气体模拟仿真的常用方法，控制体积法将气囊视为一个可控制的体积，充气过程为一绝热过程，充气气体视为具有恒定比热的理想气体，在控制体积内温度和压强是均匀一致的。

任意拉格朗日-欧拉法，它结合了纯拉格朗日方法和欧拉方法，网格是根据给定的方式运动，而材料运动并不与网格运动一致。因此，该方法既可以跟踪自由表面，又可以保证变形问题的计算精度和稳定性。

粒子法是基于气体分子动力学，有如下假设：分子的平均间距大于它们自身的尺寸；分子运动遵从牛顿运动定律；分子与分子、分子与结构之间的相互作用为理想的弹性碰撞。

这三种方法在模拟气囊充气过程中各有优缺点：①在计算成本方面，控制体积法计算时间最短，其次是粒子法，计算时间最长的是任意拉格朗日-欧拉法；②粒子法和任意拉格朗日-欧拉法均可以比较准确地模拟气囊展开初期气体发生器的高速气流效应，而控制体积法不能够准确模拟气囊展开初期气流的分布情况，任意拉格朗日-欧拉法可以精确地模拟气囊展开过程中的流场分布情况。

|5.3 提拉杆弹射装置结构设计与仿真|

5.3.1 问题描述

针对小型战术武器设计出一款新型提拉杆弹射装置。通过零维内弹道计算，可以得到导弹的有效行程、高压室和低压室的几何参数以及导弹弹射力等数据。内弹道设计的具体内容可参考燃气射流动力学篇，此小节只对提拉杆弹射装置的动力学情况进行计算仿真。

本书设计的提拉杆弹射主要应用于小型导弹发射，设计原则如下。

（1）在保证发射要求、工作可靠的前提下，根据输入的条件参数与发射要求，设计一款紧凑型小型战术武器发射装置，针对小型战术武器行程短、空间小的特点，设计紧凑型提拉弹射装置的总体结构布局，包括总计结构尺寸、做动部件的结构形式与总计尺寸、提拉杆的长度与有效行程、缓冲装置的结构组成与安放位置等。

（2）为减小系统误差、提高发射精度，在提拉杆发射的基础上增加适配器－导轨结构辅助发射。

（3）根据做动部件的质量和弹射末速度以及总体设计中确定的缓冲装置结构尺寸，设计以弹簧为主体的快速缓冲制动装置，实现在短距空间内的快速缓冲，同时确保结构安全与重复可用，使提拉杆在完成发射工作后可以安全回弹至原位。

（4）减轻装置质量，加强装置强度，采用蒙皮、加强肋板等结构进行设计。

5.3.2 结构设计与动力学建模

根据导弹几何数据及筒内行程等参数可得提拉杆弹射装置，如图 5.2 所示，系统由发射箱、导轨、活塞缸、提拉杆、导弹及适配器等部分组成。

在发射过程中，提拉杆是主要承力物体。由于导弹会给托板一个较大的力矩，托板与提拉钢杆相接之处会有较大形变，因此，为了发射装置的结构安全，在托板与钢杆之间添加了加强肋板。

提拉杆是在弹射过程中为导弹提供动力的传递部件，提拉杆的结构设计如图 5.3 所示，主要包括做动活塞、缓冲装置、加强肋板、弹托等部件。

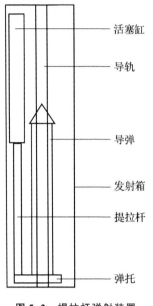

图5.2　提拉杆弹射装置

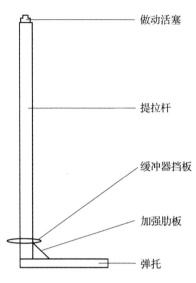

图5.3　提拉杆的结构设计

在弹射行程将要结束时，提拉杆与缓冲装置碰撞，吸收动能减慢速度，与弹体脱离。缓冲结构由固定在活塞缸下方的弹簧及提拉杆上安装的缓冲垫片组成，如图5.4所示。

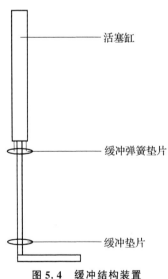

图5.4　缓冲结构装置

对发射箱与导轨、刚体连接器与活塞缸、导弹与适配器、提拉杆所有部件之间进行布尔运算；在发射箱与地面、发射箱与活塞缸之间设置固定副；为模拟提拉杆竖直向上运动，在提拉杆和活塞缸之间设置移动副；在提拉杆托板之间、提拉杆与活塞缸之间、适配器与导轨之间设置接触。提拉杆发射装置模型的整体拓扑关系如图 5.5 所示。

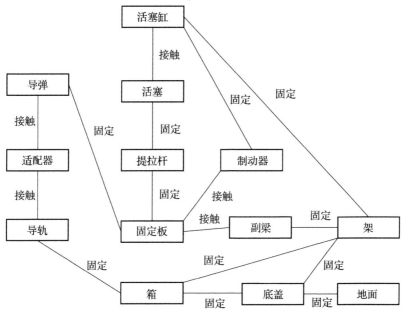

图 5.5　提拉杆发射装置模型的整体拓扑关系

5.3.3　动力学仿真结果分析

通过零维弹道计算得到低压室压强曲线，如图 5.6 所示。

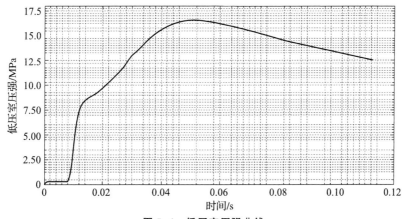

图 5.6　低压室压强曲线

将低压室压强与压力面积相乘即可得到导弹的弹射力。首先对发射系统进行静平衡，当系统处于平衡状态后，弹射力推动活塞并带动提拉杆向上加速运动直至到达其最大行程，并触发制动装置，迫使提拉杆减速与导弹分离，导弹在发射箱中的后半段行程依托其自身的惯性完成。

在发射过程中导弹的垂向位移、垂向速度、垂向过载如图 5.7 所示。

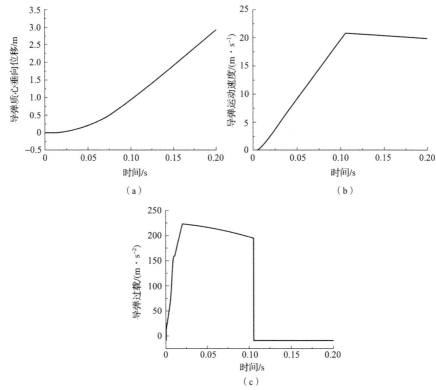

（a）

（b）

（c）

图 5.7　导弹垂向位移、垂向速度、垂向过载曲线
（a）导弹垂向位移曲线；（b）导弹垂向速度曲线；（c）导弹垂向过载曲线

导弹的俯仰、偏航、滚转角速度与时间的关系如图 5.8 所示。

5.3.4　结论

本节通过典型的发射装置，对冷发射的原理进行了进一步的阐述说明。在提拉弹射系统中，做动活塞是发射装置的动力源，推进剂放置于活塞的中控腔体内，燃烧后产生高温高压气体，经由喷管流入下方的低压室，使低压室内的压强升高推动做动活塞运动，带动杆体、托板与导弹运动，进而完成弹射发射过程。提拉弹射技术将做功工质与导弹隔离，通过承载结构将弹射力传导给导弹，由此避免了高温燃气对发射装置和导弹的大面积烧蚀，同时便于维护与保养。

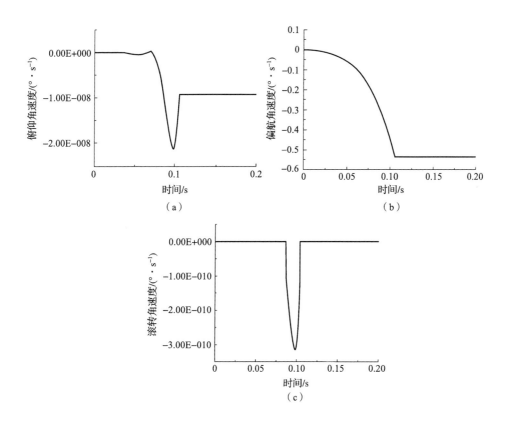

图 5.8　导弹的俯仰、偏航、滚转角速度与时间的关系

（a）导弹俯仰角速度曲线；（b）导弹偏航角速度曲线；（c）导弹滚转角速度曲线

|5.4　气囊弹射装置结构设计与仿真|

5.4.1　问题描述

随着科技的发展，气囊在我们生活中得到了广泛的应用。在航天领域，气囊可用于航天器的着陆缓冲等。在目前的研究中，有研究者在利用气囊充气做功给导弹提供推力进行导弹发射。基于此，在本实例中将设计一套气囊弹射装置，通过给气囊充气实现气囊对导弹做功，发射导弹并达到导弹预定出筒速度。

5.4.2 结构设计与动力学建模

气囊弹射装置模型如图5.9所示。由于粒子法在建模和仿真中有其独特的优势，因此在建模过程中，采用粒子去模拟所充入的气体。

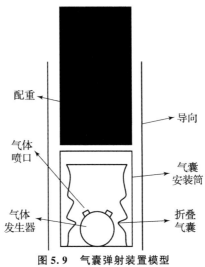

配重

导向

气体喷口

气囊安装筒

气体发生器

折叠气囊

图 5.9 气囊弹射装置模型

模型包括了内部的气囊、气体发生器、气囊折叠状态周围的固定装置、气囊顶部的弹托、弹筒以及弹。气囊顶面和弹托绑定在一块，弹托与弹底面设置面面接触，弹外表面和弹筒内壁设置面面接触，气囊外表面与固定装置和筒内壁设置面面接触，气囊本身设置自接触。

气囊的材料是芳纶纤维布，设置面密度、厚度、断裂强度、弹性模量、泊松比、剪切模量、可耐温度等参数；弹筒、弹托、弹和固定装置用的材料都是钢材，设置密度、泊松比、杨氏模量等参数；设置气体粒子个数、气体摩尔质量、环境压强等参数。

5.4.3 动力学仿真结果分析

仿真总时间设置为0.8 s，通过动力学仿真计算，截取出0 ms、200 ms、600 ms、800 ms时刻的气囊弹射装置的状态，如图5.10所示；气囊在0 ms、61 ms、81 ms、120 ms和800 ms时刻的状态如图5.11所示。根据气囊工作过程的状态可以看出，在初始阶段，气囊会发生比较大的扭曲，一段时间之后，气囊的扭曲程度变小。在固定装置和筒内壁的作用下，随着气囊的膨胀，可将弹推出弹筒。

图5.12所示为弹射过程中弹的速度曲线，根据曲线可以看出，导弹的速度随时间增加先快速增加，随后增速趋势放缓。

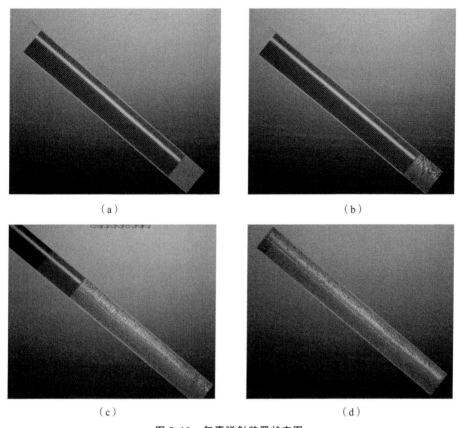

图 5.10 气囊弹射装置状态图

（a）0 ms 时刻弹射装置；（b）200 ms 时刻弹射装置；

（c）600 ms 时刻弹射装置；（d）800 ms 时刻弹射装置

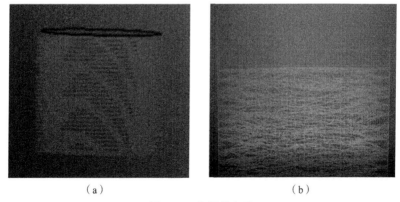

图 5.11 气囊状态图

（a）0 ms 时刻气囊状态；（b）61 ms 时刻气囊状态

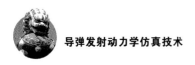

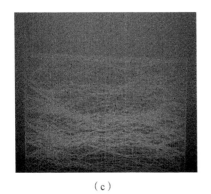

（c）

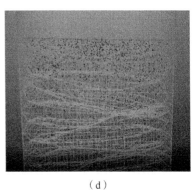

（d）

（e）

图 5.11　气囊状态图（续）

（c）81 ms 时刻气囊状态；

（d）120 ms 时刻气囊状态；（e）800 ms 时刻气囊状态

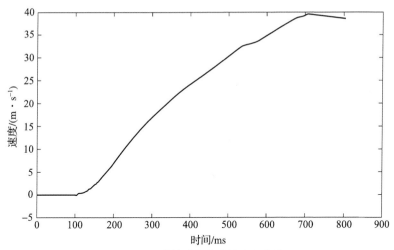

图 5.12　弹射过程中弹的速度曲线

5.4.4　结论与展望

（1）可以调整气体的质量流量随时间的变化曲线以及气体的温度，对比不同的质量流量和温度对气囊弹射整个过程的影响，重点关注气囊初始阶段的扭曲和导弹的最终速度。

（2）由于模拟此气囊弹射装置过程中的气囊是用粒子法进行模拟的，因此可以采用另外两种方法模拟，对比结果以相互验证。

（3）可以研究气囊厚度变化对整个弹射过程的影响。

第 6 章
热发射动力学仿真

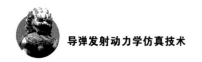
|6.1 导弹热发射概述|

热发射是指导弹依靠自身发动机产生的推力飞离发射装置的发射方式，是导弹的重要发射方式之一，在导弹武器系统中被广泛使用。采用这种发射方式，需排除导弹发射时产生的大量高温燃气流的影响。

采用热发射的导弹，之所以能够在自身发动机的推动下飞离发射装置，其采用的原理是喷气推进。

在航空和航天领域中，为使飞行器（运载火箭、导弹、飞机以及脱离火箭导弹之后带有独立推进系统进行工作的飞船、卫星和重型弹头等）能够正常地飞行，必须加给它一定的力。在绝大多数情况下，这个力为直接反作用力，是飞行器以高速喷射流的形式向外抛出某些物质建立起来的。

当火箭发动机燃烧室里的推进剂燃烧时，由于剧烈的化学反应，产生大量的燃气（燃烧产物），它们受燃烧室壁的限制，扩展不出去，向后又受"卡脖子"的限制，流通不畅，因而只能靠增压来收容大量气体，这就是燃烧室壁上作用有很高压力的原因。这些压力作用到室前壁上形成一个推动火箭前进的力，可以加速前进。但这是有条件的，只有当火箭发动机装有尾喷管的时候才能完成，更确切些说应是"才能高效地完成"，即在燃烧室向后装上一个尾喷管（先收缩、后扩张，即著名的拉瓦尔喷管），此时燃烧室壁就逼迫着燃气向喷管方向流动，把大量的燃气经喉部、扩张段和喷口，以超声速乃至几倍声速的高速度喷射出去。在这种情况下，高的喷气速度可以换来大推力。自然，这时的推进效率也是高的。

热发射也称自力发射，是指导弹靠自身的发动机产生的推力离开发射装置的发射方式。其基本过程是：将导弹放置在发射台上，由发控系统点燃导弹发动机装药产生高温高压气体，形成向下的高速喷射流而产生向上的推力，当此推力超过导弹起飞重量和阻力时，导弹飞离发射台。在此过程中，导弹发动机产生的燃气流由导流装置排导。这种简单原始的发射方式之所以能经久不衰，主要就在于：导弹发射的动力由主发动机产生，也就是所谓的直接点火发射，发射过程简单，技术非常成熟，发射可靠性高。

与冷发射相比，热发射没有弹射动力装置及发射筒等设备，同时减少了配套的保障装备，结构简单，使用维护简单、方便。与冷发射相比，热发射减少了外动力源工作、隔离装置分离、导弹空中点火等工作环节，因而发射可靠性高。

但是也应该看到，热发射要排出大量高温、高压的燃气流，燃气流核心区温度一般可达 1 000 ℃ 以上，不仅使发射台及导流装置烧蚀严重，影响其使用寿命，且对周边环境也有特殊要求，如应避免引起火灾、灼伤人员等。此外，对处于封闭状态下的导弹（如地下井内的导弹），采用热发射时还需要解决排焰问题，因而往往使发射设施变得复杂并增加了阵地建设的难度。这些问题随着导弹配套技术的发展都逐渐被各国解决，因此热发射仍是大多数国家所选择的导弹发射方式。

|6.2　典型的热发射装置结构|

6.2.1　箱式热发射装置结构

箱式发射方式是现代车载导弹的主要发射方式之一。公路机动发射要求发射平台能够在公路上进行高速机动，也可以适时在高原、沙漠等地区越野，在预定或非预定地点实施发射程序。新一代的公路机动导弹发射系统多采用三用发射车，既可以缩减发射辅助设备，又优化了发射流程。公路机动发射具有诸多优点：一是机动性高、操纵性强、反应时间短；二是车体的外形尺寸相对较小，便于隐蔽待机；三是不依赖于轨道或其他特定设备，受交通状况限制少。

导弹箱式发射，是导弹从固连于发射架上的箱形容器中发射。箱形容器具有三种功能：一是作为运输箱。导弹置于箱内导轨上，利用缓冲和定位锁定装置，防止导弹在运输中因冲击振动受损。二是作为贮存箱。箱内有调温设备，充有氮气和干燥空气，密封后可延长贮存期限。三是作为发射箱。箱内有发射导轨、安全锁定机构和电缆，并与发射控制系统相连，以实施射前检查、瞄准和发射。

箱式发射车主要由车头、底盘、负车架、车轮、调平油缸、起竖油缸、发射架、发射箱和导弹构成。图 6.1 所示为典型的箱式发射车模型。

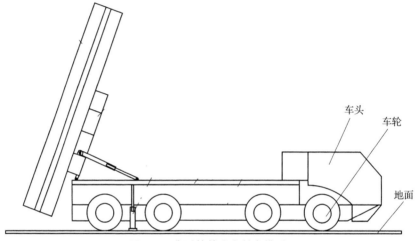

图 6.1　典型的箱式发射车模型

导弹在箱中发射方式分为滑块 – 导轨和适配器 – 导轨两种发射方式。发射过程中，导弹发动机点火，导弹离轨出箱，获得出箱速度以及一定的初始姿态。导弹在导轨上的滑动过程，会使导弹产生振动。发射车在导轨发射过程中的振动会导致出箱过程更加恶劣。因此，导弹在出箱过程中的影响因素会影响导弹的出箱姿态，甚至有可能和箱体发生碰撞。图 6.2 所示为导弹两种发射方式示意图。

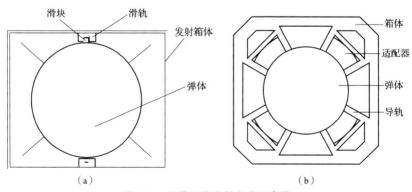

图 6.2　导弹两种发射方式示意图

（a）滑块 – 导轨；（b）适配器 – 导轨

6.2.2 同心筒式发射装置结构

同心筒式发射系统是美国目前正在研究应用的一种舰载导弹新型垂直发射系统，称为 con centric canister launcher，简称 CCL。同心筒式自力发射装置采用加装适配器的圆形发射筒，燃气垂直向上排导，每个发射筒由两个同心圆筒构成，内筒的筒体用于支撑导弹，并为导弹起飞导向，内外筒之间的环形空间是燃气排导通道，发射筒底部为半球形端盖及推力增大器（图 6.3）。导弹发射时，由发动机喷出的高温高速燃气流通过推力增大器后，在导流锥及半球形端盖作用下转过 180°反流向上，进入环形空间向上排出。

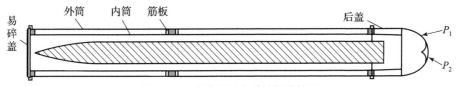

图 6.3 一种典型同心筒的结构简图

燃气从发动机流出后在同心筒内的运动，可按 A、B、C 三个过程顺序进行简单说明。其中过程 A 是一个拉瓦尔喷管的工作过程；过程 B 最为复杂，是一个截面积变化，并且伴随有激波/膨胀波系、摩擦、流线偏转、流体之间相互撞击、流动分离、旋涡等的复杂过程；过程 C 实际上可以等效成一个摩擦管流。

同心筒式发射装置技术为导弹、发射装置及舰艇的设计提供了新的通用性，不仅具有质量轻、结构简单以及造价低的优点，还可以显著地提高发射系统的性能。

|6.3 实例分析|

6.3.1 问题描述

以某车载发射装置为研究对象，根据车载发射装置的特点，对其车体及发射架结构组成和工作原理进行研究、简化，并建立三维装配模型，然后在有限元软件中对易发生变形的部件进行柔性化，再导入动力学仿真软件中建立车载发射装置的刚柔耦合动力学模型，其中重点对车载发射装置的发射过程进行动力学仿真分析。在本例中采用箱式发射方式发射导弹。

6.3.2　动力学建模

（1）利用几何建模软件，建立发射装置简化模型。

（2）在有限元软件中的柔性化。在实际情况中，发射装置在发射过程中发生轻微变形，从而可能会对导弹发射造成一定的影响，现对发射车模型中的发射箱、发射架进行了柔性化处理。本书采用的是模态综合法，主要步骤如下。

①建立多刚体动力学模型，将需要柔性化的部分分离出来。

②利用有限元软件对需要进行柔性化的构件进行网格划分，对施加力与约束副的外部节点和柔体与相邻部件实际连接区域内的节点建立刚性区域，然后将划分好的物体导出待用。

③在多刚体软件中导入模态中性文件，生成柔性体模型，根据其与相邻部件的连接关系，对外部节点施加约束，使系统变成刚柔耦合的动力学模型。

发射箱与发射架的模态如图 6.4 所示。

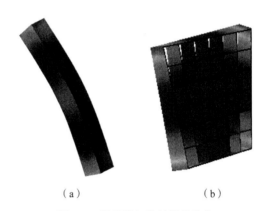

（a）　　　　　　　　　　（b）

图 6.4　发射箱与发射架的模态

（a）发射箱第 9 阶模态；（b）发射架第 7 阶模态

6.3.3　动力学仿真

基于以上的动力学建模，对不同推力大小、不同质量偏心、不同推力偏心等 12 种工况进行了仿真，进而得到如下导弹出箱时刻的俯仰角速度结果（图 6.5 ~ 图 6.8）。

6.3.4　结果分析

由 6.3.3 小节中图 6.5 ~ 图 6.8 可以得到如下结论。

（1）随着推力的增大，导弹出箱时刻的俯仰角速度越来越小。

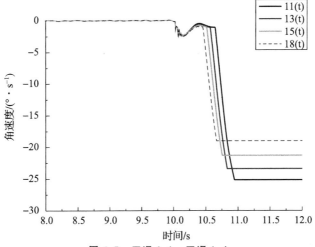

图 6.5　工况 1.1 ~ 工况 1.4

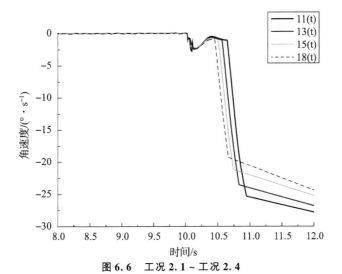

图 6.6　工况 2.1 ~ 工况 2.4

（2）在增加推力偏心、质量偏心等条件后，导弹出箱俯仰角速度略微增大了一些，但是影响不是很明显。

（3）在推力一致时，柔性体模型的出箱俯仰角速度大于刚性体。

（4）在 1.1 ~ 1.4 和 3.1 ~ 3.4 8 种工况里面，根据力学公式 $J\alpha = M = FL$ 可知，如果无推力偏心等条件，那么力矩为 0，从而得到角加速度为 0，出箱后角速度不变，图像为水平的线段。相反，如果有推力偏心、质量偏心等这些条件的话，将会使得力矩不为 0，从而导致角加速度不为 0，出箱后，导弹的角速度会继续增大（注：J 是导弹的转动惯量，α 是导弹的角加速度，M 是力矩，F 是产生力矩的力，L 为力臂）。

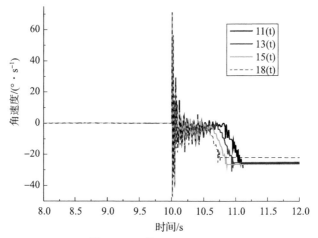

图 6.7　工况 3.1 ~ 工况 3.4

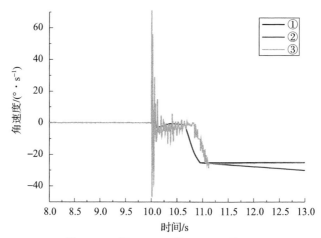

图 6.8　工况 1.1、工况 2.1、工况 3.1

第 7 章
动平台发射动力学仿真

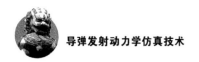

|7.1 车载防空导弹行进间发射动力学仿真|

7.1.1 问题描述

从 20 世纪 60 年代之后，小型防空导弹经历了诸多战争，由于其重量轻、所占空间小、制导精度高等优势，因此作为防空兵器被地面部队广泛使用。而车载发射装置灵活性高，可以应对复杂多变的路面情况，非常适合陆地作战，因此，发展车载导弹技术对提高我国国防实力意义深远。

根据发射点的不同，车载发射可以分为固定发射和机动发射两类。其中固定发射平台稳定性好，导弹所受初始扰动较小，打击精准，装置简单易操控，因此在实际中运用比较广泛。但是这种方式的发射点容易被侦破，在实际战斗中容易遭到敌军的针对性破坏。机动发射的发射点不固定，发射阵地可灵活选择，机动性较高，在敌人进行侦察和攻击时可以迅速躲避，可大幅提升武器系统的生存能力。而现代战争中的防空战场呈现快节奏、高密度、作战纵深范围大和任务变换频繁等特点，因此，采用行进间发射技术成为防空导弹的重要发展方向之一。

行进间发射过程中，路面等级、车速以及车体关键部件的变形等因素都会引起导弹出筒姿态的变化，影响发射精度，因此本节建立了刚柔耦合车载航空导弹系统的行进间发射动力学模型，通过分析不同路面等级、车速与关键部件的变形对导弹出筒姿态的影响规律和影响程度，研究了武器系统的动态响应特性和导弹出筒姿态分布规律。

7.1.2　车载防空导弹发射系统建模

1. 车载防空导弹系统拓扑结构

车载防空导弹行进间发射时的受力以及运动特性非常复杂，为了描述武器系统在行进间发射时的动力学特性，特做如下假设：不考虑固定、滑移、转动等连接副的间隙，均设为理想约束；独立悬挂系统用等效弹簧阻尼模型替代；根据相关工程经验，除发射车底盘、导轨为柔性体外，其余部件均为刚体；行进间垂直发射环境是路面不平度随机因素之一，本书重点研究其对发射精度的影响；不考虑发射过程中导弹的变质量特性。

轮式装甲车行进间发射系统是一个复杂的机械系统，包括发射系统与车体系统两部分。其中发射系统由发射箱、发射架、导轨、导弹等组成，导轨与导弹通过适配装置进行装配；车体系统主要由轮胎、悬架系统、车头、车架等组成。

其中，车架的悬挂结构通过阻尼器进行模拟，阻尼器的作用是在两个构件之间产生一对与相对位移和相对速度成正比的三分量作用力，是一种典型的柔性连接。通过设置阻尼器的刚度阻尼参数，对车架进行传力模拟。

行进间发射时，发射车的支撑油缸无法参与分载，只能通过前后车轮作为发射支撑，发射过程中产生的载荷通过前、后车轮传至地面，行进过程中路面不平度产生的激励通过车轮传递至车体，发射载荷与地面激励相互耦合作用于发射系统。用此种支撑方式进行行进间发射时，轮胎的力学特性对发射精度影响很大，因此选择恰当的轮胎模型意义重大，这将直接决定整车动力学模型的计算精度。常用典型轮胎模型的介绍详见运载工具动力学篇的 2.2.2 小节。考虑到行进间发射动力学问题的特点和所建路面模型短波不平的性质，本节采用软件自带的 FTire 轮胎模型。

综上，车载防空导弹系统的拓扑关系网络图如图 7.1 所示。

其中，发射系统与车架通过固定副连接，车架与车头、悬架通过固定副连接，悬架系统与轮胎之间通过三向弹簧连接，轮胎与地面之间建立接触。弹射装置工作流程为：燃气发生器产生的高压燃气推动弹托向上运动，导弹在弹托的接触力作用下沿导轨向上运动。发射装置受力不仅包括弹射反作用力，还受到经由轮胎—悬架系统—车体传递而来的路面不平度激励影响。车体部分受力包括：发射过程中通过上装发射装置传递到车体的弹射反作用力；行进过程中，由于凹凸路面的不平度激励对车轮的冲击作用。

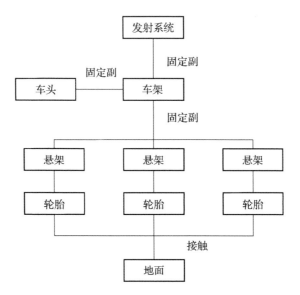

图 7.1　车载防空导弹系统的拓扑关系网络图

2. 典型柔性部件的建立

发射装置在发射过程中受力发生形变，会对导弹发射精度造成影响。根据该发射装置的受力特点可知，导弹发射箱的形变对导弹发射精度、发射安全性影响较大，因此将考虑发射箱的柔性变形，其他部分依然保持其刚性特征。通过有限元软件采用模态综合法，对发射箱进行柔性化处理，建立车载发射装置刚柔耦合动力学模型。发射箱通过发射架等结构固定在发射车架上，为导弹提供日常储存与发射场所；发射箱内侧与适配装置之间设置接触，对导弹发射起到导向功能。经过网格划分、附着点约束等操作，得到发射箱的典型模态振型，如图 7.2 所示。

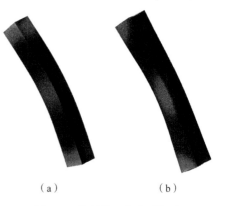

（a）　　　　　　　（b）

图 7.2　发射箱两种典型振型

（a）发射箱第 9 阶模态；

（b）发射箱第 10 阶模态

3. 随机路面的建立

目前，路面不平度的仿真方法主要有以下几种：泊松过程模型、AR 模型参数法、基于 IFFT（快速傅里叶变换）的路面模型等，路面不平度的理论详见运载工具动力学篇的 2.3 节。其中，基于 IFFT 的路面模型精度非常高，因为该方法是严格按照傅里叶逆变换的理论推导得到的，因此可以保证所得路面不平度离散数据点的不平度功率谱密度与国标功率谱密度一致，本节采用此数学模型进行路面建模。

利用 MATLAB 数学工具，在考虑了左右轮相关性的基础上，选择采样路面间隔为 0.1 m，采样点数为 1 000，进行编程计算，可以模拟 100 m 长的路面不平度，同时能保证拟合路面谱的精确性。图 7.3 所示为 C 级路面左右车轮位置处的路面不平度曲线。

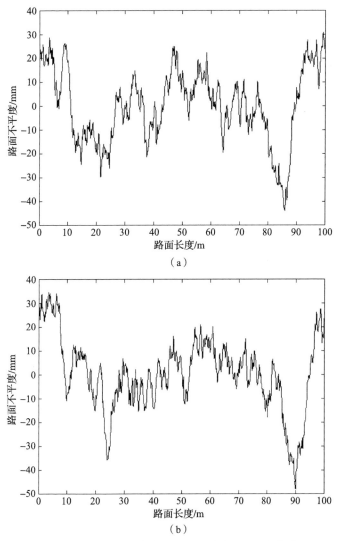

（a）

（b）

图 7.3　C 级路面左右车轮位置处的路面不平度曲线

（a）左轮路面不平度；（b）右轮路面不平度

将仿真得到的不平度数据点按要求格式写入路面文件（.rdf）可以得到相应等级的三角网格状路面模型，最终在多体动力学软件中建立 A、B、C 级路面模型，其中 C 级路面模型示意图如图 7.4 所示。

图 7.4　C 级路面模型示意图

7.1.3　车载防空导弹行进间发射的动力学仿真

1. 工况设置

根据轮式车实际行驶速度以及仿真条件限制，将装甲车行驶速度设置为 20 km/h、25 km/h 和 30 km/h。根据国内公路路面等级情况，路面不平度按国家标准路面功率谱定义，将仿真路面等级设置为 A、B、C 三个等级，以决定导弹起控精度的导弹偏航方向和俯仰方向出筒姿态作为研究对象。仿真工况设置如表 7.1 所示。

表 7.1　仿真工况设置

路面等级	20 km/h	25 km/h	30 km/h
A 级	工况 A – 20	工况 A – 25	工况 A – 30
B 级	工况 B – 20	工况 B – 25	工况 B – 30
C 级	工况 C – 20	工况 C – 25	工况 C – 30

2. 参数化脚本的样本数据获取流程

Adams 软件的数据库能够存储多个模型，模型包括几何参数、函数、约束副以及作用力、后处理等信息，其保存格式扩展名为 .Bin。为方便用户进行二次开发及与其他软件协作，Adams 提供了多种 ASCII 格式存储的、包含不同数据类型资料的文件格式，可以利用编辑器直接修改。

对车载防空导弹行进间发射动力学模型经过一次动力学仿真后，可得到

Adams 二进制文件，格式扩展名为 .cmd，文件可进行二次开发，具有方便编程、可读性强的特点。可以使用批处理文件 *.bat 对 .cmd 文件进行命令控制，实现后台启动 Adams，并自动运行文件中所写 TemplateModel.cmd 文件。

　　根据上述流程，编写 C++ 程序自动运行批处理文件（.bat），通过批处理文件（.bat）调用脚本文件（.cmd）完成 Adams 自动仿真，并且通过 C++ 程序自动修改脚本文件（.cmd）中的设计变量，从而实现不同设计变量条件下模型的自动仿真以及导弹出筒姿态样本数据自动采集的功能，其仿真控制流程如图 7.5 所示。

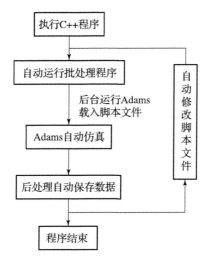

图 7.5　参数化自动仿真流程

　　根据 7.1.2 小节路面模型建立方法可得，本书搭建 100 m 长的随机路面模型能够达到模型仿真最低长度标准，而且满足相应等级公路的路面不平度特性，符合空间有效频率上下限的要求。因此，在不同计算工况下（不同路面等级），采样区间取至所搭建的随机路面，采用等距离采样法，考虑仿真时间以及路面模型长度，采用导弹发射时刻装甲车所处位置间隔为 0.5 m 来采样导弹的出筒姿态，即每次仿真时，装甲车行驶距离增加 0.5 m 开始发射导弹。

　　导弹发射时刻装甲车所处位置的改变可以由装甲车行驶速度换算成导弹发射时刻的变化来体现，行驶距离增量为 0.5 m 对应着发射时刻增量为 $\Delta t = 0.5 \ \text{m}/v_{车}$。因此，可以将导弹发射时刻 t 作为设计变量，按照上述参数化自动仿真流程进行参数化仿真设置，提取不同工况条件下的导弹出筒姿态样本数据，提高工作效率。

7.1.4　仿真结果分析

　　本节针对行进间发射模型进行了批量自动仿真，得到大量的导弹出筒姿态试验数据，因此，需再次编写脚本进行数据提取。现以工况 C – 30 为例，得到不同发射时刻下的导弹的出筒瞬态角速度数据，如图 7.6 和图 7.7 所示。

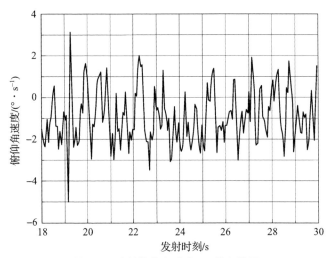

图 7.6　出筒俯仰角速度 ω_x 样本数据

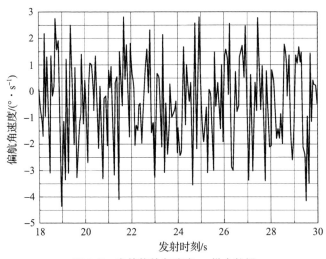

图 7.7　出筒偏航角速度 ω_z 样本数据

　　采用直方图法将导弹出筒姿态数据进行处理，得到出筒姿态的频数、频率直方图，图 7.8 ~ 图 7.11 为 C 级路面、30 km/h 工况下导弹出筒时刻俯仰角速度 ω_x、偏航角速度 ω_z 的频数、频率直方图。

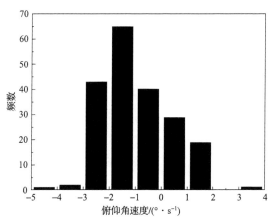

图 7.8　出筒俯仰角速度 ω_x 频数直方图

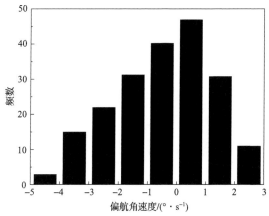

图 7.9　出筒偏航角速度 ω_z 频数直方图

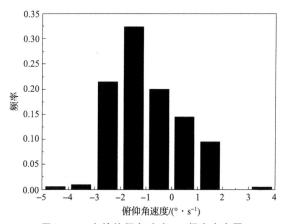

图 7.10　出筒俯仰角速度 ω_x 频率直方图

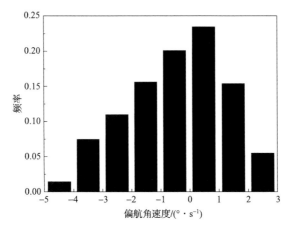

图 7.11　出筒偏航角速度 ω_z 频率直方图

　　本节通过搭建车载防空导弹行进间发射动力学模型，分析了在不同车速和不同路面不平度的影响下导弹的出筒姿态参数。搭建刚柔耦合的发射系统模型，使仿真结果更加符合实际情况。由于篇幅所限，本节只给出了 C 级路面、30 km/h 工况下的结果图像，其他工况读者可自行学习计算。

7.2　两栖车水上行进间发射动力学仿真

7.2.1　问题描述

　　随着我国军事实力的提升与发展，两栖火炮装甲车虽然具有机动性好、可实现水陆两栖作战、隐蔽性强的优点，但受制于火炮射程的限制，其打击范围以及打击精度有限，在某些情况下难以满足军事需求，而导弹则在射击精度及射程上较火炮具有一定的优越性。因此，以两栖车作为导弹的发射平台的两栖导弹发射车，则较好地结合了两者的优势。

　　两栖车于水上行驶时，其运动特性受海况、自身航速、航向角等因素影响，进而对两栖车行进间发射导弹的初始扰动造成影响。一方面，两栖车于水上行进间发射是重力、浮力、流体动力以及弹射力共同作用下的过程，在此过程中车体所受流体动力及流体动力矩时刻变化，仅从数学模型上进行理论分析难以获得较明显的结论。另一方面，海浪对于两栖车的激励具有随机性，通过试验进行研究也具有一定的难度。

因此，为更好地研究两栖车行进间的导弹发射动力学响应，有必要对其行进间发射过程进行动力学仿真，探究离筒时刻导弹姿态角、姿态角速度与激励的关系，为两栖导弹发射车设计提供参考。

7.2.2　随机海浪模拟

本书只简要介绍利用较为简单实用的谐波叠加法建立随机海浪波面升高 $\varsigma(t)$ 和随机海浪波倾角 $\alpha(t)$ 的仿真计算模型。除谐波叠加法外，还有能量等分法和有理谱形式逼近实际谱法，具体可参考相关文献。

1. 随机海浪线性模型

一般的随机海浪波面升高可用一个三元函数表示：$\varsigma = \varsigma(\zeta, \eta, t)$，其中 t 为时间，ζ 和 η 为与 ς 方向垂直的海平面 $E\zeta\eta$ 内的两个相互垂直的方向，故称此海浪为三元不规则波，或称为短峰波海浪。

这种随机海浪是正态平稳随机过程，可以看成是由无数个不同波长、波幅且沿同一个方向传播的微幅余弦波叠加而成，而这些微幅余弦波的初相位是一个随机变量。忽略高阶次谐波，则得到海面上某一点随机海浪的波面升高，即以下 Longuet – Higgins（L – H）模型：

$$\varsigma(t) = \sum_{i=1}^{\infty} \varsigma_{ai}\cos(k_i\zeta + \omega_i t + \varepsilon_i) \tag{7.1}$$

式中，ς_{ai}、k_i、ω_i 和 ε_i 分别为第 i 个谐波的波幅、波数、圆频率和初相位；ζ 为波浪传播方向位移。

2. 随机海浪谱模型

随机海浪是一种十分复杂的现象，一般采用功率谱密度函数来描述海浪的运动。

海浪功率谱密度习惯上常被称为海浪能量谱密度，最常用的为单参数 Pierson – Moscowitz 谱（P – M 谱），为海浪波面升高 $S_\varsigma(\omega)$ 的能量谱密度，其示意图如图 7.12 所示。

P – M 谱模型的无因次形式为

$$\frac{S_\varsigma(\omega)g^3}{U^5} = f\left(\frac{U\omega}{g}\right)$$

可拟合为

$$\frac{S_\varsigma(\omega)g^3}{U^5} = a\left(\frac{U\omega}{g}\right)^{-5}\exp\left[-b\left(\frac{U\omega}{g}\right)^{-4}\right]$$

有因次形式为

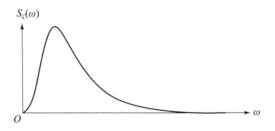

图 7.12 P – M 海浪波面升高谱示意图

$$S_\varsigma(\omega) = a\frac{g^2}{\omega^5}\exp\left[-b\left(\frac{g}{U\omega}\right)^4\right](\text{m}^2 \cdot \text{s}) \tag{7.2}$$

式中，a 为系数，$a = 8.1 \times 10^{-3}$；b 为系数，$b = 0.74$；U 为在海面上 19.5 m 高处的平均风速，m/s；ω 为波浪圆频率，s^{-1}；g 为重力加速度，9.81 m/s^2。

由于随机海浪波倾角 $\alpha(t) < 20°$，故有 $\alpha(t) \approx \tan\alpha(t) = \dfrac{\partial\varsigma(t,\zeta)}{\partial\zeta}$，由式 (7.1)，则波倾角的 L – H 模型有

$$\alpha(t) = \frac{\partial}{\partial\zeta}\left[\sum_{i=1}^{\infty}\varsigma_{ai}\cos(k_i\zeta + \omega_i t + \varepsilon_i)\right] = \sum_{i=1}^{\infty}\alpha_{ai}\cos(k_i\zeta + \omega_i t + \overline{\varepsilon}_i) \tag{7.3}$$

式中，α_{ai} 为第 i 个谐波的波倾角幅，$\alpha_{ai} = k_i\varsigma_{ai}$；$\overline{\varepsilon}_i$ 为第 i 个谐波的初相位，$\overline{\varepsilon}_i = \varepsilon_i + \dfrac{\pi}{2}$。则 $S_\alpha(\omega)$ 与 $S_\varsigma(\omega)$ 存在以下关系：

$$S_\alpha(\omega) = k^2 S_\varsigma(\omega)$$

式中，k 为波数，对于深水表面重力波，由海浪线性波动理论的深水弥散关系

$$k = \frac{\omega^2}{g}$$

故有

$$S_\alpha(\omega) = \frac{\omega^4}{g^2}S_\varsigma(\omega) \tag{7.4}$$

将 P – M 谱 (7.2) 代入式 (7.4)，得

$$S_\alpha(\omega) = \frac{a}{\omega}\exp\left[-b\left(\frac{g}{U\omega}\right)^4\right](\text{s}) \tag{7.5}$$

3. 随机海浪时域模型

随机海浪的波面升高 L – H 模型表明：随机海浪由无数的谐波叠加而成。由式 (7.1) 求波面升高 ς 的方差 $\sigma_\varsigma^2 = \dfrac{1}{2}\sum_{i=1}^{\infty}\varsigma_{ai}^2 = E(\infty)$，表示随机海浪的能量。

对于 ω_{i-1} 和 ω_i 之间的随机波，在单位波面积中每单位体积水的能量为

$$E(\omega_i) - E(\omega_{i-1}) = \frac{1}{2}\sum_{i=\omega_{i-1}}^{\omega_i} \varsigma_{ai}^2 \tag{7.6}$$

另外，对 $S_\varsigma(\omega)$ 谱函数的积分，定义为累积谱：

$$E(\omega) = \int_0^\omega S_\varsigma(\omega)\,\mathrm{d}\omega \tag{7.7}$$

则

$$E(\infty) = \int_0^\infty S_\varsigma(\omega)\,\mathrm{d}\omega \tag{7.8}$$

$$E(\omega_i) - E(\omega_{i-1}) = \int_{\omega_{i-1}}^{\omega_i} S_\varsigma(\omega)\,\mathrm{d}\omega \tag{7.9}$$

由式 (7.6) 和式 (7.9)，可给出波幅 ς_{ai} 与频谱 $S_\varsigma(\omega)$ 之间的如下关系：

$$\sum_{i=\omega_{i-1}}^{\omega_i} \varsigma_{ai}^2 = 2\int_{\omega_{i-1}}^{\omega_i} S_\varsigma(\omega)\,\mathrm{d}\omega \tag{7.10}$$

当 $\Delta\omega = \omega_i - \omega_{i-1}$ 无限缩小，在 $[\omega_{i-1},\ \omega_i]$ 区间内的单元波趋于特定波幅和频率的谐波，故式 (7.10) 可化为

$$\varsigma_{ai} = \sqrt{2\int_{\omega_{i-1}}^{\omega_i} S_\varsigma(\omega)\,\mathrm{d}\omega} \tag{7.11}$$

代入式 (7.1)，并令 $\varsigma = 0$，得到随机海浪波面升高 $\varsigma(t)$ 的时域模型：

$$\varsigma(t) = \sum_{i=1}^\infty \sqrt{2\int_{\omega_{i-1}}^{\omega_i} S_\varsigma(\omega)\,\mathrm{d}\omega}\cos(\omega_i t + \varepsilon_i) \tag{7.12}$$

同理，对于随机海浪波倾角：

$$\alpha_{ai} = \sqrt{2\int_{\omega_{i-1}}^{\omega_i} S_\alpha(\omega)\,\mathrm{d}\omega} \tag{7.13}$$

相应地，得到随机海浪波倾角 $\alpha(t)$ 的时域模型：

$$\alpha(t) = \sum_{i=1}^\infty \sqrt{2\int_{\omega_{i-1}}^{\omega_i} S_\alpha(\omega)\,\mathrm{d}\omega}\cos(\omega_i t + \bar{\varepsilon}_i) \tag{7.14}$$

通过式 (7.12) 和式 (7.14) 可得到随机海浪波面升高 $\varsigma(t)$ 和随机海浪波倾角 $\alpha(t)$ 的仿真计算模型。

理论上海浪频谱的分布频率为 $0 \sim \infty$，但由于各种海浪的能量主要集中在某一频段，仿真时可采用等间隔采样的方法，根据表 7.2 规定的频率能量增量 $\Delta\omega$，求得在一特定频段 ω 范围内的采样频率值 ω_1、ω_2、$\cdots$、ω_n，进而计算响应的频谱值 $S_\varsigma(\omega_1)$、$S_\varsigma(\omega_2)$、$\cdots$、$S_\varsigma(\omega_n)$，并将式 (7.11) 和式 (7.13) 的计算化为

$$\varsigma_{ai} = \sqrt{2S_\varsigma(\omega_i)\Delta\omega}$$

$$\alpha_{ai} = \sqrt{2S_\alpha(\omega_i)\Delta\omega}$$

表 7.2　各海情仿真频段和频率增量

有义波高 $\overline{\varsigma}_{\frac{1}{3}}/\mathrm{m}$	风速 $U/(\mathrm{m}\cdot\mathrm{s}^{-1})$	仿真频段 $\omega/(°\cdot\mathrm{s}^{-1})$	频率增量 $\Delta\omega/(°\cdot\mathrm{s}^{-1})$
< 2.5	< 8	0.3 ~ 3.0	0.1
2.5 ~ 5.0	8 ~ 12	0.25 ~ 2.4	0.08
> 5	> 12	0.1 ~ 1.7	0.06

相应地，式（7.12）和式（7.14）则化为以下随机海浪波面升高 $\varsigma(t)$ 和随机海浪波倾角 $\alpha(t)$ 的仿真计算模型：

$$\varsigma(t) = \sum_{i=1}^{n} \sqrt{2S_{\varsigma}(\omega_i)\Delta\omega}\cos(\omega_i t + \varepsilon_i) \tag{7.15}$$

$$\alpha(t) = \sum_{i=1}^{n} \sqrt{2S_{\alpha}(\omega_i)\Delta\omega}\cos(\omega_i t + \bar{\varepsilon}_i) \tag{7.16}$$

式中，ε_i、$\bar{\varepsilon}_i$ 为初相位，$\bar{\varepsilon}_i = \varepsilon_i + \dfrac{\pi}{2}$，$\varepsilon_i$ 为 $[0, 2\pi]$ 均匀分布随机变量的抽样。

4. 考虑航速、航向影响的随机海浪仿真计算模型

设车辆航速为 v_0，波浪传播速度为 c，波浪两波峰距离为波长 λ，定义 v_0 与 c 方向的夹角 γ 为航向角，车体坐标系下波浪传播速度为 c_e，对应的车体坐标系下波周期，即遭遇周期 T_e，可得

$$c_e = c - v_0\cos\gamma \tag{7.17}$$

$$T_e = \frac{\lambda}{c_e} = \frac{\lambda}{c - v_0\cos\gamma} \tag{7.18}$$

由波数 k 定义以及波数 k 与 ω 的关系，得

$$kc = \frac{2\pi}{\lambda}c = \frac{2\pi}{\dfrac{\lambda}{c}} = \frac{2\pi}{T} = \omega$$

$$k = \frac{\omega^2}{g}$$

根据波的遭遇周期定义波的遭遇频率 ω_e，可得

$$\omega_e = \frac{2\pi}{T_e} = k(c - v_0\cos\gamma) = \omega - \frac{\omega^2}{g}v_0\cos\gamma \tag{7.19}$$

由能量等效原理得

$$S_{\varsigma}(\omega)\Delta\omega = S_{\varsigma}(\omega_e)\Delta\omega_e \tag{7.20}$$

$$S_\alpha(\omega)\Delta\omega = S_\alpha(\omega_e)\Delta\omega_e \tag{7.21}$$

由于式（7.20）和式（7.21），仅需以 ω_{ei} 代替式（7.15）和式（7.16）中余弦函数的 ω_i，就得到引入航速、航向的随机海浪遭遇波面升高 $\varsigma(t)$ 和遭遇波倾角 $\alpha(t)$ 仿真模型：

$$\varsigma_e(t) = \sum_{i=1}^{n} \sqrt{2S_\varsigma(\omega_i)\Delta\omega}\cos(\omega_{ei}t + \varepsilon_i) \tag{7.22}$$

$$\alpha_e(t) = \sum_{i=1}^{n} \sqrt{2S_\alpha(\omega_i)\Delta\omega}\cos(\omega_{ei}t + \overline{\varepsilon}_i) \tag{7.23}$$

5. 海浪扰动力和扰动力矩的计算

由式（7.22）可以求得引入航速、航向的随机海浪遭遇波面升高 $\varsigma(t)$ 对时间的一阶导数和二阶导数，从而可以计算海浪产生的垂向扰动力：

$$Z_s = k_z \varsigma_e(t) + n_z \dot{\varsigma}_e(t) + m_w \ddot{\varsigma}_e(t)$$

式中，k_z 是车辆在垂向上的直线方向弹性系数，N/m；n_z 是车辆在垂向上的直线方向阻尼，N·s/m；m_w 是车辆被扰动的水的质量，kg。系数均可通过车辆在水上实车试验测得。

将式（7.23）在车辆横摇和纵摇方向上分解，可得车辆横摇波倾角仿真模型 $\alpha_{e\phi}(t)$ 和车辆纵摇波倾角仿真模型 $\alpha_{e\theta}(t)$：

$$\alpha_{e\phi}(t) = \left\{ \sum_{i=1}^{n} \sqrt{2S_\alpha(\omega_i)\Delta\omega}\cos(\omega_{ei}t + \overline{\varepsilon}_i) \right\}\sin\gamma$$

$$\alpha_{e\theta}(t) = \left\{ \sum_{i=1}^{n} \sqrt{2S_\alpha(\omega_i)\Delta\omega}\cos(\omega_{ei}t + \overline{\varepsilon}_i) \right\}\cos\gamma$$

进而可得横摇扰动力矩 K_s 和纵摇扰动力矩 M_s：

$$K_s = k_\phi \alpha_{e\phi}(t) + n_\phi \dot{\alpha}_{e\phi}(t) + i_x \ddot{\alpha}_{e\phi}(t)$$

$$M_s = k_\theta \alpha_{e\theta}(t) + n_\theta \dot{\alpha}_{e\theta}(t) + i_y \ddot{\alpha}_{e\theta}(t)$$

式中，k_ϕ、k_θ 分别为车辆在横摇方向和纵摇方向上的回转方向弹性系数，N·m/rad；n_ϕ、n_θ 分别为车辆在横摇方向和纵摇方向上的回转阻尼系数，N·m·s/rad；i_x、i_y 分别为车辆在横摇方向和纵摇方向上被扰动的水的转动惯量分量，kg·s^2。系数均可通过车辆在水上实车试验测得。

7.2.3　两栖车动力学建模

现以某型两栖车为对象，对两栖车水上行进间发射建模过程做进一步说明。

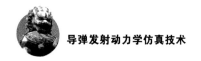

1. 坐标系说明和模型假设

规定两栖车行进方向为全局坐标系 x 轴负方向，竖直向上为全局坐标系 z 轴正方向，全局坐标系 y 轴正方向由右手定则确定。发射系统各部分质心初始坐标系方向与全局坐标系重合。

该实例中两栖车采用垂直弹射方式进行单发导弹发射。定义导弹绕 Y 轴角位移为俯仰角 θ_y，绕 X 轴位移为偏航角 θ_x，绕 Z 轴角位移为滚转角 θ_z；绕 Y 轴角速度为俯仰角速度 ω_y，绕 X 轴角速度为偏航角速度 ω_x，绕 Z 轴角速度为滚转角速度 ω_z。

常见的两栖车结构与陆地装甲车大体相似，可参考运载工具动力学篇 2.4 节，但两栖车还装有前滑板、后滑板以及喷水推进器。当两栖车于水面行驶时，其车轮基本上只起到提供部分浮力作用，前、后滑板则主要用于减小航行阻力，均无明显变形以及相对于车体的运动。喷水推进器则可用航行推力代替。另外，由于两栖车在水上航行时其外壳及其他细小部件变形较小，对车辆整体运动影响可以忽略。

一般来说，发射架固定于车体，发射筒固定于发射架之上。若主要关注车辆航行及导弹的发射动力学响应，则可将发射架及发射筒简化为刚体；若需考虑发射架及发射筒结构变形的影响，也可对其进行柔性化建模。

导弹在动力学分析中一般视为刚体，不考虑其变形。对于导弹适配器及底托等部分，一般均简化为刚体，也可根据需要进行柔性化处理。

综上所述，可对模型做出如下简化与假设。

（1）整个发射系统主要简化为四部分：车体，发射架，发射筒，导弹（含适配器以及弹射底托）。

（2）基于成熟的两栖车及船舶相关理论知识，主要考虑两栖车的垂荡、纵摇以及横摇。

（3）不考虑发射过程中发射系统的质量变化。

（4）不考虑结构变形，假设模型为刚体。

（5）假设各连接处均为理想连接，不存在摩擦。

（6）主要考虑海浪对车的激励，忽略风载荷激励影响。

2. 导入几何模型

利用三维建模软件建立简化的两栖车发射系统三维模型，并将各部分依次导入多体动力学软件中。

3. 约束连接

基于假设，对两栖车主要部分建立连接关系。各部分连接关系如图 7.13 所示。

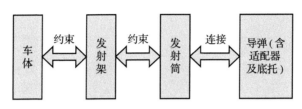

图 7.13 各部分连接关系

其中，导弹与发射筒在发射之前通过固定副进行固定。发射时，通过仿真脚本解除固定副，改为接触关系。

4. 载荷施加

除重力外，施加于车体质心的力与力矩主要有：航行推力和航行阻力，浮力和浮力矩，流体阻尼力和流体阻尼力矩，海浪干扰力和海浪干扰力矩，水的附加质量力和附加质量力矩。施加于导弹质心的力有弹射力，相应地施加于发射筒底部中心的力为弹射反作用力。

（1）航行推力 T 沿全局 x 轴正方向，航行阻力 R 沿全局 x 轴负方向：

$$T = T_0 - t_x u$$

$$R = n_u u^W$$

式中，T_0 为拖桩牵引力，N；t_x 为推力速降系数，N·s/m；u 为航速，m/s；n_u 为车辆在航行方向的阻尼，N·s/m；W 为车辆在航行方向的阻尼 n_u 与航速 u 的方幂系数，为一常数。当 $T = R$ 时，车辆航行速度恒定。

（2）浮力 F 作用于全局 z 轴正方向：

$$F = \rho g S z$$

式中，ρ 为密度，kg/m³；g 为重力加速度，m/s²；S 为车辆水线面面积，m²；z 为车辆吃水深度，m。

（3）浮力矩作用于横摇方向（记为 M_ϕ，初始沿全局 x 轴）及纵摇方向（记为 M_θ，初始沿全局 y 轴）：

$$M_\phi = F h_\phi \phi = k_\phi \phi$$

$$M_\theta = F h_\theta \theta = k_\theta \theta$$

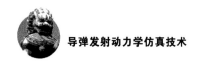

式中，F 为浮力，N；h_ϕ、h_θ 分别为车辆横稳心半径和纵稳心半径，m；ϕ、θ 分别为车体横摇角及纵摇角，rad。一般来说，Fh_ϕ、Fh_θ 可化为车辆在横摇方向和纵摇方向上的回转方向弹性系数 k_ϕ、k_θ，进而通过实车试验测得。

（4）流体阻尼力沿全局 z 轴，其方向与车体沿全局 z 轴速度方向相反：

$$F_z = n_z w$$

式中，n_z 为车辆的垂向阻尼系数，N·s/m；w 为车辆在垂向上的速度。

（5）流体阻尼力矩作用于横摇方向（记为 $M_{\dot\phi}$，初始沿全局 x 轴，与车体横摇角速度方向相反）及纵摇方向（记为 $M_{\dot\theta}$，初始沿全局 y 轴，与车体纵摇角速度方向相反）：

$$M_{\dot\phi} = n_\phi \dot\phi$$

$$M_{\dot\theta} = n_\theta \dot\theta$$

式中，n_ϕ、n_θ 分别为车辆在横摇方向和纵摇方向上的回转阻尼系数，N·m·s/rad；$\dot\phi$、$\dot\theta$ 为车体横摇角速度及纵摇角速度，rad/s。

（6）水的附加质量力作用于全局 z 轴方向，与车体在垂向上加速度方向相反：

$$F_{mw} = m_w a$$

式中，m_w 为车辆被扰动的水的质量，kg；a 为车辆在垂向上的加速度，m/s²。

（7）水的附加质量力矩作用于横摇方向（记为 $M_{m\phi}$，初始沿全局 x 轴，与车体横摇角加速度方向相反）及纵摇方向（记为 $M_{m\theta}$，初始沿全局 y 轴，与车体纵摇角加速度方向相反）：

$$M_{m\phi} = i_x \ddot\phi$$

$$M_{m\theta} = i_y \ddot\theta$$

式中，i_x、i_y 为车体被扰动的水的转动惯量在横摇及纵摇方向上的分量，kg·s²；$\ddot\phi$、$\ddot\theta$ 为车辆的横摇角加速度以及纵摇角加速度。

（8）海浪扰动力作用于全局 z 轴，海浪扰动力矩作用于车辆横摇及纵摇方向，可参考 7.2.2 小节。

利用上述公式，就可以完成对两栖车的载荷施加。

5. 仿真过程介绍

通过利用动力学仿真软件的脚本仿真功能，使用者可自行建立仿真脚本，控制仿真进程。

在该实例中，整个仿真过程可分为三个阶段，设仿真起始时刻为 t_0，发射时刻为 t_1，导弹离筒时刻为 t_2，仿真终止时刻为 t_3。t_0—t_1 为第一阶段，为车辆航行稳定阶段，此阶段用于实现车辆动态稳定，使车辆达到所需的速度。t_1—t_2 为第二阶段，为发射阶段，在此阶段导弹解锁，完成在筒内的弹射过程。t_2—t_3 为第三阶段，用于观察车体发射后的动态响应。

上述三个阶段中，t_0—t_1 时长取值主要与航行所需达到的速度以及海浪激励有关，该阶段若持续时间过短，会造成两栖车尚未达到所需的航行速度，同时未能在海浪激励下达到动态稳定便进行发射，影响结果精度。t_1—t_2 时长主要由弹射力作用时间以及导弹出筒时刻所决定，其时长变化波动极小。t_2—t_3 时长由使用者自行决定，但不宜过长，否则会影响接下来批处理仿真的计算效率。

7.2.4　行进间发射批处理仿真与结果分析

由于海浪激励是随机的，因此仅凭几次的仿真结果难以说明激励对导弹发射姿态的影响，这时，就需要通过编写批处理程序进行多次仿真来获得大量仿真结果，并利用统计学知识进行相应研究。具体可参考运载工具动力学篇2.4.3 小节，本小节中只给出一实例的仿真结果以供参考。

图 7.14 为两栖车在航速 $v = 25$ km/h、航向角 $\gamma = 30°$、海面上 19.5 m 高处的平均风速 $U = 7.9$ m/s 下行进间进行发射，导弹的出筒偏航角 θ_x、俯仰角 θ_y、偏航角速度 ω_x 以及俯仰角速度 ω_y 的仿真结果频率分布直方图。

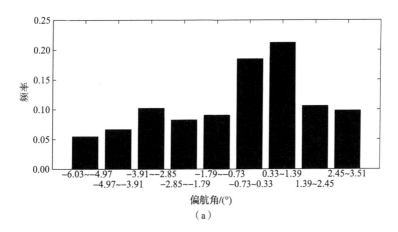

图 7.14　频率分布直方图

（a）偏航角频率分布直方图

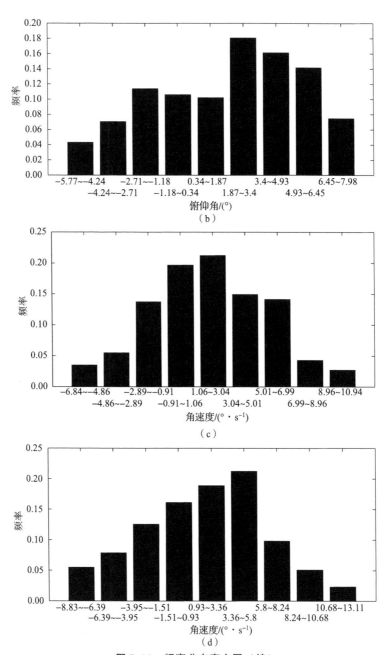

图 7.14　频率分布直方图（续）

（b）俯仰角频率分布直方图；（c）偏航角速度频率分布直方图；

（d）俯仰角速度频率分布直方图

|7.3　舰载平台海上发射动力学仿真|

7.3.1　问题描述

　　陆地上的固定发射存在生态上污染严重、经济上费用昂贵，且容易遭受敌方的袭击等诸多弊端。例如美国"大力神"号火箭固体燃料发动机会释放出大量破坏地球臭氧层的一氧化碳。俄罗斯的"质子"号运载火箭在起飞时也会释放出有毒的物质。另外，无论是单次发射火箭还是多次发射火箭都比较昂贵。因此不管是美国还是俄罗斯，多年来一直在进行可替换发射平台的宇宙飞行器的研究，海上发射就是这样的方法之一。

　　在海上发射火箭，发射地点的选择更加灵活。赤道附近发射时，可以充分利用地球的自转速度，节省燃料，提高火箭的运载能力。海上人类活动较少，因此火箭残骸回收的范围更大，很大程度上突破了航落区限制，增强了任务安全性。1995 年，俄罗斯、美国、乌克兰、挪威等组建国际海上发射公司，研制了海射型"天顶"液体运载火箭，并于 1999 年首飞成功，显著提高火箭运载能力。"天顶"取得了良好的商业效果，证明了运载火箭海上发射是一种良好的发射模式。2016 年，俄罗斯收购海上发射公司，计划在 15 年内进行 70 次发射。国外海上火箭发射构想已久，发展至今有 50 余年的历史，而国内发展起步较晚。

　　舰载平台环境载荷复杂，除了受到自身重力、弹射力外，还受到随机海况的作用。因此，在海上发射火箭，对于其安全性及稳定性的考虑远远超过陆上发射。另外，由于火箭发射造价高昂，针对每一次发射任务进行发射前试验是不切实际的。因此，采用数值模拟计算方法开展海上发射技术研究，基于仿真结果对海上发射的可行性进行评估，具有低成本、高效率的优势。本节以某舰载平台为研究对象，通过建立系统有限元分析模型进行求解，关注海况影响下舰载平台发射火箭过程中的动力学响应，对不同发射工况下的火箭发射安全性及发射平台稳定性进行评估，仿真结果能够为海上发射提供理论支持。

7.3.2　舰载平台动力学建模

　　建立符合实际动力学特性的舰载平台动力学模型是保证仿真可信度的基础。舰载平台是一个极其复杂的系统，主要由底板、起竖架、弹及发射筒等组成。其基本组成如图 7.15 所示。

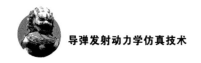

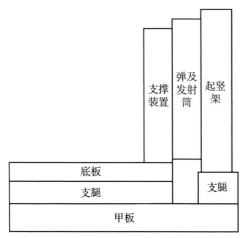

图 7.15　舰载平台基本组成示意图

1. 系统组成分析及基本假设

舰载平台海上发射系统拥有众多部件，包括底板、起竖架、弹以及发射筒等部件。为了更明确地描述舰载平台海上发射系统工作过程中的动力学响应，通过设定如下坐标系可以更明确地描述它们的动态特性。

全局坐标系——惯性坐标系 $Oxyz$，为系统默认，原点位于在进行系统建模时默认原点处。x 轴方向为首尾方向，即图 7.15 中其起竖架位于 x 轴正方向，z 方向为垂直向上指向天空。单位制为 kg·m·s。

为了更好地描述舰载平台海上发射系统仿真过程中的动力学特性，特做如下假设。

（1）整个系统简化为底板及支腿、起竖架、支撑装置、弹筒等部分。

（2）不考虑固定、滑移、转动等连接铰的间隙，均设为理想约束。

（3）除弹体为刚体外，其余部件均为柔性体。

2. 几何处理

针对舰载平台海上发射系统几何模型，需要对其进行几何处理，以有利于后续的网格划分，如存在倒角，需要进行去倒角。因建立的舰载平台海上发射系统几何模型均为实体，在本小节中，考虑到有限元网格划分的合理性，对底板、支腿、支撑装置、发射筒及起竖架等结构进行抽取中面，对于生成的中面再进行几何清理，即对于出现的残缺面进行补全、有圆孔产生的进行去圆孔处理；生成的中面上的边会产生四类边，即红色实线的自由边，如图 7.16（a）所示；绿色实线的共享边，如图 7.16（b）所示；蓝色并呈虚线状态的压缩边，如图 7.16（c）所示；黄色实线的 T 形边，如图 7.16（d）所示。自由边表示只有一个面所占用的边界，在形成的中面中一般出现在有孔位置和中面独立存在不与其他面相交的边缘位置，若在相邻的两个中面之间存在自由边，则说明两个面之间存在间隙，如果模型的实际结构原来就存在间隙，可以不对其进行处理，如果由于抽取中面而产生，可以对两条自由边进行缝合处理，使其变为一条共享或压缩边，自由边在划分网格时网格的节点会沿着自由边进行连续的排列分布。共享边是两个面所共有的边，出现共享边说明两个面之间不存在间隙或者有重叠现象，共享边在划分网格时网格的节点也是沿着共享边进行连续的排列分布。压缩边是两个面所共有的边，表示两个面是连续的，但压缩边在划分网格时，网格节点的布置会忽略压缩边，从而创建跨越边界的单元，根据划分网格的需要，共享边可以处理为压缩边，压缩边也可以处理为共享边。T 形边表示有 3 个面或者 3 个以上的面所共同的边，T 形边不可以处理为压缩边，T 形边在划分网格时，网格节点也是沿着 T 形边进行连续的排列分布。

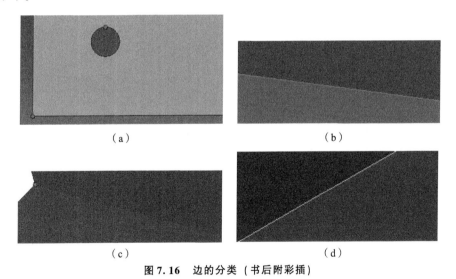

图 7.16　边的分类（书后附彩插）

（a）自由边；（b）共享边；（c）压缩边；（d）T 形边

　　在对上述部件进行基本的几何处理后，根据部件具体的厚度对产生的中面进行分类，随后进行网格划分，采用二维壳单元，网格尺寸大小为 4 cm，并赋予 MAT1 号材料 * MAT_ELASTIC，该关键字主要控制参数为密度（RO）、杨氏模量（E）及泊松比（PR），在本书中密度设为 7 800 kg/m³，杨氏模量为 200 GPa，泊松比为 0.3。弹体采用三维网格进行划分，并赋予 MAT20 号材料 * MAT_RIGID。

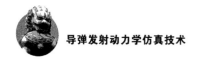

3. 连接及约束关系

舰载平台海上发射系统部分几何模型在进行中面抽取后，虽然对其进行了几何处理，但根据实际存在的情况，一些面与面之间仍然需要保留间隙，等待划分网格之后进行连接。针对上述抽取中面并进行了网格划分的部件，均为柔性体之间进行连接，而柔性体和柔性体之间进行连接可以通过建立柔性单元进行共节点连接，如弹簧（spring）、梁（beam）。也可以在柔性体之间增加刚性体，通过刚性体两端的节点分别连接于柔性体来实现，例如焊点（spotweld）及 rigid 连接。本小节因涉及网格单元范围较大，采用焊点的方式进行连接。

在舰载平台海上发射系统动力学模型中，底板与支腿、支撑装置连在一起，无相对运动；支腿固定在甲板上，舰载平台受到的激励可通过甲板传递至支腿，进而影响舰载平台海上发射系统的动力学响应；支撑装置与发射筒之间设有钢丝绳，防止弹体往 x 轴正方向的倾倒，此外支撑装置与发射筒之间还有一个环抱支撑用来防止弹体往 x 轴负方向的倾倒。如图 7.17 所示，钢丝绳采用弹簧模拟，每根弹簧保持 20 t 的拉力。如图 7.18 所示，环抱支撑与发射筒之间设置接触，即使用关键字*CONTACT_AUTOMIATIC_SURFACE_TO_SURFACE设置接触。

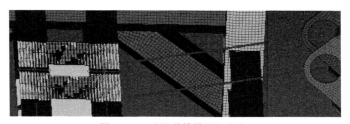

图 7.17　采用弹簧模拟钢丝绳

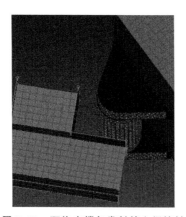

图 7.18　环抱支撑与发射筒之间接触

发射筒上部与起竖架之间为固定连接，发射筒下部与起竖架之间由转动轴进行连接，起竖架与支腿之间由转动轴进行连接，在该动力学模型中，采用转动副来模拟转动轴。

7.3.3 海上发射动力学仿真与结果分析

1. 静平衡仿真分析

对舰载平台海上发射系统进行静平衡仿真分析，对支腿进行固定约束，并对整体有限元模型在 z 轴的负方向使用关键字 *LOAD_BODY_Z 加载重力，加载曲线如图 7.19 所示，该关键字默认重力的方向为 z 轴的负方向，仿真时间 3 s。

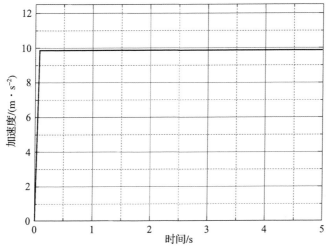

图 7.19 重力曲线

在模型边界条件、重力加载等之后，设置控制卡片以保证计算的稳定性以及设置输出卡片用来输出需要的结果。根据需求，设置：接触控制关键字 *CONTROL_CONTANCT；能量控制关键字 *CONTROL_ENERGY；沙漏控制关键字 *CONTROL_HOURGLASS；计算时间控制关键字 *CONTROL_TERMINATION；时间步长控制关键字 *CONTROL_TIMESTEP，其控制参数 TSLIM 为 1×10^{-6}，DT2MS 为 -1×10^{-6}；输出采用 *DATABASE_BINARY_D3PLOT 进行控制，间隔时间步长 DT 为 0.01 s；输出结果控制选择关键字 *DATABASE_OPTION，输出接触力及支腿处的界面力。

图 7.20 所示为弹托的 z 方向接触力，由结果可知，静平衡后 z 方向接触力为 60 t 左右，与弹质量基本相同。

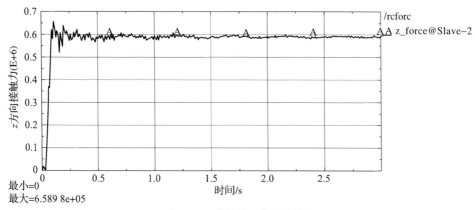

最小=0
最大=6.589 8e+05

图 7.20　弹托的 z 方向接触力

图 7.21 所示为支腿 z 方向约束力，其中曲线 AD、BE、CF 分别表示第一组支腿（靠近筒）、第二组支腿（中间）、第三组支腿（远离筒）z 方向约束力，由结果可知，第一组力最大（最大值约为 50 t），第三组最小（约为 15 t），第二组居中（最小值约为 25 t），其同一时刻 z 方向合力约为 190 t，有限元模型总质量约为 186 t，其总质量与 z 方向合力基本相等。

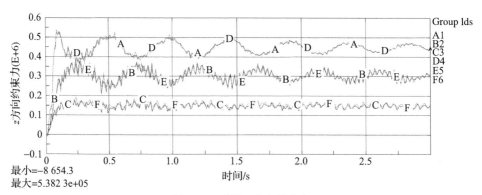

最小=-8 654.3
最大=5.382 3e+05

图 7.21　支腿 z 方向约束力

2. 海浪激励下的仿真分析

针对海浪激励下的舰载平台发射系统动力学仿真分析，在海浪与舰载平台首尾方向为 90°情况下进行动力学仿真。除对整体有限元模型施加重力外，对支腿施加海浪作用下的线位移和角速度，对弹体施加弹射力。

图 7.22 所示为海浪与舰载平台首尾方向为 90°情况下产生的海浪三方向位移。

图 7.23 所示为海浪与舰载平台首尾方向为 90°情况下产生的海浪三方向角速度。

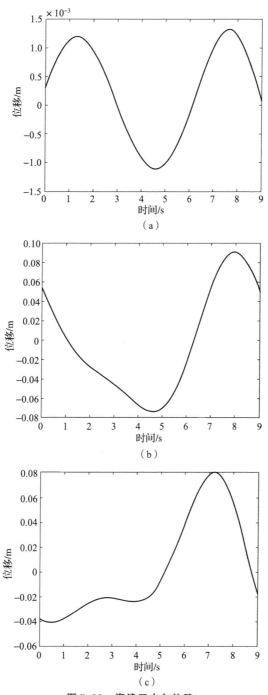

图 7.22　海浪三方向位移

（a）x 方向位移；（b）y 方向位移；（c）z 方向位移

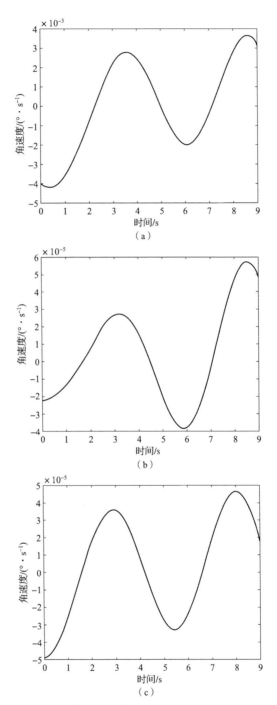

图 7.23 海浪三方向角速度

（a）*x* 方向角速度；（b）*y* 方向角速度；（c）*z* 方向角速度

下面将以 x 方向位移曲线为参考，以波谷时刻，即以 4.9 s 时发射的发射工况为例进行有限元动力学仿真分析。图 7.24 所示为弹体 z 方向加速度，在发射过程中，加速度最大可接近 60 m/s²。

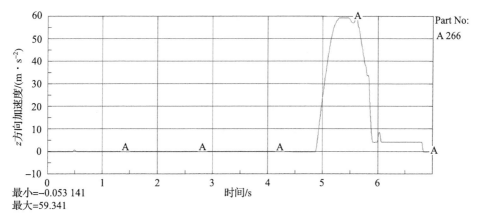

图 7.24　弹体 z 方向加速度

图 7.25 所示为筒口三方向加速度，由图中可知，在弹体出筒时刻，即在 5.8 s 左右，筒口三方向加速度均发生突变，其中 z 方向加速度变化范围较小，在 80 m/s²左右；x 方向加速度最大约 450 m/s²；y 方向加速度最大约 100 m/s²。

图 7.26 所示为筒底三方向加速度，由图中可知，在弹体出筒时刻，即在 5.8 s 左右，筒底三方向加速度均发生突变，其中 x 方向加速度在 40 m/s² 左右；y 方向加速度最大约 −15 m/s²；z 方向加速度最大约 15 m/s²。

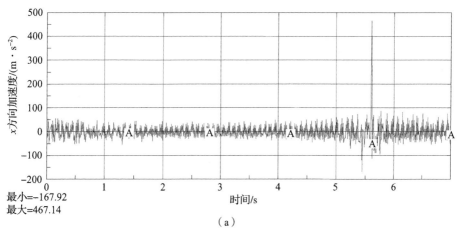

（a）

图 7.25　筒口三方向加速度

（a）筒口 x 方向加速度

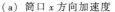

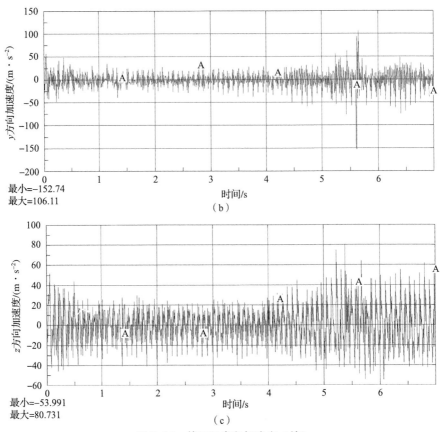

最小=-152.74
最大=106.11
（b）

最小=-53.991
最大=80.731
（c）

图 7.25　筒口三方向加速度（续）

（b）筒口 y 方向加速度；（c）筒口 z 方向加速度

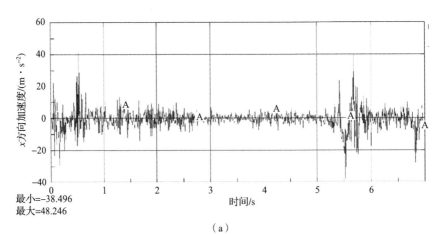

最小=-38.496
最大=48.246

（a）

图 7.26　筒底三方向加速度

（a）筒底 x 方向加速度

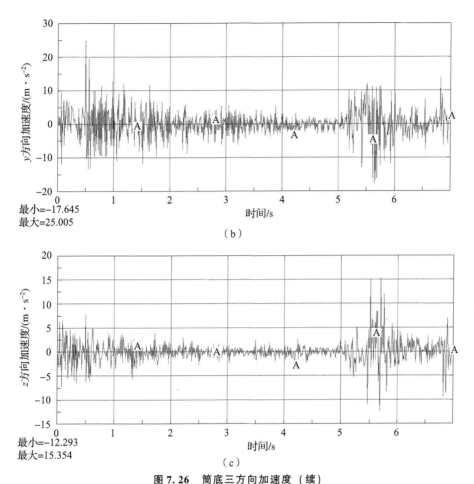

最小=-17.645
最大=25.005

（b）

最小=-12.293
最大=15.354

（c）

图 7.26　筒底三方向加速度（续）

（b）筒底 y 方向加速度；（c）筒底 z 方向加速度

本小节在海浪与舰载平台首尾方向为 90°情况下，以 x 方向位移曲线为参考，在波谷时刻，即对 4.9 s 时发射的发射工况进行了有限元动力学仿真分析，因篇幅有限，仅在本小节中分析了弹体加速度、筒口加速度与筒底加速度。针对舰载平台海上发射系统，还有许多影响发射精度及导弹出筒姿态等的因素待研究。

参 考 文 献

居乃鵕. 两栖车辆水动力学分析与仿真 [M]. 北京：兵器工业出版社，2005：228 - 309.

第 8 章
发射场坪动力学仿真

在未来新的战场形势下，得益于侦察卫星等多手段高效侦察工具的发展和高精度制导武器的进步，战场环境对敌我双方越来越透明，武器系统的生存能力越来越受到重视，路基机动导弹发射系统因此得到发展。

路基机动导弹在起竖和发射过程中，会使发射场坪瞬间承受突增的冲击载荷，如果发射场坪的承载能力达不到技术指标，发射车及发射系统会因为发射场坪的大幅度沉降或断裂发生整体扰动，使导弹的瞄准精度降低，引起发射车失稳甚至车体倾覆。

为了保证导弹的发射可靠性和初始扰动的可控，对发射场坪的承载能力及其稳定性因素进行研究分析是非常必要的。

|8.1 发射场坪的典型结构类型|

近年来，机动发射方式仍然面临着许多难点，如快速计算场坪的承载能力等。发射场坪需要对发射装备提供支撑，导弹发射装备重达几十 t，会对场坪产生破坏性载荷。发射车也会因为路面下沉或断裂塌陷而失稳，发射过程更是如此。因此对发射过程中场坪的承载能力进行评估，确保场坪能够提供稳定持续的支撑能力，是保证导弹发射安全性的必要条件。

车辆行驶过程中对场坪的载荷影响会随着深度的增加而减弱，本书中将场坪结构看作由四层不同结构组成的复杂层状体系，结构如图 8.1 所示。

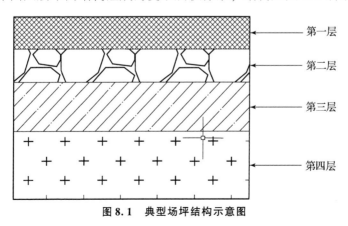

图 8.1 典型场坪结构示意图

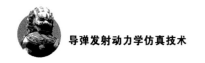

1. 第一层

第一层位于场坪最上层，承受外界载荷的直接作用，也是受载荷影响最大、形变最明显的结构层。在各结构层中，第一层的刚度最大、结构强度最高、平整度最好、稳定性最强，并且随着场坪等级的增加，这一优势更加明显。根据第一层施工用料的不同，其可分为水泥混凝土路面、沥青混凝土路面和复合式路面。根据我国正在使用的场坪路面设计规范，第一层厚度的参考范围如表8.1所示。

表8.1　第一层厚度的参考范围

载荷等级	极重	特重			重		
场坪等级		特级	一级	二级	特级	一级	二级
形变等级	低	低	中	中	低	中	中
第一层厚度/mm	≥320	280～320	260～300	240～280		230～270	220～260

载荷等级	中等				轻	
场坪等级	二级		三级/四级			
形变等级	高	中	高	中	高	中
第一层厚度/mm	220～250	210～240		200～230	190～220	180～210

2. 第二层

第二层是路面的主要承重层。一般场坪设计中有柔性第二层、刚性第二层和半刚性第二层之分，其中半刚性第二层的应用范围最广，具有刚度大、抗拉伸强度好、抗疲劳能力强、载荷扩散性好的特点，同等条件下使承载体整体具有更好的承载能力，第二层厚度取值范围参考表8.2。

3. 第三层

第三层的作用与第二层类似，属于路面的次要承重层，由于不与外载荷直接接触，用料一般选择水稳碎石、砂砾等较差的材料，主要用来进一步增加刚度，增强稳定性，提高结构强度。

表 8.2　第二层厚度取值范围

第二层类型	参考厚度范围/mm
沥青混凝土	40 ~ 60
沥青稳定碎石	80 ~ 100
多孔隙水泥稳定碎石	100 ~ 140
贫混凝土或碾压混凝土	120 ~ 200
水泥稳定碎石半刚性	250 ~ 350

4. 第四层

第四层位于最下层，一般为夯实土，强度较低，其弹性模量取值参考表 8.3。

表 8.3　第四层弹性模量

第四层类别	弹性模量/MPa
较软的黏土	0.3 ~ 0.35
一般软黏土	2 ~ 5
中等硬度黏土	4 ~ 8
硬质黏土	7 ~ 18
粉质砂土	7 ~ 20
松砂	10 ~ 25
黏质砂土	30 ~ 50
紧砂	50 ~ 100
紧密砂卵石	100 ~ 200

|8.2　发射场坪的动力学建模方法|

8.2.1　弹性半空间体基本理论

1. 基本方程

弹性半空间是在一个方向受一个平面约束而在其他方向都是无穷大的弹性

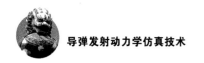

体。在柱坐标系下，用位移法求解弹性力学空间问题的拉梅方程式表示如下：

$$\begin{cases} \nabla^2 u + \dfrac{1}{1-2\mu}\dfrac{\partial e}{\partial r} - \dfrac{1}{r}\left(\dfrac{2}{r}\dfrac{\partial v}{\partial \theta} + \dfrac{u}{r}\right) = 0 \\[3mm] \nabla^2 v + \dfrac{1}{1-2\mu}\dfrac{1}{r}\dfrac{\partial e}{\partial \theta} - \dfrac{1}{r}\left(\dfrac{v}{r} - \dfrac{2}{r}\dfrac{\partial u}{\partial \theta}\right) = 0 \\[3mm] \nabla^2 w + \dfrac{1}{1-2\mu}\dfrac{\partial e}{\partial z} = 0 \end{cases} \tag{8.1}$$

其中，$\nabla^2 = \dfrac{\partial^2}{\partial r^2} + \dfrac{1}{r}\dfrac{\partial}{\partial r} + \dfrac{1}{r^2}\dfrac{\partial^2}{\partial \theta^2} + \dfrac{\partial^2}{\partial z^2}$ 为拉普拉斯算子；$e = \varepsilon_r + \varepsilon_\theta + \varepsilon_z =$

$\left(\dfrac{\partial}{\partial r} + \dfrac{1}{r}\right)u + \dfrac{1}{r}\dfrac{\partial v}{\partial \theta} + \dfrac{\partial w}{\partial z}$ 为体积应变。

该方程的求解是通过引入位移函数 $\Phi(r, \theta, z)$ 和 $\Psi(r, \theta, z)$，当 Φ 和 Ψ 满足重调和方程和调和方程时，Lame 方程的解可以用位移函数 Φ 表示如下：

$$\nabla^4 \Phi(r,\theta,z) = 0 \tag{8.2}$$

$$\nabla^2 \Psi(r,\theta,z) = 0 \tag{8.3}$$

也就是说，弹性力学空间问题归结为求重调和方程（8.2）和调和方程（8.3）的解，使其满足某些边界条件的问题。

$$\begin{cases} u = \dfrac{1+\mu}{E}\left(-\dfrac{\partial^2 \Phi}{\partial r\,\partial z} + \dfrac{2}{r}\dfrac{\partial \Psi}{\partial \theta}\right) \\[3mm] v = \dfrac{1+\mu}{E}\left(-\dfrac{1}{r}\dfrac{\partial^2 \Phi}{\partial \theta\,\partial z} - 2\dfrac{\partial \Psi}{\partial r}\right) \\[3mm] w = \dfrac{1+\mu}{E}\left[2(1-\mu)\nabla^2\Phi - \dfrac{\partial^2 \Phi}{\partial^2 z}\right] \\[3mm] \sigma_z = \dfrac{\partial}{\partial z}\left[(2-\mu)\nabla^2\Phi - \dfrac{\nabla^2\Phi}{\partial z^2}\right] \\[3mm] \tau_{\theta z} = \dfrac{1}{r}\dfrac{\partial}{\partial \theta}\left[(1-\mu)\nabla^2\Phi - \dfrac{\partial^2\Phi}{\partial z^2}\right] - \dfrac{\partial^2\Psi}{\partial r\,\partial z} \\[3mm] \tau_{zr} = \dfrac{\partial}{\partial r}\left[(1-\mu)\nabla^2\Phi - \dfrac{\nabla^2\Phi}{\partial z^2}\right] + \dfrac{1}{r}\dfrac{\partial^2\Psi}{\partial \theta\,\partial z} \end{cases} \tag{8.4}$$

对这两个方程的求解通常是采用傅里叶方法将自变量 θ 和 r、z 分开，再通过 Hankel 积分变换将自变量 r 和 z 分离，从而将重调和方程与调和方程转化为常微分方程进行求解，许多文献中都有该求解的推导过程，此处不再赘述。方程的解为

$$\Phi(r,\theta,z) = \sum_{m=0}^{\infty} \left\{ \int_0^{\infty} \xi \left[(D_m + B_m z) e^{-\xi z} + (C_m + A_m z) e^{\xi z} \right] J_m(\xi r) \, \mathrm{d}\xi \right\} \cos m\theta$$

$$(8.5)$$

$$\Psi(r,\theta,z) = \sum_{m=0}^{\infty} \left\{ \int_0^{\infty} \xi (I_m e^{-\xi z} + F_m e^{\xi z}) J_m(\xi r) \, \mathrm{d}\xi \right\} \sin m\theta \qquad (8.6)$$

其中，积分常数 A_m、B_m、C_m、D_m、I_m、F_m 由边界条件决定，$J_m(\xi r)$ 为 m 阶 Bessel 函数。

将式（8.5）和式（8.6）代入式（8.4）即得到应力和位移分量的表达式：

$$u = \frac{1+\mu}{2E} \sum_{m=0}^{\infty} (U_{m+1} - V_{m-1}) \cos m\theta$$

$$v = \frac{1+\mu}{2E} \sum_{m=0}^{\infty} (U_{m+1} + V_{m-1}) \sin m\theta$$

$$w = -\frac{1+\mu}{E} \sum_{m=0}^{\infty} \Big[\int_0^{\infty} J_m(\xi r) \big\{ \big[C_m - (2 - 4\mu - \xi z) A_m \big] e^{\xi z} +$$

$$\big[D_m + (2 - 4\mu + \xi z) B_m \big] e^{-\xi z} \big\} \, \mathrm{d}\xi \Big] \cos m\theta$$

$$\sigma_z = \sum_{m=0}^{\infty} \Big[\int_0^{\infty} \xi J_m(\xi r) \big\{ \big[D_m + (1 - 2\mu + \xi z) B_m \big] e^{-\xi z} -$$

$$\big[C_m - (1 - 2\mu - \xi z) A_m \big] e^{\xi z} \big\} \, \mathrm{d}\xi \Big] \cos m\theta$$

$$\tau_{\theta z} = \frac{1}{2} \sum_{m=0}^{\infty} (T_{m+1} - S_{m-1}) \sin m\theta$$

$$\tau_{zr} = \frac{1}{2} \sum_{m=0}^{\infty} (T_{m+1} - S_{m-1}) \cos m\theta \qquad (8.7)$$

2. 圆形分布垂直载荷作用下弹性半空间的表面位移

假设在弹性半空间表面上作用半径为 δ 的圆形轴对称垂直载荷，圆面积外没有载荷作用，如图 8.2 所示。

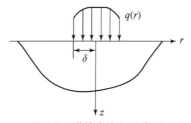

图 8.2 弹性半空间示意图

取 $m = 0$，将其代入式（8.7）中，可得轴对称载荷下弹性半空间的应力和位移分量表达式：

$$
\begin{cases}
u = \dfrac{1+\mu}{E} \int_0^\infty J_1(\xi r) \left\{ \left[C + (1+\xi z)A \right] e^{\xi z} - \left[D - (1-\xi z)B \right] e^{-\xi z} \right\} d\xi \\[2mm]
w = -\dfrac{1+\mu}{E} \int_0^\infty J_0(\xi r) \left\{ \left[C - (2-4\mu-\xi z)A \right] e^{\xi z} + \left[D + (2-4\mu+\xi z)B \right] e^{-\xi z} \right\} d\xi \\[2mm]
\sigma_z = -\int_0^\infty \xi J_0(\xi r) \left\{ \left[C - (1-2\mu-\xi z)A \right] e^{\xi z} - \left[D + (1-2\mu+\xi z)B \right] e^{-\xi z} \right\} d\xi \\[2mm]
\tau_{zr} = \int_0^\infty \xi J_1(\xi r) \left\{ \left[C + (2\mu+\xi z)A \right] e^{\xi z} + \left[D - (2\mu-\xi z)B \right] e^{-\xi z} \right\} d\xi
\end{cases}
$$

$$(8.8)$$

因为弹性半空间的介质无限深，在距离载荷无限远处，应力和位移均为 0。所以，必须保证重调和函数的解也具有该性质，也就是当 $z \to \infty$ 时，式（8.8）应力与位移的一切分量趋近于 0。于是必定有

$$A = C = 0 \tag{8.9}$$

根据弹性半空间的载荷假设，得到表面的应力边界条件（$z=0$）为

$$\sigma_z = -q(r), \ \tau_{zr} = 0 (0 \leqslant r < \infty, z = 0) \tag{8.10}$$

将式（8.9）和式（8.10）代入式（8.8）的第三式和第四式，得到

$$
\begin{cases}
\int_0^\infty \xi J_0(\xi r) \left[D + (1-2\mu)B \right] d\xi = -q(r) \\[2mm]
\int_0^\infty \xi J_1(\xi r) \left[D - 2\mu B \right] d\xi = 0
\end{cases}
\tag{8.11}
$$

对式（8.11）两边进行 Hankel 积分变换，得到关于 D 和 B 的线性方程组：

$$
\begin{cases}
D + (1-2\mu)B = -\bar{q}(\xi) \\[1mm]
D - 2\mu B = 0
\end{cases}
\tag{8.12}
$$

其中，$\bar{q}(\xi) = \int_0^\infty rq(r) J_0(\xi r) dr$，解之得

$$B = -\bar{q}(\xi), \ D = -2\mu \bar{q}(\xi) \tag{8.13}$$

将式（8.9）和式（8.13）代入式（8.8）中，求得圆形分布垂直载荷作用下弹性半空间表面位移的积分表达式：

$$w = \frac{2(1-\mu^2)}{E} \int_0^\infty J_0(\xi r) \bar{q}(\xi) d\xi \tag{8.14}$$

8.2.2　层状弹性体系理论

层状弹性体系在求解轴对称问题和非轴对称问题时思路一样，本小节只对圆形分布垂直载荷作用下的轴对称问题进行推导，单向水平载荷下的双层体系在 8.2.3 小节发射场坪的力学模型中进行推导。圆形分布垂直载荷作用下层状弹性体系如图 8.3 所示。

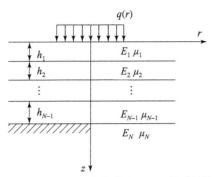

图 8.3　圆形分布垂直载荷作用下层状弹性体系

弹性半空间第二层状弹性体系是自上而下由 $N-1$ 层有限厚度的水平弹性层和最下层弹性半空间体系组成。各层材料的厚度、弹性模量和泊松比用 h_i、E_i、μ_i 表示。

由于弹性层各层具有与弹性半空间相同的基本方程，层与层之间通过层间结合条件联系起来。那么，各层基本方程的推导与弹性半空间一致，只是各层的厚度有限。利用 8.2.1 小节中轴对称载荷下弹性半空间的应力和位移分量表达式，根据定解条件就可以求出层状弹性体系的解析解。

1. 定解条件

对于层状弹性体系表面受到轴对称载荷的情况，定解条件包含表面应力边界条件、层间结合条件以及弹性半空间第二层条件三个部分。

1）表面应力边界条件（$z=0$）

$$\sigma_z = -q(r), \tau_{zr} = 0 \, (0 \leqslant r < \infty, z=0) \tag{8.15}$$

2）层间结合条件（$z=z_i$）

根据层间界面完全连续的假设条件，上下两层界面应具有完全相同的应力状态，各应力和位移在结合处是连续的，用表达式描述为

$$\begin{cases} w_{zi} = w_{zi+1} \, u_{zi} = u_{zi+1} \\ \sigma_{zi} = \sigma_{zi+1} \, \tau_{zi} = \tau_{zi+1} \end{cases} \tag{8.16}$$

3）弹性半空间第二层条件

对于弹性半空间，当 $z \to \infty$ 时，应力与位移的一切分量都为 0。那么，对于层状弹性体系，也有

$$A_n = 0, C_n = 0 \tag{8.17}$$

2. 含积分常数的线性代数方程组

由图 8.2 和式（8.8）可知，表面承受轴对称垂直载荷时，N 层弹性体系

的计算共有 $4N$ 个未知的积分常数 A_i、B_i、C_i、$D_i(i=1,2,\cdots,N)$，需要建立 $4N$ 个线性代数方程才能求解。根据层间条件可知每个界面有 4 个结合条件，加上 2 个应力边界条件以及 $A_n=0$，$C_n=0$，一共可以建立 $4N$ 个线性代数方程，正好满足要求。

1）由表面应力边界条件建立方程

根据表面应力边界条件，将式（8.15）代入式（8.8），并将各层的积分系数用下脚标标明，得到

$$
\begin{cases}
\int_0^\infty \xi J_0(\xi r)\{[C_1-(1-2\mu_1)A_1]-[D_1+(1-2\mu_1)B_1]\mathrm{d}\xi = q(r) \\
\int_0^\infty \xi J_1(\xi r)\{[C_1+2\mu_1 A_1]+[D_1-2\mu_1 B_1]\}\mathrm{d}\xi = 0
\end{cases}
$$

$$(8.18)$$

对式（8.18）进行 Hankel 积分变换，得到线性代数方程组：

$$
\begin{cases}
C_1-(1-2\mu_1)A_1-D_1-(1-2\mu_1)B_1=\bar{q}(\xi) \\
C_1+2\mu_1 A_1+D_1-2\mu_1 B_1=0
\end{cases}
$$

$$(8.19)$$

由以上线性方程组及相关分析可知，积分常数包含 $\bar{q}(\varepsilon)$ 这一个因子，这样令 $A_i=\bar{A}_i\bar{q}(\varepsilon)$，$B_i=\bar{B}_i\bar{q}(\varepsilon)$，$C_i=\bar{C}_i\bar{q}(\varepsilon)$，$D_i=\bar{D}_i\bar{q}(\varepsilon)$。将这 4 个式子代入式（8.18），为了书写方便，把 $\bar{A}_i$、$\bar{B}_i$、$\bar{C}_i$、$\bar{D}_i$ 写成 A_i、B_i、C_i、$D_i(i=1,2,\cdots,N)$，得

$$
\begin{cases}
C_1-(1-2\mu_1)A_1-D_1-(1-2\mu_1)B_1=1 \\
C_1+2\mu_1 A_1+D_1-2\mu_1 B_1=0
\end{cases}
$$

$$(8.20)$$

2）由层间结合条件建立方程

与前述类似，将 $\bar{q}(\varepsilon)$ 这一个因子从积分常数中分离出来，将 $A_i=\bar{A}_i\bar{q}(\varepsilon)$，$B_i=\bar{B}_i\bar{q}(\varepsilon)$，$C_i=\bar{C}_i\bar{q}(\varepsilon)$，$D_i=\bar{D}_i\bar{q}(\varepsilon)$ 代入式（8.8），然后代入层间结合条件公式（8.16），对两端进行 Hankel 积分变换后得到

$$
e^{\xi z_i}[C_i-(1-2\mu_i-\xi z_i)A_i]-e^{-\xi z_i}[D_i+(1-2\mu_i+\xi z_i)B_i]
$$
$$
=e^{\xi z_i}[C_{i+1}-(1-2\mu_{i+1}-\xi z_i)A_{i+1}]-e^{-\xi z_i}[D_{i+1}+(1-2\mu_{i+1}+\xi z_i)B_{i+1}] \quad (8.21)
$$

$$
e^{\xi z_i}[C_i+(2\mu_i+\xi z_i)A_i]+e^{-\xi z_i}[D_i-(2\mu_i-\xi z_i)B_i]
$$
$$
=e^{\xi z_i}[C_{i+1}+(2\mu_{i+1}+\xi z_i)A_{i+1}]+e^{-\xi z_i}[D_{i+1}-(2\mu_{i+1}-\xi z_i)B_{i+1}]
$$

$$(8.22)$$

$$
n_i[C_i+(1+\xi z_i)A_i]e^{\xi z_i}-[D_i-(1-\xi z_i)B_i]e^{-\xi z_i}
$$
$$
=[C_{i+1}+(1+\xi z_i)A_{i+1}]e^{\xi z_i}-[D_{i+1}-(1-\xi z_i)B_{i+1}]e^{-\xi z_i}
$$

$$(8.23)$$

$$
n_i[C_i-(2-4\mu_i-\xi z_i)A_i]e^{\xi z_i}+[D_i+(2-4\mu_i+\xi z_i)B_i]e^{-\xi z_i}
$$
$$
=[C_{i+1}-(2-4\mu_{i+1}-\xi z_i)A_{i+1}]e^{\xi z_i}+[D_{i+1}+(2-4\mu_{i+1}+\xi z_i)B_{i+1}]e^{-\xi z_i}
$$

$$(8.24)$$

其中，$z_i = \sum_{j=1}^{i} h_j$，$n_i = \dfrac{E_{i+1}(1 + \mu_i)}{E_i(1 + \mu_{i+1})}$。

3）由弹性半空间附加条件建立方程

根据弹性半空间附加条件，有两个方程：

$$A_n = 0, \quad C_n = 0 \tag{8.25}$$

这样，根据定解条件，对于 N 层的弹性层状体系，就构成了 $4N$ 个线性代数方程。通过求解方程组，得到含 ξ 的积分系数 A_i、B_i、C_i 和 D_i（$i = 1, 2, \cdots, N$）。将这 $4N$ 个系数乘以 $\bar{q}(\varepsilon)$ 因子并代入各层的方程组（8.8）中，即能求出在轴对称圆形均布载荷下各弹性层的应力及位移。

8.2.3　发射场坪的力学模型

在发射过程中发射装备相对于场坪主要有两种运动：法向运动和侧向运动。也就是说在发射装备接触的过程中，场坪表面主要受到法向的压力以及切向的摩擦力。在法向压力下，场坪发生弯沉变形并提供竖直向上的支撑力；在切向力的作用下，场坪产生切向位移并提供与运动（或运动趋势）相反的抵抗力。为了对武器系统与场坪的接触耦合效应进行分析，需要对场坪在这两种载荷作用下的力学响应进行分析。

场坪是一个多层结构体系。在与武器系统的耦合研究中，将其直接作为多层体系进行求解是非常困难的。本书关注的重点在于接触界面间的力学现象，因此需要对场坪的层状体系模型进行一定的简化。在 8.2.2 小节中已经通过当量模量计算将场坪的地基等效为弹性半空间体，此时就可以把场坪看作是一个双层结构体系。以下分别对场坪在受到法向压力和受到切向摩擦力时的力学响应进行分析。

1. 场坪的法向运动控制方程

1）弹性半空间地基薄板假设

场坪第一层的刚度远大于第二层和第四层的刚度，在载荷作用下具有良好的扩散载荷的能力。根据以往的试验可以发现，在发射载荷作用下第一层的弯沉量较小，而第一层厚度通常为 200 mm 至 300 mm。路面板的挠度（弯沉量）远小于板的厚度，因此混凝土刚性面板在正常工作状态下完全符合小挠度薄板的假定。我国水泥混凝土路面设计规范也采用弹性半空间地基上弹性薄板理论为基础进行路面设计。弹性半空间地基薄板模型如图 8.4 和图 8.5 所示。

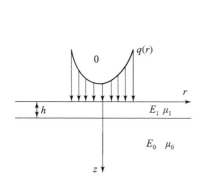

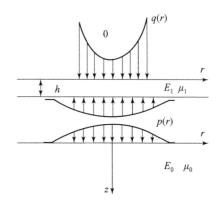

图8.4　弹性半空间地基薄板模型（1）　　图8.5　弹性半空间地基薄板模型（2）

假定薄板厚度为 h，弹性模量和泊松比为 E_1、μ_1，地基弹性模量和泊松比为 E_0、μ_0，面板上表面承受轴对称的法向载荷 $q(r)$，底板的反力和地基顶面承受压力 $p(r)$。

根据 Kirchhoff 薄板理论，有如下假定。

（1）板中面法线变形前后保持直线，并与中面始终保持垂直。

（2）中面法线既不伸长也不缩短，且中面各点没有平行于中面位移。

（3）在变形过程中，板与地基始终紧密接触，即地基顶面垂直位移与板体中面的垂直位移相等。

2）场坪的控制方程及积分解

薄板弯曲的微分方程在许多文献中都有推导，这里直接运用。采用柱坐标，薄板的弹性曲面方程为

$$D \, \nabla^2 \nabla^2 w(r) = q(r) - p(r) \tag{8.26}$$

其中，$\nabla^2 = \dfrac{\partial^2}{\partial r^2} + \dfrac{1}{r}\dfrac{\partial}{\partial r} + \dfrac{\partial^2}{\partial z^2}$ 为拉普拉斯算子；$D = \dfrac{Eh^3}{12(1-\mu^2)}$ 为薄板的弯曲刚度；w 为板的挠度，即场坪表面的下沉量。

式（8.26）中，$w(r)$ 和 $p(r)$ 均为未知量。根据假设，地基顶面垂直位移与板体中面的垂直位移相等。由 8.2.2 小节，轴对称垂直载荷下弹性半空间的位移表达式为

$$w = \frac{2(1-\mu^2)}{E} \int_0^\infty J_0(\varepsilon r) \, \bar{p}(\epsilon) \, \mathrm{d}\epsilon \tag{8.27}$$

将式（8.27）代入式（8.26）中，运算得

$$\frac{2D(1-\mu^2)}{E} \int_0^\infty \varepsilon \, \bar{p}(\varepsilon) J_0(\varepsilon r) \, \mathrm{d}\varepsilon = q(r) - p(r) \tag{8.28}$$

将式（8.28）进行 Hankel 积分变换，可得

$$\frac{2D(1-\mu^2)}{E}\varepsilon^3\,\bar{p}(\varepsilon)=\bar{q}(\varepsilon)-\bar{p}(\varepsilon) \tag{8.29}$$

整理式（8.29）可得

$$\bar{p}(\varepsilon)=\frac{\bar{q}(\varepsilon)}{1+l^3\varepsilon^3} \tag{8.30}$$

式中，$l=\left[\dfrac{2D\,(1-\mu^2)}{E}\right]^{1/3}$。

将式（8.30）代入式（8.27）可得薄板的挠度表达式：

$$w=\frac{2(1-\mu^2)}{E}\int_0^\infty \frac{J_0(\varepsilon r)}{1+l^3\varepsilon^3}\bar{q}(\varepsilon)\mathrm{d}\varepsilon \tag{8.31}$$

3）均布载荷和倒钟型载荷下场坪的下沉量

考虑两种特殊的载荷：均布载荷和倒钟型载荷。

均布载荷表达式：

$$q(r)=\begin{cases} q_0 & (r\le\delta) \\ 0 & (r>\delta) \end{cases} \tag{8.32}$$

倒钟型载荷表达式：

$$q(r)=\begin{cases} \dfrac{1}{2}q_0\left(1-\dfrac{r^2}{\delta^2}\right)^{-1/2} & (r\le\delta) \\ 0 & (r>\delta) \end{cases} \tag{8.33}$$

式（8.32）和式（8.33）中，$q_0=\dfrac{Q}{\pi\delta^2}$ 为场坪所受载荷 Q 在圆面上的均布集度。

将表达式（8.33）进行 Hankel 积分变换，然后代入式（8.32）中，得到均布载荷下场坪的下沉量表达式：

$$w=\frac{2(1-\mu^2)}{E}q_0\delta\int_0^\infty \frac{J_0(\xi r)J_1(\xi\delta)}{\xi(1+l^3\xi^3)}\mathrm{d}\xi \tag{8.34}$$

同样，对倒钟型载荷进行 Hankel 积分变换，计算得到倒钟型载荷下场坪的下沉量表达式：

$$w=\frac{(1-\mu^2)}{E}q_0\delta\int_0^\infty \frac{J_0(\xi r)\sin(\xi\delta)}{\xi(1+l^3\xi^3)}\mathrm{d}\xi \tag{8.35}$$

2. 场坪的切向运动控制方程

1）场坪的控制方程及积分解

设在场坪表面以 δ 为半径的圆形面积内作用有与载荷集度轴对称的单向水平载荷，且在圆面积外没有载荷作用，如图 8.6 所示。

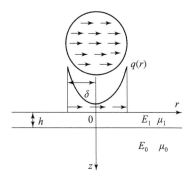

图 8.6　单向水平载荷的双层弹性体系

取 $m = 1$，将其代入式（8.7）中，可得载荷集度为轴对称的圆形分布单向水平载荷下弹性半空间的应力和位移分量表达式：

$$u = \frac{1 + \mu}{2E}(U_2 - V_0)\cos\theta$$

$$v = \frac{1 + \mu}{2E}(U_2 + V_0)\sin\theta$$

$$w = - \left[\frac{1 + \mu}{E}\int_0^\infty J_1(\xi r)\{[C - (2 - 4\mu - \xi z)A]e^{\xi z} + [D + (2 - 4\mu + \xi z)B]e^{-\xi z}\}\,\mathrm{d}\xi\right]\cos\theta$$

$$\sigma_z = - \left[\int_0^\infty \xi J_1(\xi r)\{[C - (1 - 2\mu - \xi z)A]e^{\xi z} - [D + (1 - 2\mu + \xi z)B]e^{-\xi z}\}\,\mathrm{d}\xi\right]\cos\theta$$

$$\tau_{\theta z} = \frac{1}{2}(T_2 + S_0)\sin\theta$$

$$\tau_{zr} = \frac{1}{2}(T_2 - S_0)\cos\theta \tag{8.36}$$

式中，

$$U_2 = \int_0^\infty J_2(\xi r)\{[C + (1 + \xi z)A + 2F]e^{\xi z} - [D - (1 - \xi z)B - 2I]e^{-\xi z}\}\,\mathrm{d}\xi$$

$$V_0 = \int_0^\infty J_0(\xi r)\{[C + (1 + \xi z)A - 2F]e^{\xi x} - [D - (1 - \xi z)B + 2I]e^{-\xi z}\}\,\mathrm{d}\xi$$

$$T_2 = \int_0^\infty \xi J_2(\xi r)\{[C + (2\mu + \xi z)A + F]e^{\xi z} + [D - (2\mu - \xi z)B - I]e^{-\xi r}\}\,\mathrm{d}\xi$$

$$S_0 = \int_0^\infty \xi J_0(\xi r)\{[C + (2\mu + \xi z)A - F]e^{\xi z} + [D - (2\mu - \xi z)B + I]e^{-\xi z}\}\,\mathrm{d}\xi$$

与轴对称情况类似，首先确定求解问题的条件。

（1）表面应力边界条件（$z = 0$）。

在柱坐标系中，应力边界条件表示为

$$\tau_{z\theta} = \begin{cases} q(r)\sin\theta & (0 \leqslant r \leqslant \delta) \\ 0 & (\delta < r < \infty) \end{cases}$$

$$\tau_{zr} = \begin{cases} -q(r)\cos\theta & (0 \leqslant r \leqslant \delta) \\ 0 & (\delta < r < \infty) \end{cases} \tag{8.37}$$

$$\sigma_z = 0 \quad (0 < r < \infty)$$

为了便于计算，将上述表达式改写为

$$\begin{cases} \dfrac{\tau_{z\theta}}{\sin\theta} + \dfrac{\tau_{zr}}{\cos\theta} = 0 \\ \dfrac{\tau_{z\theta}}{\sin\theta} - \dfrac{\tau_{zr}}{\cos\theta} = 2q(r) \end{cases} \quad \text{且 } \sigma_z = 0\,(0 \leqslant r < \infty, z = 0) \tag{8.38}$$

将应力分量表达式（8.36）代入式（8.38）中，得到如下 3 个方程式：

$$\begin{cases} \displaystyle\int_0^\infty \xi J_2(\xi r)\big[(C_1 + 2\mu_1 A_1 + F_1) + (D_1 - 2\mu_1 B_1 - I_1)\big]\mathrm{d}\xi = 0 \\ \displaystyle\int_0^\infty \xi J_0(\xi r)\big[(C_1 + 2\mu_1 A_1 - F_1) + (D - 2\mu B + I)\big]\mathrm{d}\xi = 2q(r) \\ \displaystyle\int_0^\infty \xi J_1(\xi r)\big\{\big[C_1 - (1 - 2\mu_1)A_1\big] - \big[D_1 + (1 - 2\mu_1)B_1\big]\big\}\mathrm{d}\xi = 0 \end{cases} \tag{8.39}$$

对式（8.38）施加 Hankel 积分变换，如 8.2.2 小节中处理方法一样，令 $A_i = \overline{A}_i\,\overline{q}(\varepsilon)$，$B_i = \overline{B}_i\,\overline{q}(\varepsilon)$，$C_i = \overline{C}_i\,\overline{q}(\varepsilon)$，$D_i = \overline{D}_i\,\overline{q}(\varepsilon)$。将这 4 个式子代入式（8.39），为了书写方便，把 $\overline{A}_i$、$\overline{B}_i$、$\overline{C}_i$、$\overline{D}_i$ 写成 A_i、B_i、C_i、D_i，于是得到如下线性方程组：

$$\begin{cases} C_1 + 2\mu_1 A_1 + F_1 + D_1 - 2\mu_1 B_1 - I_1 = 0 \\ C_1 + 2\mu_1 A_1 - F_1 + D_1 - 2\mu B_1 + I_1 = 2 \\ C_1 - (1 - 2\mu_1)A_1 - D_1 - (1 - 2\mu_1)B_1 = 0 \end{cases} \tag{8.40}$$

（2）层间结合条件（$z = h$）。

根据连续界面假设，上下两层界面应具有完全相同的应力状态，各应力和位移在结合处是连续的，用表达式描述为

$$\begin{cases} w_{z1} = w_{z2}\,u_{z1} = u_{z2}\,v_{z1} = v_{z2} \\ \sigma_{z1} = \sigma_{z2}\,\tau_{zr1} = \tau_{zr2}\,\tau_{z\theta1} = v_{z\theta2} \end{cases} \tag{8.41}$$

将式（8.35）中的应力和位移分量代入式（8.41），对每一个等式两边实施 Hankel 积分变化，并通过对等式进行简单的相加或相减，便得到 6 个线性代数方程：

$$e^{\xi h}\left[C_1 - (1 - 2\mu_1 - \xi h)A_1\right] - e^{-\xi z}\left[D_1 + (1 - 2\mu_1 + \xi h)B_1\right]$$
$$= e^{\xi h}\left[C_2 - (1 - 2\mu_0 - \xi h)A_2\right] - e^{-\xi z}\left[D_2 + (1 - 2\mu_0 + \xi h)B_2\right] \tag{8.42}$$

$$e^{\xi h}\left[C_1 + (2\mu_1 + \xi h)A_1\right] + e^{-\xi z}\left[D_1 - (2\mu_1 - \xi h)B_1\right]$$
$$= e^{\xi h}\left[C_2 + (2\mu_0 + \xi h)A_2\right] + e^{-\xi z}\left[D_2 - (2\mu_0 - \xi h)B_2\right] \tag{8.43}$$

$$\frac{E_0(1+\mu_1)}{E_1(1+\mu_0)}\left\{e^{\xi h}\left[C_1 + (1 + \xi h)A_1\right] - e^{-\xi h}\left[D_1 - (1 - \xi h)B_1\right]\right\}$$
$$= e^{\xi h}\left[C_2 + (1 + \xi h)A_2\right] - e^{-\xi h}\left[D_2 - (1 - \xi h)B_2\right] \tag{8.44}$$

$$\frac{E_0(1+\mu_1)}{E_1(1+\mu_0)}\left\{e^{\xi h}\left[C_1 - (2 - 4\mu_1 - \xi h)A_1\right] - e^{-\xi h}\left[D_1 + (2 - 4\mu_1 + \xi h)B_1\right]\right\}$$
$$= e^{\xi h}\left[C_2 - (2 - 4\mu_0 - \xi h)A_2\right] - e^{-\xi h}\left[D_2 + (2 - 4\mu_0 + \xi h)B_2\right] \tag{8.45}$$

$$F_1 e^{\xi h} - I_1 e^{-\xi h} = F_2 e^{\xi h} - I_2 e^{-\xi h} \tag{8.46}$$

$$\frac{E_0(1+\mu_1)}{E_1(1+\mu_0)}(F_1 e^{\xi h} + I_1 e^{-\xi h}) = F_2 e^{\xi h} + I_2 e^{-\xi h} \tag{8.47}$$

（3）弹性半空间附加条件（$z \to \infty$）。

$$A_2 = 0, C_2 = 0, F_2 = 0 \tag{8.48}$$

到目前为止建立了 12 个线性代数方程，为了方便编写程序计算，将其写为矩阵形式。其中为了简化形式，A_2、C_2、F_2 不写入方程中。矩阵形式表达式如下：

$$[K][P] = [Q] \tag{8.49}$$

式中，系数矩阵 $K =$

$$\begin{bmatrix}
2\mu_1 & -2\mu_1 & 1 & 1 & 1 & -1 & 0 & 0 & 0 \\
2\mu_1 & -2\mu_1 & 1 & 1 & -1 & 1 & 0 & 0 & 0 \\
-(1-2\mu_1) & -(1-2\mu_1) & 1 & -1 & 0 & 0 & 0 & 0 & 0 \\
-(1-2\mu_1-\xi h)e^{\xi h} & -(1-2\mu_1+\xi h)e^{-\xi h} & e^{\xi h} & -e^{-\xi h} & 0 & 0 & (1-2\mu_0+\xi h)e^{-\xi h} & e^{-\xi h} & 0 \\
(2\mu_1+\xi h)e^{\xi h} & -(2\mu_1-\xi h)e^{-\xi h} & e^{\xi h} & e^{-\xi h} & 0 & 0 & (2\mu_0-\xi h)e^{-\xi h} & e^{-\xi h} & 0 \\
k(1+\xi h)e^{\xi h} & k(1-\xi h)e^{-\xi h} & ke^{\xi h} & -ke^{-\xi h} & 0 & 0 & -(1-\xi h)e^{-\xi h} & e^{-\xi h} & 0 \\
-k(2-4\mu_1-\xi h)e^{\xi h} & -k(2-4\mu_1+\xi h)e^{-\xi h} & ke^{\xi h} & -ke^{-\xi h} & 0 & 0 & (2-4\mu_0+\xi h)e^{-\xi h} & e^{-\xi h} & 0 \\
0 & 0 & 0 & 0 & e^{\xi h} & -e^{-\xi h} & 0 & 0 & e^{-\xi h} \\
0 & 0 & 0 & 0 & ke^{\xi h} & ke^{-\xi h} & 0 & 0 & -e^{-\xi k}
\end{bmatrix}$$

$$P = [A_1 B_1 C_1 D_1 F_1 I_1 B_2 D_2 I_2]^T$$

$$Q = [020000000]^T$$

$$k = \frac{E_0(1+\mu_1)}{E_1(1+\mu_0)}$$

通过符号计算，求解上述线性代数方程组可求出各层的积分系数。从矩阵系数可以看出，积分系数只与中间变量 ξ 有关，其余变量均为已知。得到积分系数后，乘以载荷的 Hankel 积分 $\bar{q}(\xi)$，再代入应力和位移表达式（8.36）中即求得了场坪在受到载荷集度轴对称的圆形分布单向水平载荷下理论解。

2）均布水平载荷和倒钟型水平载荷下场坪表面的切向位移

同前所述，对式（8.32）和式（8.33）进行 Hankel 积分变化，并代入切向控制方程的理论解，令 $z = 0$，得到

$$u = \frac{1 + \mu_1}{2E_1}(U_2 - V_0) \tag{8.50}$$

在均布水平载荷作用下：

$$\begin{cases} U_2 = q_0 \delta \int_0^\infty \dfrac{J_1(\xi\delta)J_2(\xi r)}{\xi}(C + A + 2F - D + B + 2I)\,\mathrm{d}\xi \\[3mm] V_0 = q_0 \delta \int_0^\infty \dfrac{J_1(\xi\delta)J_0(\xi r)}{\xi}(C + A - 2F - D + B - 2I)\,\mathrm{d}\xi \end{cases} \tag{8.51}$$

在倒钟型水平载荷作用下：

$$\begin{cases} U_2 = q_0 \delta \int_0^\infty \dfrac{J_2(\xi r)\sin(\xi\delta)}{2\xi}(C + A + 2F - D + B + 2I)\,\mathrm{d}\xi \\[3mm] V_0 = q_0 \delta \int_0^\infty \dfrac{J_0(\xi r)\sin(\xi\delta)}{2\xi}(C + A - 2F - D + B - 2I)\,\mathrm{d}\xi \end{cases} \tag{8.52}$$

3. 含 Bessel 函数无穷积分的数值积分方法

以上在对弹性半空间和弹性层状体系的解答过程中，应力和位移的表达式都是含 Bessel 振荡函数和指数函数的复杂被积函数的无穷积分，一般只能通过数值积分进行计算。用于层状体系理论的数值方法主要有两类：一类为 Simpson 数值积分方法；另一类为 Gauss – Legendre 数值积分方法。

Gauss – Legendre 数值积分区间有限，为了恰当地选用积分上限，需要对位移和应力积分表达式内的被积函数特性进行分析。当积分上限 x_s 分别取 $\dfrac{10\delta}{h_1}$（$z = 0$）和 $\dfrac{15\delta}{z}$（$z > 0$），积分区间内设置足够多的数值积分结点时，计算结果精度可到小数点后至少 3 位有效数字。实际计算中常选择 16 个积分结点，在满足工程精度前提下，计算速度也相当快。积分上限 x_s 的计算公式为

$$x_s = \begin{cases} \dfrac{10\delta}{h_1} & (z = 0) \\[3mm] \dfrac{15\delta}{z} & (z > 0) \end{cases} \tag{8.53}$$

其中，h_1 为第一层厚度，δ 为加载圆半径。

Gauss – Legendre 积分区间为 $[-1, 1]$，对无穷积分取积分上限 x_s 后实际区间为 $[0, x_s]$，因此，令

$$x_k = \frac{x_s}{2} + \frac{x_s}{2} t_k \tag{8.54}$$

则 Gauss – Legendre 数值积分表达式改写为

$$\int_0^{x_s} f(x)\,\mathrm{d}x = \frac{x_s}{2} \sum_{k=1}^{16} A_k f(x_k) \tag{8.55}$$

式中，t_k 为勒让德多项式的零点，称为高斯节点，A_k 为高斯系数。

为了验证数值计算方法的精确性和有效性，考虑如下表达式：

$$\int_0^\infty \frac{J_0(r\xi) J_1(\delta\xi)}{1 + \xi^3}\,\mathrm{d}\xi \tag{8.56}$$

取 $r = 0.9$、$\delta = 0.4$，被积函数 $\dfrac{J_0(r\xi) J_1(\delta\xi)}{1 + \xi^3}\,\mathrm{d}\xi$ 的曲线如图 8.7 所示。

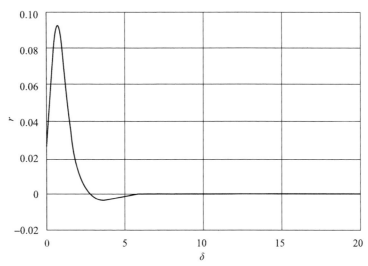

图8.7　被积函数曲线

从图 8.7 中可以看得出，含两个 Bessel 函数的被积函数为振荡、迅速趋近于 0 的曲线。在 $\xi = 6$ 时，被积函数值已经衰减为 $-9.879\mathrm{e}-5$，而积分上限 $x_s = 10\delta/h \approx 17.39$，可见积分上限的取值是合理的。

为了对比 Simpson 积分和 Gauss – Legendre 积分在求解场坪问题上的计算效率，运用两种方法对表达式（8.56）进行数值积分，结果如表 8.4 所示。

表 8.4　Simpson 方法和 Gauss – Legendre 方法积分结果

Simpson 方法	结点数	10	30	40	50	70
	近似值	0.111 7	0.106 6	0.106 6	0.106 5	0.106 5
	与前一项的差异/%		– 4.78	0.00	– 0.094	0.00
Gauss – Legendre 方法	结点数	10	15	20	25	30
	近似值	0.107 9	0.106 3	0.106 6	0.106 5	0.106 5
	与前一项的差异/%		– 1.5	0.28	– 0.094	0.00

从表 8.4 可以看出，Simpson 积分方法在结点数为 30 时，近似值开始稳定，计算被积函数次数约 90 次。Gauss – Legendre 方法在结点数为 15 时，近似值开始稳定，计算被积函数的次数为 15 次。由此可见，Gauss – Legendre 方法的运行速度和计算精度均优于 Simpson 方法。

8.3　导弹运输过程装备与场坪耦合响应仿真

8.3.1　问题描述

固体导弹在运输过程中会受到场坪路面随机激励的作用，导致导弹结构和仪器设备受到一定程度的累计疲劳，降低导弹的打击精度。因此，对导弹进行运输响应分析，得到系统与场坪的动态响应是十分重要的。在行驶过程中，车辆的振动会引起场坪的振动，甚至变形；而场坪的振动与变形反过来也会影响行驶车辆的振动，这种相互影响、相互渗透的现象体现了车 – 路之间的耦合作用。

为了更好地体现车辆与场坪之间的真实关系，充分体现出车 – 场坪之间的耦合关系，在做耦合系统动力学分析时，需要将车辆子系统和场坪子系统视为相互耦合的统一系统。其中，车辆子系统由车体、车轮和连接车体与轮胎的弹簧悬架组成；场坪子系统是由道路第一层、第二层和路基组成。轮胎与场坪的接触关系和相互作用系统就成为车辆系统与场坪系统的连接纽带。因此，建立轮胎与场坪的动力学模型，研究车辆行驶时轮胎对场坪的载荷冲击以及场坪的

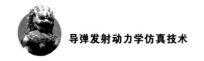
动力学响应具有重要的工程意义。

8.3.2 运输过程对地载荷

车辆行驶时，场坪路面的不平整会引起车辆的振动。在车辆系统振动力学建模时，可以采用整车模型、1/2 车辆模型和 1/4 车辆模型等。三种简化模型复杂程度各异，为了真实地模拟实际情况，同时满足后续分析要求并使模型复杂程度适中，本章节选取 1/2 车辆模型对车辆系统进行力学建模。

目前，被动悬架被广泛应用于重载车辆中，由弹性元件和减震器组成。许多研究充分表明车辆系统中的被动悬架，无论是钢板弹簧、螺旋弹簧还是空气弹簧，在一定的精度范围内，均可简化为一个不计质量的线性弹簧。对于悬架系统中的减震器，在建模时认为伸张行程的阻尼力等于压缩行程的阻尼力，所以也可将其简化为一个不计质量的线性阻尼元件。因此在 1/2 车辆模型中，可采用并联的线性弹簧和阻尼元件等效车辆系统中悬架的作用。对于车轮，将其简化为质量 – 弹簧 – 阻尼系统，而车身则被模拟为作用在悬架系统之上的刚性体。

在建立重载车辆 1/2 振动力学模型时，做出如下假设。

（1）将车身视为刚体，质量均匀分布，忽略车身变形。

（2）左右车轮受力情况相同，关于纵轴对称。

（3）车辆悬架等效为并联的线性弹簧和线性阻尼，且均为常值。

（4）车轮等效为弹簧和阻尼器，且其轮胎刚度和阻尼均为常数。

（5）考虑导弹运输车垂直方向的振动。

（6）导弹运输车在直线路面上匀速行驶，轮胎与路面间保持接触，无跳起。

（7）不考虑车轮在运动过程中滚动和滑动的影响。

在二维空间内建立车辆系统力学模型，便于力学模型向数学模型的转化。本节为了简化模型，选用具有代表性的双轴车辆建立车辆系统力学模型，其四自由度 1/2 质量 – 弹簧 – 阻尼系统模型如图 8.8 所示。

通过振动力学对模型进行分析，可得四自由度 1/2 车辆系统振动平衡微分方程为

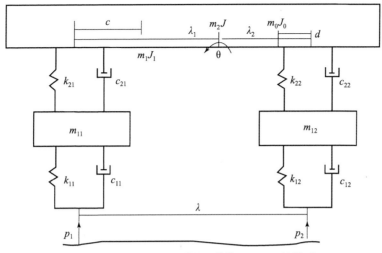

图 8.8　四自由度 1/2 质量 – 弹簧 – 阻尼系统模型

$$
\begin{cases}
J\ddot{\theta} + \lambda_1 c_{21}(\dot{y_2} + \lambda_1\dot{\theta} - \dot{y_{11}}) + \lambda_2 k_{21}(y_2 + \lambda_1\theta - y_{11}) - \lambda_2 c_{22}(\dot{y_2} - \lambda_2\dot{\theta} - \dot{y_{12}}) - \\
\lambda_2 k_{22}(y_2 - \lambda_2\theta - y_{12}) = 0 \\
m_2\ddot{y_2} + c_{21}(\dot{y_2} + \lambda_1\dot{\theta} - \dot{y_{11}}) + k_{21}(y_2 + \lambda_1\theta - y_{11}) + k_{22}(y_2 - \lambda_2\theta - y_{12}) + \\
c_{22}(\dot{y_2} - \lambda_2\dot{\theta} - \dot{y_{12}}) = m_2 g \\
m_{11}\ddot{y_{11}} - c_{21}(\dot{y_2} + \lambda_1\dot{\theta} - \dot{y_{11}}) - k_{21}(y_2 + \lambda_1\theta - y_{11}) = m_{11}g - p_1 \\
m_{12}\ddot{y_{12}} - c_{22}(\dot{y_2} - \lambda_2\dot{\theta} - \dot{y_{12}}) - k_{22}(y_2 - \lambda_2\theta - y_{12}) = m_{12}g - p_2
\end{cases}
$$

其中，J 为簧上总质量的转动惯量，$kg \cdot m^2$；m_{11} 为前桥弹簧下质量（包括前车轮质量、车轴质量和悬架质量），kg；m_{12} 为后桥弹簧下质量（包括后车轮质量、车轴质量和悬架质量），kg；m_2 为弹簧上总质量（包括汽车车身质量和汽车载重质量），kg；c_{21} 为前悬架阻尼，$N \cdot s/m$；c_{22} 为后悬架阻尼，$N \cdot s/m$；k_{21} 为前悬架刚度，N/m；k_{22} 为后悬架刚度，N/m；y_{11} 为前车轮轮胎垂向位移，m；y_{12} 为后车轮轮胎垂向位移，m；y_2 为车体垂向位移，m；λ_1 为前车桥距总质心的距离，m；λ_2 为后车桥距总质心的距离，m；θ 为簧上总质量俯仰振动角，rad；p_1、p_2 为前、后车轮与路面之间的相互作用力，N。

　　传统车 – 场坪动力学分析模型是将系统先解耦，根据车辆动力学和路面动力学把车辆和道路分为两个独立系统分别进行研究。首先以车辆为主体，建立简化的车辆系统动力学模型，将路面视为刚性体，以路面不平度作为外部激励，求得车辆的移动动载荷；其次以场坪为主体，根据场坪的多层次结构及特性建立场坪动力学模型，并将求得的轮胎移动动载荷作为场坪上的移动作用

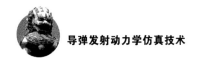

力，求得场坪的动力响应。

8.3.3　简化轮胎模型的建立

常见的车轮轮胎简化模型有六种：点接触模型、滚子模型、固定印迹模型、径向弹簧模型、环模型和有限元模型。其中本节采用的是有限元模型。有限元模型是以有限元理论为依据，考虑轮胎的材料非线性、几何非线性、接触非线性等力学特征而建立的模型，可以较为真实地反映轮胎材料的物理特性，适用于轮胎的瞬间滚动接触压力、内部受力及模态分析。

充气轮胎是由多种材料组成的复杂结构，承受着各种各样的车辆行驶状态的变化及道路条件的不同，受力情况复杂。橡胶材料是特别典型的超弹性材料，表现出了比较明显的非线性弹性响应，其应力 – 应变关系通过应变势能来进行描述。常见的应变势能函数包括了多项式模型、Ogden 模型、Arruda – Boyce 模型和 Van der Waals 模型，其中以多项式模型最为常见，其表达式如式（8.57）所示：

$$U = \sum_{i+j=1}^{N} C_{ij} (\bar{I}_1 - 3)^i (\bar{I}_2 - 3)^j + \sum_{i=1}^{N} \frac{1}{D_i} (J_{e1} - 1)^{2i} \tag{8.57}$$

式中，U 为应变势能；N 为多项式阶数；C_{ij} 为材料参数，用来描述材料的剪切特性；$\bar{I}_1$、$\bar{I}_2$ 为材料的扭曲度量；J_{e1} 为弹性体积比；D_i 为材料参数，其引入了可压缩性，对于完全不可压缩的材料，$D_i = 0$，可以忽略式（8.57）的第二部分。

如果取 $N = 1$，则材料的初始剪切模量 μ_0 和体积模量 K_0，如式（8.58）所示：

$$\mu_0 = 2 (C_{01} + C_{10}) \tag{8.58}$$

$$K_0 = \frac{2}{D_1} \tag{8.59}$$

此时式（8.57）可写为式（8.60）的形式，如下：

$$U = C_{10} (\bar{I}_1 - 3) + C_{01} (\bar{I}_2 - 3) + \frac{1}{D_1} (J_{e1} - 1)^2 \tag{8.60}$$

式（8.60）即为常见的 Mooney – Rivlin 材料模型。当 $C_{01} = 0$ 时，式（8.60）即演化为 Neo – Hookean 模型。

Mooney – Rivlin 模型和 Neo – Hookean 模型是最简单的超弹性材料的本构关系模型，能够比较好地模拟小应变和中等应变时的材料特性。而且，在很多时候，Mooney – Rivlin 模型没有 Neo – Hookean 模型得到试验数据的结果真实，也不如 Neo – Hookean 模型所得到的结果更加接近实际的数值，因此，综合考虑之下，本章节中的橡胶材料模型选用的是 Neo – Hookean 形式。

考虑到轮胎模型是用于轮胎－路面的耦合分析，而不是轮胎的结构分析，因此在后续处理过程中，可以对轮胎进行简化和一定条件的假设。

（1）把轮辋当成刚体，轮辋与轮胎接触处转化为固定的边界条件，这样，无论轮胎承受多大的载荷和速度，轮胎轮辋接触处都不会产生变形。

（2）忽略不同位置之间橡胶材料的差异，采用 Neo – Hookean 模型来模拟其超弹性行为。

（3）仅保留带束层的工作层帘线和胎体帘线，材料参数如表 8.5 所示。

（4）忽略轮胎的花纹，不考虑轮胎的发热等问题。

表 8.5　轮胎各层的材料参数

材料名称	$\rho/(t \cdot mm^{-3})$	E/MPa	μ
带束层的工作层帘线	$5.9e-9$	$1.722e5$	0.3
胎体帘线	$1.5e-9$	$9.87e3$	0.3

8.3.4　典型场坪结构下运输过程响应仿真与结果分析

本小节将对轮胎－场坪的耦合模型在运输及减速制动过程中场坪的动力学响应进行分析。由上所述，建立有限元轮胎模型及场坪模型，为更好地模拟实际情况，在建模时设计主动轮和从动轮，两轮之间使用 Link 单元进行连接。根据车辆的相关参数，设置轮胎所承受的载荷是 F，初始速度为 v_0，减速度为 a，胎压为 P_0，路面摩擦系数为 μ，初始滑移率为 λ。轮胎－场坪有限元模型如图 8.9 所示。

图 8.9　轮胎－场坪有限元模型

由于路面自身重力的原因，在不增加载荷的情况下，路面也会产生一定的位移，又因为路面是弹性体，自身具有一定的频率和振幅，所以它自身产生的位移也是不断变化的，得到的结果如图 8.10 所示。

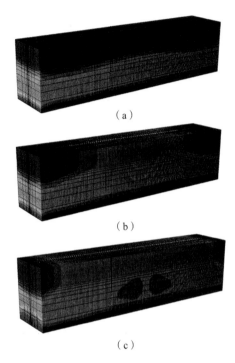

（a）

（b）

（c）

图 8.10　路面自应力不同时刻的三种典型位移　（书后附彩插）

场坪由于自应力产生的位移变化范围在 0.3 mm 范围内，位移形变较小，因此在后续建模分析过程中不再平衡自应力，对场坪的动力学响应变化趋势进行研究。

载荷加载过程分为两步，第一步是对轮胎的胎压以及前后两轮承载的车身载荷进行加载，同时施加重力；第二步是对轮胎的主动轮设置初始速度和转动速度等边界条件。此过程中的场坪和轮胎应力云图如图 8.11 和图 8.12 所示。

图 8.11　加载过程中模型应力云图　（书后附彩插）

图 8.12　轮胎滚动过程中模型应力云图（书后附彩插）

　　轮胎加载车身载荷时，场坪即产生应力变化，之后在轮胎滚动过程中，在轮胎与场坪的接触部分面积上仍存在应力，该节点处的应力呈现周期性涨跌变化趋势。通过上述仿真结果，再对模型的剪切应力和法向位移进行讨论，查阅文献可知，剪切应力和法向的位移能够表征对路面的危害性，剪切应力和法向位移的云图如图 8.13 和图 8.14 所示。

图 8.13　轮胎 – 场坪模型剪切应力云图

图 8.14　轮胎 – 场坪模型法向位移云图

|8.4　导弹起竖过程装备与场坪耦合响应仿真|

8.4.1　问题描述

　　导弹的起竖过程是发射流程的一个重要组成部分，由于在发射过程中占用的时间较长，随着现代卫星侦察能力和精确打击能力的不断提高，导弹武器系统的生存能力受到极大威胁。目前国内对起竖过程的研究多集中在提高起竖过程的快速性和平稳性，把起竖动力学模型简化为由起竖负载和起竖油缸组成的单自由度模型。

在发射车初步确定发射场坪位置，停车并使用分布在车架前后的 4 个支腿调平后，将通过起竖系统将发射箱及导弹抬起至竖直状态。考虑弹体内部元器件对振动环境的适应性和起竖过程中整车系统的稳定性，要求起竖过程在兼顾快速性的同时，满足一定的平稳性，避免起竖过程中负载过大产生不利影响。起竖过程可分为如下步骤。

（1）起竖前。弹体以水平或小倾角姿态安置于车架之上，通过多种约束手段保持固连，以保证运输过程的安全性，特别是防止刹车减速、急转弯情形下弹体向前蹿出或发生横向翻滚。

（2）起竖中。控制系统发出指令，多级液压缸油路接通开始工作，各级活塞在液压油推动下相继伸出，使导弹以一定的运动规律绕底部铰链旋转，逐步过渡为垂直状态。

（3）起竖完成。导弹处于垂直状态时，触发行程开关，控制系统发出停止指令，多级液压油缸锁死，导弹通过液压臂与车架固连，可执行后续发射操作。

本书中的起竖机构是典型的三铰接点＋多级液压油缸，包括分布在车架中部、车架后部、发射箱中部的 3 个铰接部件和一组五级液压缸（起竖臂），图 8.15 为简化示意图。

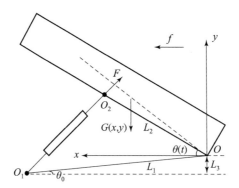

图 8.15 车载导弹武器起竖系统简化示意图

将发射车视为固定在发射场坪的刚体，起竖机构有 3 个活动部件，由 4 个低副连接，分别是：①液压缸下端与车架中部耳轴构成转动副连接；②液压缸上端与发射筒底板耳轴构成转动副连接；③发射筒底端与车架尾部耳轴构成转动副连接；④液压缸活塞杆构成滑动副约束。

由机械设计原理中的平面机构自由度公式可以计算得出

$$F_n = 3n - 2P_L - P_H = 3 \times 3 - 2 \times 4 - 0 = 1 \tag{8.61}$$

上述起竖机构的自由度为 1，其中 F_n 为自由度数，n 为机构部件数，P_L、P_H 分别是机构中的低副数目和高副数目。由此可知，当起竖油缸产生推力时，上述机构的运动规律是唯一确定的。

如起竖机构简图所示，起竖过程中 t 时刻受到重力 G、起竖臂支撑力 F、风载荷力 f 和各铰接点约束力综合作用，液压油缸在工作伸出时的摩擦力较小，忽略不计，也不考虑惯性力，因为假设起竖过程是平稳的。O 点是发射筒与车架尾部的铰接位置，是发射筒回转中心；O_1 点是起竖油缸绕车架中部铰接位置的回转中心；O_2 点是起竖臂绕发射筒底部的回转中心。设点 O 与点 O_1 的垂向距离为 L_3，$\overline{OO_1} = L_1$（已知），$\overline{OO_2} = L_2$（已知），$\overline{O_1O_2} = L(t)$，$L(t)$ 随时间的推移而增加，起竖角度 $\theta(t) = \angle O_2Ox$，$\theta(t)$ 变化规律即为导弹的起竖运动规律。

起竖力 F 相对回转中心点 O 的力臂为

$$l = L_2 \sin(180° - \angle O_1O_2O) \tag{8.62}$$

在 $\angle O_1O_2O$ 中，已知两边边长值为常量，根据正弦定理可得

$$\frac{L_1}{\sin \angle O_1O_2O} = \frac{L(t)}{\sin(\theta_0 + \theta(t))} = \frac{L_2}{\sin(180° - \angle O_1O_2O - \theta_0 - \theta(t))} \tag{8.63}$$

根据余弦定理可得

$$L(t)^2 = L_1^2 + L_2^2 - 2L_1L_2\cos(\theta_0 + \theta(t)) \tag{8.64}$$

将式（8.63）和式（8.64）代入式（8.62）中，力臂 l 的表达式简化为

$$l = \frac{L_1L_2\sin(\theta_0 + \theta(t))}{\sqrt{L_1^2 + L_2^2 - 2L_1L_2\cos(\theta_0 + \theta(t))}} \tag{8.65}$$

起竖机构的作用力矩分别为重力矩 M_G、风载力矩 M_f、起竖油缸提供的力矩 T。根据动量矩定理对回转中心 O 点取矩：

$$T = M_G + M_f \tag{8.66}$$

$$M_G = G\sqrt{x^2 + y^2}\cos(\psi' + \theta(t)) \tag{8.67}$$

$$M_f = fh\sin(\theta(t)) \tag{8.68}$$

式中，h 为风载压力中心点到 O 点距离，ψ' 是起竖前发射筒质量中心和 O 点连线与水平线的夹角，f 为风载荷，将在 8.4.2 小节讨论其计算方法。

进一步可得

$$\begin{aligned}
F(t)l &= F(t)\frac{L_1L_2\sin(\theta_0 + \theta(t))}{\sqrt{L_1^2 + L_2^2 - 2L_1L_2\cos(\theta_0 + \theta(t))}} \\
&= G\sqrt{x^2 + y^2}\cos(\psi' + \theta(t)) + fh\sin(\theta(t))
\end{aligned} \tag{8.69}$$

解得

$$F(t) = \frac{G\sqrt{x^2+y^2}\cos(\psi'+\theta(t))+fh\sin(\theta(t))}{L_1 L_2 \sin(\theta_0+\theta(t))} \Bigg/ \sqrt{L_1^2+L_2^2-2L_1L_2\cos(\theta_0+\theta(t))} \tag{8.70}$$

观察发现起竖油缸的推力只与发射箱起竖规律 $\theta(t)$ 有关，利用上述公式，可通过自主定义不同的起竖运动规律获得不同的推力变化规律，进而对发射场坪作用不同的冲击载荷。

起竖油缸对铰接点 O_1 的竖向分量为

$$R_{O_1} = F(t)\sin(\angle O_2 O_1 O + \theta_0)$$

$$= F \frac{L_3 + L_2\sin(\theta(t))}{\sqrt{L_1^2+L_2^2-2L_1L_2\cos(\theta_0+\theta(t))}} \tag{8.71}$$

在实际模型中，发射筒与车架尾部通过两个对称分布在中心线两侧的铰接点连接，以发射筒为研究对象，O 点处竖直分力为 $2R_O$，有受力关系

$$R_{O_1} + 2R_O = G \tag{8.72}$$

则 O 点处单个竖直分力为

$$R_O = \frac{G-R_{O_1}}{2} = \frac{1}{2}G - F\frac{L_3+L_2\sin(\theta(t))}{\sqrt{L_1^2+L_2^2-2L_1L_2\cos(\theta_0+\theta(t))}} \tag{8.73}$$

以发射车车架为研究对象，计算前后支腿的竖向载荷。不考虑发射车的切向位移及对场坪的切向作用力，发射车架底盘受力示意图如图 8.16 所示。

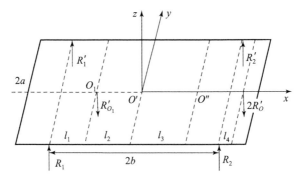

图 8.16 发射车架底盘受力示意图

车架横向两侧对称位置的支腿间距为 $2a$，同侧纵向两支腿间距为 $2b$，O' 为发射车架平面几何中心，O'' 为发射车架重心，R_1、R_2、R_1'、R_2' 分别是对应位置的支腿支撑力，R_{O_1}'、R_O' 分别是起竖机构对车架的竖向反作用力。

由于发射车受力情况左右对称，因此

$$\begin{cases} R_1 = R'_1 \\ R_2 = R'_2 \end{cases} \tag{8.74}$$

根据受力平衡方程解得

$$\begin{cases} R_1 = \dfrac{1}{4b}R'_{O_1}(2b - l_1) + \dfrac{1}{4b}G_c(b - l_3) - \dfrac{R'_O l_4}{2b} \\ R_2 = \dfrac{1}{4b}R'_{O_1}l_1 + \dfrac{1}{4b}G_c(b + l_3) - R'_O\left(1 + \dfrac{l_4}{2b}\right) \end{cases} \tag{8.75}$$

由式（8.75）可计算发射车车架支腿的瞬时支撑力，由牛顿第三定律可知场坪所受的竖向压力，随发射筒的起竖角度 $\theta(t)$ 变化。

8.4.2　风载荷计算

风载荷具有方向随机性，且载荷量级难以预测，本书假设起竖过程中只有发射筒受到逆风载荷作用，起竖臂等由于截面面积较小，不受风载荷影响。为简化计算，忽略弹头部分受到的风阻力。

相关学者对风模型的研究已经较为完善，并在实践中证明了其有效性，常用的有对数风剖面模型，可以计算给定高度处的平均风速：

$$V = V_r\left(\frac{h}{h_r}\right)^{\alpha} \tag{8.76}$$

其中，V 是距地面高 h 处的平均风速，V_r 是工程上常用的参考高度 h_r 处的平均风速。

风压计算公式为

$$P = qC_x R_z \beta \tag{8.77}$$

$$q = \frac{1}{2}\rho V^2 \tag{8.78}$$

式中，C_x 为气动阻力系数；R_z 为风压随海拔高度变化系数；β 为考虑阵风作用的修正因子；q 为动压头参数；ρ 为环境温度下的空气密度。

计算作用在发射箱上的风载荷：

$$\begin{cases} f = \displaystyle\int_0^L PD\sin\theta\,\mathrm{d}l \\ M = \displaystyle\int_0^L PDl\sin^2\theta\,\mathrm{d}l \end{cases} \tag{8.79}$$

其中，θ 为当前起竖状态下发射箱仰角；D 为发射箱边长尺寸；L 为发射箱长度尺寸。

将中间变量代入式（8.79）并整理如下：

$$\begin{cases} f = \dfrac{1}{2} \displaystyle\int_0^L \rho \beta D C_x R_z V^2 \left(\dfrac{l\sin\theta}{h_r} \right)^{2\alpha} \sin\theta\, \mathrm{d}l \\[4mm] M = \dfrac{1}{2} \displaystyle\int_0^L \rho \beta D C_x R_z V^2 \left(\dfrac{l\sin\theta}{h_r} \right)^{2\alpha} l \sin^2\theta\, \mathrm{d}l \end{cases} \tag{8.80}$$

通过查阅相关文献，将式（8.80）中参数设为表8.6所示风载荷有关参数设定。

表 8.6　风载荷有关参数设定

空气密度 ρ/ $(\mathrm{kg \cdot m^{-3}})$	参考高度 h_r/m	参考高度平均风速 V_r/$(\mathrm{m \cdot s^{-1}})$	常数参数 α	风压随高度变化系数 R_z
1.51	10	5	0.16	0.7
发射筒短边长 D/m	发射筒长度 L/m	气动阻力系数 C_x	阵风修正因子 β	
1.63	10.05	1.3	1.22	

利用 MATLAB 编程计算并绘制风载荷作用力 f 随起竖角度的变化曲线，如图 8.17 所示。

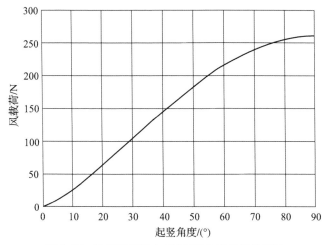

图 8.17　风载荷作用力 f 随起竖角度的变化曲线

8.4.3　场坪建模基本假设

由于发射场坪模型是一个很复杂多变的系统，数值模拟仿真技术具有一定的局限性，若完全对其材料、温度、含水量、尺寸、物理结构等进行精确建模，则会耗费不必要的计算资源，导致计算效率降低。本书中针对主要研究的问题，对场坪建模进行一定的简化，主要采用以下几点假设。

（1）发射场坪的各结构层是各向同性、质量均匀、属性连续的理想线弹性体材料，忽略其含水特性和结构孔隙。

（2）相邻结构层间的接触条件为完全接触。

（3）在距离载荷作用中心无穷远、无穷深处，场坪的应变、位移为 0。

（4）发射场坪的初始地应力为场坪自重力。

（5）车载导弹武器系统的前后支撑盘之间距离较远，假设忽略相互之间的影响，可分别对前后支撑盘处的场坪建模，并加载相应的激励载荷。

8.4.4　网格无关性分析

有限元分析的精度与所用的有限元网格直接相关，通过网格将模型划分为很多尺寸较小的单元，并在每个单元上求解控制方程组。随着网格的不断细化，单元尺寸越来越小，求解的结果也就越来越接近真实值，网格无关性验证是观察仿真结果是否会随网格数量的变化而显著变化。为合理利用计算资源，选择能够满足精度要求的临界网格密度。

在初始阶段对模型进行粗糙网格划分，并不断调整细化。网格的细化技巧主要有两种方式。

（1）减小单元尺寸，减小全局建模区域的单元尺寸，简单易操作，但对于需要更精细化网格的局部区域，无法选择性地进行网格细化。

（2）提高单元阶数，无须重新划分网格，只需要改变单元阶数，由于在处理复杂三维几何模型时重新划分网格耗时耗力，因此该方法非常具有吸引力。但对于从外部来源获取的网格无法进行修改，同时该方法对计算资源的要求较高。

研究不同单元尺寸下的计算结果差异，选择合理的单元尺寸和网格划分方案。

网格最小密度为 100 mm 时，场坪应力云图如图 8.18 所示。

网格最小密度为 50 mm 时，场坪应力云图如图 8.19 所示。

网格最小密度为 10 mm 时，场坪应力云图如图 8.20 所示。

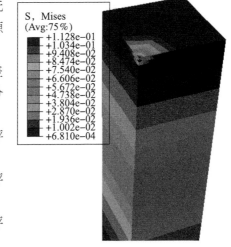

S, Mises
(Avg:75%)
+1.128e−01
+1.034e−01
+9.408e−02
+8.474e−02
+7.540e−02
+6.606e−02
+5.672e−02
+4.738e−02
+3.804e−02
+2.870e−02
+1.936e−02
+1.002e−02
+6.810e−04

图 8.18　最小密度为 100 mm（书后附彩插）

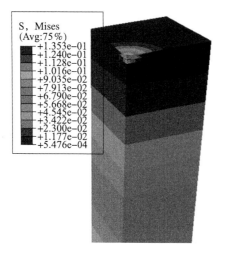

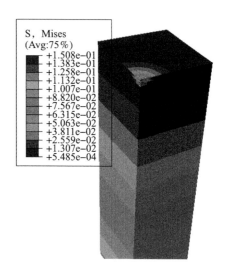

图 8.19 最小密度为 50 mm（书后附彩插）   图 8.20 最小密度为 10 mm（书后附彩插）

对比分析三种不同密度的网格划分方案，低密度网格划分时云图明显存在不连续的点，后两种方案对应的应力云图变化平缓无突变，能够准确描述场坪应力分布。将三种方案下场坪第一层弯沉变化绘制在图 8.21 中，可以看出方案②和方案③的变化曲线几乎重合，方案①的曲线结果偏低，特别是没能准确计算本书重点关注的场坪最大弯沉值。因此可以认为，方案②的网格划分已经能够满足仿真计算的准确性。

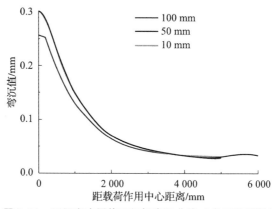

图 8.21 不同密度网格下场坪弯沉曲线（书后附彩插）

在 12 核 Intel Xeon（Cascade Lake） Platinum 8269 2.5 GHz 计算机上对模型仿真，不同网格数量下的求解时间如表 8.7 所示，结合上述分析，方案③不仅无法显著提高计算精度，而且相比方案②的耗时增加约 10 倍，因此方案②下模型的求解时间更为合理。

表 8.7　不同网格数量下的求解时间

网格最小密度/mm	100	50	10
时间/min	50	82	982

8.4.5　典型场坪结构下起竖过程响应仿真与结果分析

本小节使用 Python 语言对 ABAQUS 进行二次开发，建立发射场坪的参数化建模方法，对发射场坪在起竖载荷下的动力学响应进行分析，重点关注场坪第一层在起竖过程中的弯沉量随起竖角度的变化规律。

以某典型场坪为研究对象，其各结构层的材料参数如表 8.8 所示。

表 8.8　场坪结构基本参数

层序	材料类别	弹性模量/MPa	泊松比	密度/(g·mm⁻³)	厚度/mm
1	沥青混凝土	E_1	μ_1	ρ_1	d_1
2	水稳碎石	E_2	μ_2	ρ_2	d_2
3	石灰土	E_3	μ_3	ρ_3	d_3
4	土基	E_4	μ_4	ρ_4	

分析结果如下。

图 8.22 为车架前后支撑盘处场坪第一层弯沉值随起竖角度的变化规律。从图中可以看出，在 0°～8°的起竖初始阶段，由于液压系统开始工作导致接触压力突增，前后支撑盘处均发生轻微振荡，随后在起竖角度为 8°左右时衰减消失。前支撑盘处场坪无量纲弯沉值由 0.597 3 mm 减小为 0.392 3 mm，后支撑盘处场坪弯沉值由 0.399 9 mm 增加为 0.647 8 mm，这是因为上装部分在起竖过程中质心后移，后支撑盘处的接触压力增大，前支撑盘处的接触压力减小。场坪弯沉绝对值较小，曲线变化平滑，说明发射场坪在起竖载荷下未出现结构破坏，能够提供足够的承载能力保证起竖过程的平稳安全。

图 8.23 所示为前支撑盘处场坪表面弯沉曲线，可以看出在载荷作用区域内，虽然以均布载荷的形式加载，表面弯沉值并不完全一致，而是呈二次函数曲线形状。场坪表面沉降在广域内满足规律：弯沉值在载荷中心处有最大值，并随远离载荷中心而逐步减小，在足够远处可认为不受载荷影响，弯沉值为 0。图 8.24 为 ABAQUS 中的三维变形图，提供了更为直观的视角。

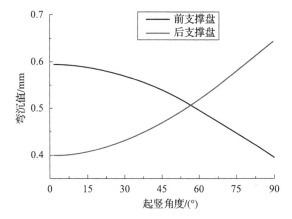

图 8.22　车架前后支撑盘处场坪弯沉值

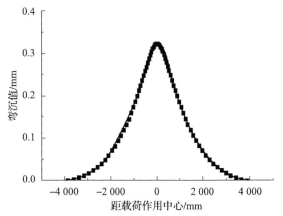

图 8.23　前支撑盘处场坪表面弯沉曲线

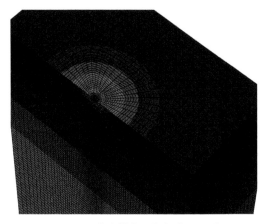

图 8.24　前支撑盘处场坪变形云图

起竖载荷下前支撑盘处场坪的拉应力云图和压应力云图如图 8.25、图 8.26 所示，后支撑盘处场坪的拉应力云图和压应力云图如图 8.27、图 8.28 所示。由于场坪是否被破坏由最大载荷下的弯沉值决定，前支撑盘处场坪在起竖初始时刻取得最大值，后支撑盘处场坪在起竖完成时刻取得最大值。

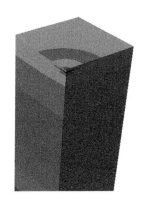

图 8.25　前支撑盘处拉应力云图

图 8.26　前支撑盘处压应力云图

图 8.27　后支撑盘处拉应力云图

图 8.28　后支撑盘处压应力云图

|8.5　导弹发射过程装备与场坪耦合响应仿真|

8.5.1　问题描述

　　导弹发射过程是机动导弹武器工作的重要组成部分。发射过程由于弹射力作用，会对发射筒产生竖直向下的力，称为发射冲击载荷。发射冲击载荷作用时间短，载荷量级大，冲击现象明显且变化曲线不平滑。若场坪不能提供足够的支承强度，在发射载荷作用下场坪会发生断裂、下沉，进而导致导弹发射的初始扰动增加，甚至发射任务失败。因此本小节针对发射过程冲击载荷作用下场坪的动力学响应进行研究。

8.5.2 发射过程激励载荷

导弹发射时的弹射力通过发射筒直接传递到场坪。在发射状态时，发射筒对场坪的作用力远大于车架支撑盘处载荷，且发射筒底部场坪弯沉会直接影响导弹发射的初始扰动，因此重点关注发射筒底部场坪的动力学响应。

图 8.29 所示为弹射装置燃气压强变化曲线，根据公式可以计算场坪所受载荷：

$$F(t) = P(t)S \tag{8.81}$$

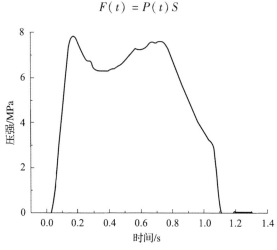

图 8.29 弹射装置燃气压强变化曲线

8.5.3 典型场坪结构下发射过程响应仿真与结果分析

仍采用图 8.10 发射筒底部场坪动力学分析结果中所示的典型场坪结构，分析场坪在发射载荷作用下的动态响应，对场坪的承载能力进行量化。由于在发射中通常关心最危险的情况，分析中重点关注场坪的最大弯沉值。

图 8.30 为发射筒底部场坪在导弹发射过程中的弯沉值曲线，可以看出在 0.176 s 处下沉量最大，取得峰值，与图 8.29 的燃气压强曲线峰值几乎出现在同一时刻。场坪弯沉曲线随后产生振荡，与燃气压强的谐振作用形式有关，次峰值出现在 0.656 s 附近，与燃气压强的次峰值时刻基本一致。从图 8.31 中观察可知，在发射筒底部中心位置取得最大弯沉值，且靠近中心

位置变化平缓。图 8.32 ~ 图 8.35 分别是 0.048 s、0.096 s、0.176 s、0.656 s 时刻的第一层应力云图，能够得出发射过程中第一层应力变化趋势。

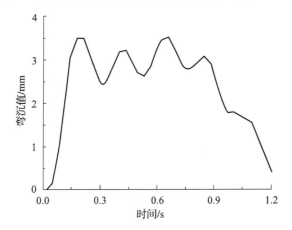

图 8.30　发射筒底部场坪弯沉值

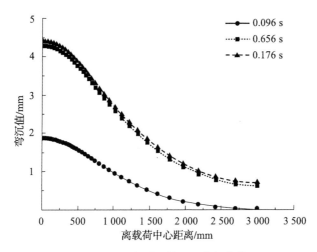

图 8.31　不同时刻第一层弯沉曲线

发射筒底部中心处场坪第一层弯拉应力变化曲线如图 8.36 所示，在 0.176 s 时刻达到峰值，变化趋势与燃气压强曲线一致。

8.5.4　场坪结构参数对承载强度的影响

本小节重点分析在发射载荷下，发射场坪在不同第一层厚度、第四层弹性模量时的动力学响应。

图 8.32　第一层应力云图（0.048 s）

图 8.33　第一层应力云图（0.096 s）

图 8.34　第一层应力云图（0.176 s）

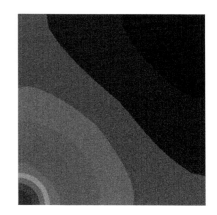

图 8.35　第一层应力云图（0.656 s）

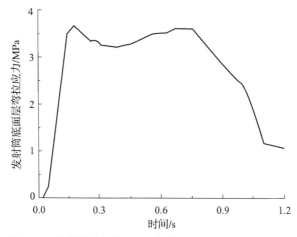

图 8.36　发射筒底部中心处场坪第一层弯拉应力变化曲线

假定场坪第一层厚度分别为 10 mm、30 mm、50 mm、100 mm、150 mm，图 8.37 为不同厚度场坪在相同发射载荷下的动力学响应曲线。从图中可知，场坪弯沉曲线具有相同的变化趋势，都在载荷作用下发生振荡，并在 0.176 s 左右达到第一个峰值。随着第一层厚度的增加，场坪第一层下沉量逐渐减小，说明承载能力随之增强了。变化曲线之间近似平行，说明第一层厚度的影响具有一定的线性规律，图 8.38 所示的场坪最大弯沉值随第一层厚度变化规律可以进一步印证。在发射载荷下第一层影响敏感度变化规律保持不变，仍然随厚度增加而减弱，如图 8.39 所示。

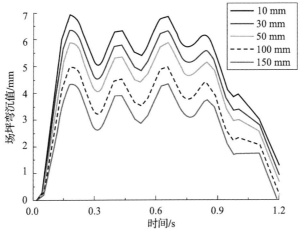

图 8.37　不同厚度场坪的弯沉值

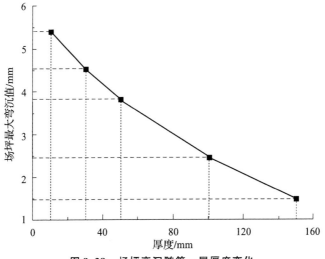

图 8.38　场坪弯沉随第一层厚度变化

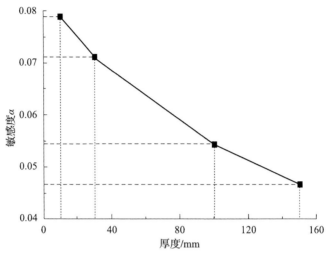

图 8.39　第一层厚度参数敏感度变化

　　图 8.40、图 8.41 分别为第一层最大拉、压应力随厚度变化曲线，可以发现最大拉应力的变化不明显，最大压应力减小了 54.8%。

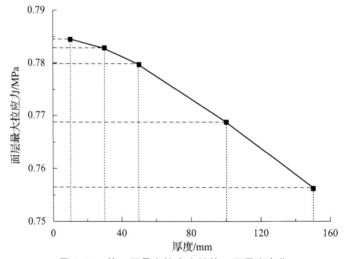

图 8.40　第一层最大拉应力随第一层厚度变化

　　假定第四层弹性模量值分别为 20 MPa、40 MPa、80 MPa、120 MPa、200 MPa，图 8.42 为场坪弯沉随时间变化曲线，发现第四层弹性模量越小，振荡现象越明显，当第四层弹性模量大于 120 MPa 时，几乎不会发生严重的振荡。在选择发射场坪时，应该选择第四层弹性模量较大的地段，场坪的动力学响应变化越平稳，发射过程就越安全。

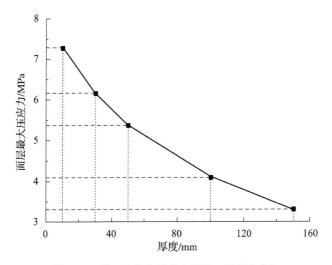

图 8.41　第一层最大压应力随第一层厚度变化

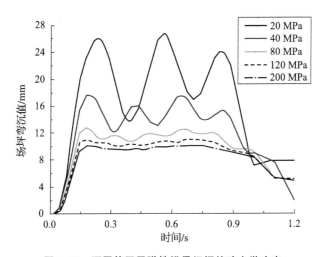

图 8.42　不同第四层弹性模量场坪的动力学响应

图 8.43 所示为场坪最大弯沉值随第四层弹性模量变化，进行无量纲化处理，发现满足近似二次函数关系，可用来对未知场坪的承载能力进行评估预测。图 8.44 所示为第四层弹性模量参数敏感度变化曲线，敏感度范围在 0.05～0.5 之间，远大于其他影响因素的敏感度值，是第一层厚度参数的 10 倍。从图 8.45 和图 8.46 发现第四层弹性模量变化对第一层最大拉应力数值几乎没有影响，但会影响第一层最大压应力变化。

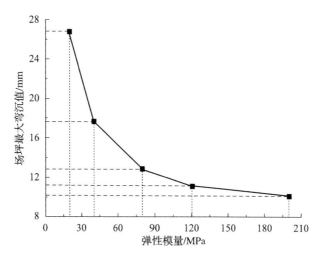

图 8.43 场坪最大弯沉值随第四层弹性模量变化

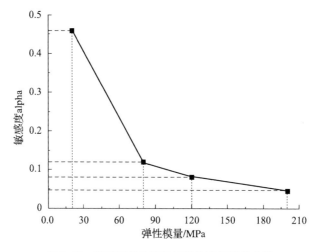

图 8.44 第四层弹性模量参数敏感度变化曲线

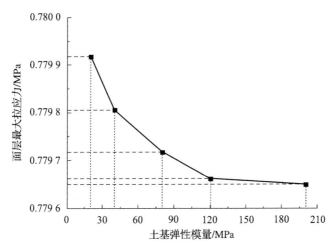

图 8.45 最大拉应力随第四层弹性模量变化

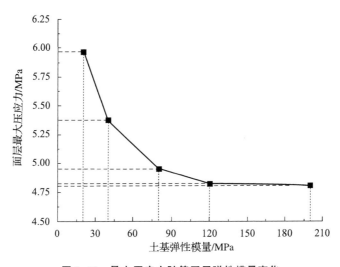

图 8.46 最大压应力随第四层弹性模量变化

燃气射流动力学篇

第 9 章
燃气射流基本概念与理论

在诸多工程应用领域，例如火箭导弹、航空航天、化工冶金和金属加工等，都会遇到大量的高温高速射流问题。就火箭导弹而言，其推进系统产生的射流温度可达 2 000 K 以上，马赫数可超过 3.0。这种由推进剂燃烧产生的高温高压气体经喷管加速喷出，并流动扩散至周围环境的射流被称为燃气射流。研究燃气射流的运动及其对周围设备和环境的影响的学科被称为燃气射流动力学。

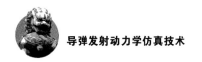

|9.1 燃气射流的基本概念|

9.1.1 导弹发射过程的燃气射流问题

从导弹离开发射装置的时刻起，直到导弹对发射装置及周围环境的影响完全消除为止的过程称为导弹发射过程。如果发射的动力来自导弹携带的发动机，或者虽借助外力发射但发动机点火时导弹与发射装置的距离不够远，发动机产生的燃气射流都会对发射设备和环境造成影响。根据发射装置、发射过程导弹的运动参数和环境参数的不同，产生的射流特性也不同。

导弹发动机直接喷入静止空气产生的射流称为自由射流，如开放大气环境下静止的导弹发射初期射流。喷入运动空气中的射流则为伴随射流，如导弹在空中飞行时向后喷出的射流 [图9.1（b）]。

当导弹从发射筒或发射箱中点火发射，在高速射流与环境空气的剪切效应下，弹身与筒壁或箱壁之间的间隙内的空气可能被卷入射流混合区，这被称为引射流，如图9.2所示。若发动机喷管附近压强高于间隙内的压强，导致燃气倒流入间隙，则称为旁泄流，如图9.3所示。导弹发射时常常利用引射效应，通过引入冷空气来保护弹体不受高温燃气的影响，例如著名的同心筒发射装置。

（a）　　　　　　　　　　　　　（b）

图 9.1　燃气射流举例

（a）静止发动机的自由射流；（b）飞行导弹的伴随射流

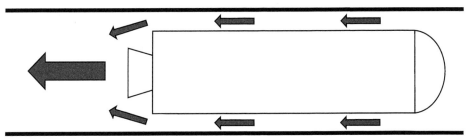

图 9.2　引射流示意图

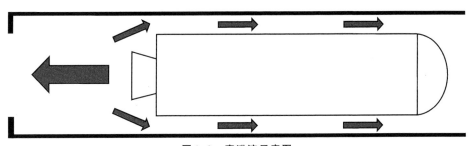

图 9.3　旁泄流示意图

　　导弹燃气射流通常包含膨胀波和激波等构成复杂的流动结构，且由于其高温高速的特性，对发射装置和环境产生恶劣的热冲击与动力学冲击。

　　对于地面和舰上导弹而言，射流对发射装置和周围环境均有明显影响。对于多联装导弹而言，高温高速的燃气射流直接冲击待发射导弹的发射箱迎风面，进一步通过箱体之间的空隙进入支撑箱体的发射架并到达发射车上表面。由于射流长度较长，当导弹离开发射箱后，膨胀的射流还可能直接冲击发射车及车上设备。对于垂直发射的导弹，高温射流在地面较大的区域内快速流动，可能烧毁附近的发射设备，或者引燃环境中的易燃物质。

机载导弹的射流可对飞机的飞行和隐身性能造成恶劣影响。高速燃气射流的引射效应可能扰乱机翼附近的流场，影响战机正常飞行。在导弹或战机机动、射流膨胀等情况下，射流可能直接冲击机身或者机翼。另外，射流本身具有非常明显的红外辐射和噪声效应，可急剧降低战机隐身性能。

潜射导弹的射流可对潜艇的结构、运动和隐身等造成影响。如图 9.4 所示，发动机产生的气体射流与周围的液体环境发生剧烈的相互作用，气泡的膨胀、收缩和破裂造成的压强振荡可能影响潜艇的姿态，严重时可损坏潜艇结构。明显的发射噪声可能干扰艇上探测设备的运行，同时暴露潜艇的位置。

图 9.4　潜射导弹发射示意图

正是由于导弹的燃气射流对发射设备和环境有众多不良影响，在导弹和发射装置的设计过程中，必须对射流可能造成的影响进行分析和评估，并设计相应的导流和防护装置。

9.1.2　燃气喷管与射流结构

喷管是导弹发动机的关键部件之一，它将燃料燃烧生成的高温高压气体工质加速至很高的速度喷出，产生的反作用力形成推动导弹前进的推力。根据管道截面积的变化形式，可将喷管分为收缩喷管、扩张喷管和收缩–扩张喷管（又称拉瓦尔喷管），如图 9.5 所示。

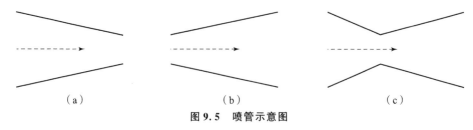

（a）　　　　　　　　　　　（b）　　　　　　　　　　　（c）

图 9.5　喷管示意图

（a）收缩喷管；（b）扩张喷管；（c）拉瓦尔喷管

绝热无黏定常管流的气流参数随管道面积的变化规律是喷管选型和设计的重要依据，这里不加证明地给出如下关系式：

$$\frac{\mathrm{d}u}{u} = -\frac{1}{1-M^2}\frac{\mathrm{d}A}{A}, \frac{\mathrm{d}M}{M} = -\frac{2+(\gamma-1)M^2}{1-M^2}\frac{\mathrm{d}A}{A}$$

$$\frac{\mathrm{d}p}{p} = \frac{\gamma M^2}{1-M^2}\frac{\mathrm{d}A}{A}, \frac{\mathrm{d}\rho}{\rho} = \frac{M^2}{1-M^2}\frac{\mathrm{d}A}{A}, \frac{\mathrm{d}T}{T} = \frac{(\gamma-1)M^2}{1-M^2}\frac{\mathrm{d}A}{A}$$

$$(9.1)$$

其中，u 为轴向平均速度；M 为马赫数；A 为管道截面积；γ 为气体的比热比（绝热指数）；p 为压强；ρ 为密度；T 为温度。

由式（9.1）可知以下结论。

（1）当 $M<1$ 时，管内气流为亚声速：速度和马赫数随截面积增大而减小，压强、密度和温度随截面积增大而增大，即扩张喷管内的亚声速气流会减速增压；速度和马赫数随截面积减小而增大，压强、密度和温度随截面积减小而减小，即收缩喷管内的亚声速气流会加速膨胀。

（2）当 $M>1$ 时，管内气流为超声速：速度和马赫数随截面积增大而增大，压强、密度和温度随截面积增大而减小，即扩张喷管内的亚声速气流会加速膨胀；速度和马赫数随截面积减小而减小，压强、密度和温度随截面积减小而增大，即收缩喷管内的亚声速气流会减速增压。

（3）要想将亚声速气流加速至超声速，需要使用图9.5（c）所示的收缩–扩张喷管。若使用收缩喷管，最多只能将气流加速至声速，即喷管出口处 $M=1$。此后再增加入口压强或降低环境压强，管内流量也不会再继续增加，这被称为壅塞效应。

在导弹上广泛使用的是拉瓦尔喷管，导弹发动机截面形状通常如图9.6所示。燃烧室内有预装的固体燃料或有管路注入液体燃料，燃料燃烧产生高温高压低速（滞止）气体。燃烧室内的压强通常为环境压强的10倍以上，在高压驱动下气流经过收缩段加速，在喉部达到声速，随后经扩张段进一步加速，最后以超声速喷出。

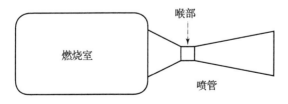

图9.6　导弹发动机截面形状

根据喷管出口压强 p_e 与外界环境压强 p_a 的关系，可将产生超声速射流的拉瓦尔喷管的工作状态分为三类，即欠膨胀状态、设计状态和过膨胀状态。定

义非设计度为

$$n = p_e / p_a$$

（1）当 $n > 1$ 时，出口压强高于环境压强，称为欠膨胀状态，此时的射流称为欠膨胀射流。

（2）当 $n = 1$ 时，出口压强刚好等于环境压强，为发动机的设计状态，产生匀直射流，射流中不存在膨胀波也不存在激波。

（3）当 $n < 1$ 时，出口压强低于环境压强，喷管处于过膨胀状态，产生过膨胀射流。

1. 欠膨胀射流

欠膨胀射流出喷口之后，在大气环境会进一步膨胀，在喷口附近会有膨胀波系，并向下游发展成激波系。

1）低度欠膨胀

非计算度的大致范围为 $1.0 < n < 1.15$，此时射流的基本结构如图 9.7 所示。

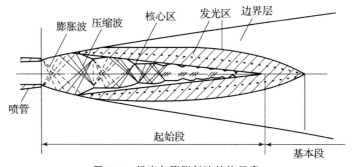

图 9.7　低度欠膨胀射流结构示意

由于出口压强高于环境压强，出口处形成扇形膨胀波系。膨胀波在自由界面上反射成为压缩波，经过压缩波后，气流参数大致回到出口参数，从而产生膨胀波系与压缩波系交替的结构。发光区是射流与空气强烈混合的区域，该区域温度仍然较高，通常会发生一定程度的复燃反应。发光区的外围是掺混较弱的边界层。发光区以内是掺混很弱甚至几乎不存在掺混的核心区，前述波系也存在于核心区的内部。

2）高度欠膨胀

随着非计算度的增大，射流核心区内的波系将有所变化，如图 9.8 所示。

随 n 增大，低度欠膨胀射流的压缩波系在图 9.8（a）的 G 点逐渐汇聚成激波；n 继续增大，汇聚点将离开边界进入核心区；当 n 进一步增大，膨胀波

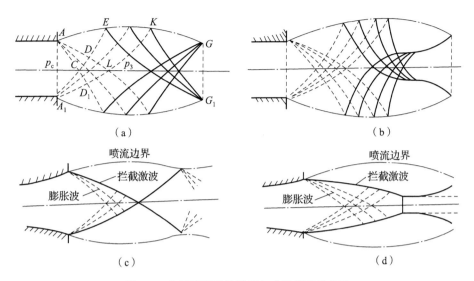

图 9.8　欠膨胀射流的波系与非计算度的关系

（a）低度欠膨胀；（b）随 n 增大开始出现激波；

（c）n 接近 2.0 出现 X 形激波；（d）$n \geqslant 2.0$ 出现马赫结构

进一步增强，膨胀波系与激波同时汇聚到出口，产生 X 形激波；再增大非计算度，则需要产生正激波才能平衡膨胀波系后气流的压强，此时将出现马赫结构。

2. 过膨胀射流

过膨胀射流出口压强低于环境压强，需要产生激波来实现压强平衡。

1）低度过膨胀

非计算度大致为 $0.85 < n < 1.0$，射流结构与图 9.7 类似，但核心区内的波系与低度欠膨胀不同，如图 9.9 所示。出口处的两道激波 AC 和 BC 相交于点 C，并反射生成激波 CD 和 CE。激波在发光区边界反射成膨胀波，气流经过膨胀波系之后遇到压缩波，以此往复，交替压缩和膨胀，直到核心区的尾端。

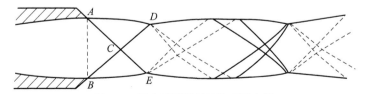

图 9.9　低度过膨胀射流波系示意图

2）中高度过膨胀

若进一步减小非计算度，核心区内的波系也将发生变化，如图 9.10 所示。

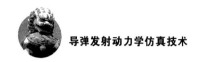

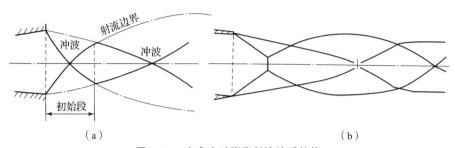

图 9.10   中高度过膨胀射流波系结构
（a）中度过膨胀；（b）高度过膨胀

当 n 值降低，平衡射流与环境压强所需激波结构越来越多，甚至单纯的斜激波已不能够满足增压条件，此时会在核心区内形成含正激波的马赫盘结构。

综上所述，导弹燃气射流通常具有复杂的流动结构，采用经验公式或者理论分析往往难以得到可靠的结果。随着计算机技术和计算流体力学理论的发展，应用 CFD 技术求解射流的数值解已经成为研究导弹燃气射流的重要方法。

|9.2　燃气流场的控制方程|

为了利用计算机求解导弹燃气射流的数值解，需建立能近似描述射流流动规律的数学模型。

9.2.1　气体动力学基本概念

1. 连续性

视燃气射流的流动环境不同，描述射流的尺度和方法也不同。如果是在真空环境或稀薄大气环境，射流的分子间隙往往很大，需要从分子运动的微观尺度着手建立模型。若发动机在海平面附近工作，气流通常是稠密的，可以采用连续介质假设，即认为空间被流体质点连续充满，不留一点间隙。这是因为标准状态下 $1\ m^3$ 的空间内约有 2.69×10^{25} 个气体分子，即使是 $10^{-15}\ m^3$ 的空间内，也有 10^{10} 个气体分子，而燃气射流的尺度通常远大于 $10^{-15}\ m^3$。本书研究的射流属于稠密气流的范畴。

2. 可压缩性

流体的可压缩性衡量密度随压强的变化程度，由压缩系数定义得

$$\beta = \frac{\mathrm{d}\rho}{\rho\mathrm{d}p}$$

气流的压缩性与流动速度密切相关。通常认为，马赫数 $M > 0.3$ 的气流的可压缩性不能忽略。而导弹燃气射流通常为超声速射流，必须考虑其可压缩性，即密度不能视为常数。

3. 黏性

对于运动的流体而言，如果相邻两层流体的速度不相等，则会产生阻碍两层流体相对运动的内摩擦力。流体这种性质被称为黏性，度量黏性大小的量为流体的黏性系数。牛顿通过实验测得黏性力与上下两层流体间的速度梯度之间满足如下关系式：

$$\tau = \mu\frac{\partial u}{\partial y} \tag{9.2}$$

其中，μ 为流体的黏性系数，更准确地说是动力黏度。与其相对的是运动黏度：

$$\nu = \mu/\rho$$

气体的黏性随温度升高而增大，这是由于气体的黏性主要源于分子无规则运动造成的动量交换，温度升高导致分子热运动加剧，动量交换也更快，表现在宏观上即是黏性增大。

满足式（9.2）的流体被称为牛顿流体。其余流体则为非牛顿流体，黏性力与速度梯度之间通常为复杂非线性关系。

4. 导热性

当流体内部存在温度梯度时，热量将从高温区域传向低温区域，这种性质称为流体的导热性。导热效率与温度梯度之间的关系满足 Fourier 导热定律：

$$\dot{q} = -k\frac{\partial T}{\partial \boldsymbol{n}} \tag{9.3}$$

其中 $\dot{q}$ 为单位面积上单位时间内流过的热量，k 为导热系数，$\boldsymbol{n}$ 为面的单位法向量。导热性也是分子热运动的宏观表现，高温区域的热运动比低温区域的热运动剧烈，分子间相互碰撞发生动量交换，导致能量由高温区域流向低温区域。因此，气体的导热性也随温度升高而增强。

5. 状态方程

描述气体状态的 3 个基本物理量为温度 T、压强 p 和密度 ρ。实验表明这 3 个量之间并不相互独立，而是存在一定的关系，即

$$f(T, p, \rho) = 0$$

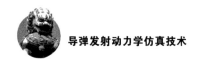

这就是气体的状态方程。如果忽略分子本身的体积和分子之间除碰撞之外的其他相互作用，则状态方程具有如下简单形式：

$$p = \rho RT \tag{9.4}$$

式（9.4）被称为理想气体状态方程，满足该方程的气体称为理想气体。其中的 R 为气体常数：

$$R = \frac{R_0}{M}$$

这里 $R_0 = 8.314\ \text{J}/(\text{mol}\cdot\text{K})$ 为普适气体常数，M 为气体的摩尔质量。对于空气：

$$R = 287.06\ \text{J}/(\text{kg}\cdot\text{K})$$

6. 声速与马赫数

声速是指微小扰动在流体中的传播速度，理想气体的声速可表示为

$$a = \sqrt{\gamma RT} \tag{9.5}$$

马赫数定义为当地速度与当地声速的比值：

$$M = |V|/a \tag{9.6}$$

其中，V 为当地速度矢量。

9.2.2　气体动力学基本方程

对于一个任意形状和大小的控制体 Ω，其封闭边界为 $\partial\Omega$，根据质量守恒、动量定理和能量守恒可以建立气流的积分型控制方程组。

1. 质量方程

根据质量守恒，在不存在质量源项的条件下，控制体内质量的增量等于从控制体边界流入的质量之和。

$$\frac{\partial}{\partial t}\int_\Omega \rho \mathrm{d}\Omega + \oint_{\partial\Omega} \rho Vn\mathrm{d}S = 0 \tag{9.7}$$

其中，n 为曲面微元的单位外法向量；$\mathrm{d}S$ 为曲面微元的面积。

2. 动量方程

根据动量定理，在不存在动量源项的条件下，控制体内动量的增量等于从控制体边界流入的动量与外力冲量之和。

$$\frac{\partial}{\partial t}\int_\Omega \rho V\mathrm{d}\Omega + \oint_{\partial\Omega} \rho V\otimes Vn\mathrm{d}S = -\oint_{\partial\Omega} pn\mathrm{d}S + \oint_{\partial\Omega} \tau n\mathrm{d}S + \int_\Omega f\mathrm{d}\Omega \tag{9.8}$$

其中，$\boldsymbol{\tau}$ 为黏性力张量；$\boldsymbol{f}$ 为体积力矢量。

$$\boldsymbol{\tau} = \begin{bmatrix} \tau_{xx} & \tau_{xy} & \tau_{xz} \\ \tau_{yx} & \tau_{yy} & \tau_{yz} \\ \tau_{zx} & \tau_{zy} & \tau_{zz} \end{bmatrix}$$

3. 能量方程

根据能量守恒，在不存在能量源项的条件下，控制体内总能量的增量等于从控制体边界流出的能量与外力做功之和。

$$\frac{\partial}{\partial t}\int_{\Omega} E \mathrm{d}\Omega + \oint_{\partial\Omega} E\boldsymbol{V}\boldsymbol{n}\mathrm{d}S = -\oint_{\partial\Omega} p\boldsymbol{V}\boldsymbol{n}\mathrm{d}S + \oint_{\partial\Omega} (k\nabla T)\boldsymbol{n}\mathrm{d}S +$$

$$\oint_{\partial\Omega} (\boldsymbol{\tau}\boldsymbol{V})\boldsymbol{n}\mathrm{d}S + \int_{\Omega} \boldsymbol{f}\boldsymbol{V}\mathrm{d}\Omega \qquad (9.9)$$

其中，E 为单位质量流体的总能量：

$$E = e_i + \frac{1}{2}\boldsymbol{V}\boldsymbol{V}$$

这里 e_i 为单位质量流体的内能。

式（9.7）～式（9.9）即积分形式的控制方程组。在连续介质假设下，将其应用于一个宏观上无限小（可视为微分）、微观上足够大（包含足够多的分子）的控制体，可得到微分形式的控制方程组：

$$\frac{\partial\rho}{\partial t} + \nabla(\rho\boldsymbol{V}) = 0$$

$$\frac{\partial}{\partial t}(\rho\boldsymbol{V}) + \nabla(\rho\boldsymbol{V}\otimes\boldsymbol{V} + p\boldsymbol{I}) = \nabla\boldsymbol{\tau} + \boldsymbol{f} \qquad (9.10)$$

$$\frac{\partial E}{\partial t} + \nabla[(E+p)\boldsymbol{V}] = \nabla(k\nabla T) + \nabla(\boldsymbol{\tau}\boldsymbol{V}) + \boldsymbol{f}\boldsymbol{V}$$

其中，$\boldsymbol{I}$ 为单位矩阵。

气流通常为牛顿流体，其黏性应力张量的具体表达式为

$$\tau_{xx} = \lambda(\nabla\boldsymbol{V}) + 2\mu\frac{\partial u}{\partial x}, \tau_{yy} = \lambda(\nabla\boldsymbol{V}) + 2\mu\frac{\partial v}{\partial y}, \tau_{zz} = \lambda(\nabla\boldsymbol{V}) + 2\mu\frac{\partial w}{\partial z}$$

$$\tau_{xy} = \tau_{yx} = \mu\left(\frac{\partial u}{\partial y} + \frac{\partial v}{\partial x}\right), \tau_{xz} = \tau_{zx} = \mu\left(\frac{\partial u}{\partial z} + \frac{\partial w}{\partial x}\right), \tau_{zy} = \tau_{yz} = \mu\left(\frac{\partial w}{\partial y} + \frac{\partial v}{\partial z}\right)$$

若再引入 Stokes 假设，则有

$$\lambda = -\frac{2}{3}\mu$$

如果忽略气体的黏性、导热性和体积力，则得到无黏流动的控制方程组——欧拉方程，它在研究黏性效应较弱的流动，以及 CFD 的数值方法等方

面，发挥着重要作用。

$$\frac{\partial \rho}{\partial t} + \nabla(\rho \boldsymbol{V}) = 0$$

$$\frac{\partial}{\partial t}(\rho \boldsymbol{V}) + \nabla(\rho \boldsymbol{V} \otimes \boldsymbol{V} + p\boldsymbol{I}) = 0 \qquad (9.11)$$

$$\frac{\partial E}{\partial t} + \nabla[(E + p)\boldsymbol{V}] = 0$$

式（9.10）共 3 个方程，未知量有 ρ、$\boldsymbol{V}$、p、E 和 T。为使方程封闭，需要引入状态方程和辅助方程。对于理想气体而言，状态方程为式（9.4）。还需要引入内能与温度和压强的关系

$$e_i = f(p, T)$$

例如，完全气体的内能只与温度有关，即

$$e_i = C_v T$$

式（9.10）加上状态方程和辅助方程，即构成气体动力学的基本方程组。

9.2.3 燃气射流的湍流效应

如前所述，燃气射流通常是超声速的高速流动，不存在清晰的流动分层，流线也不再清楚可辨，这种流动状态被称为湍流。层流与湍流的流线如图 9.11 所示，湍流中存在多个尺度的涡以及由此产生的较强的质量、动量和能量交换。

对于燃气射流动力学问题，湍流的时间与空间尺度远小于几何模型的特征尺寸，要想完全求解其各个时空尺度的流动结构，必须确保数值计算的时间与空间尺度足够小，这对计算资源的要求极高。另外，实际工程中往往更为关注燃气射流流场的时均特性。因此，人们寻求一种不需要解析湍流流动细节而又能够反映湍流对流场时均量的影响的方法。目前常用的方法是对 N - S 方程做

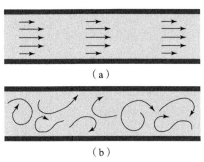

图 9.11 层流与湍流的流线
（a）层流；（b）湍流

Reynolds 平均或 Favre 平均，前者常用于求解不可压缩湍流，后者则用于可压缩湍流。严格来讲，燃气射流中的湍流属于可压缩湍流。但可压缩湍流的计算较为复杂，且工程中燃气射流的湍流可压缩效应影响的区域集中在核心区附近的高速区域，在其余流场则可近似为不可压缩湍流。因此，射流仿真中常用的是雷诺平均湍流模型。

1. Reynolds 平均

为了反映湍流的时均特性，雷诺提出，将流场中的瞬态量 ϕ 写成时均量 $\overline{\phi}$ 与脉动量 ϕ' 之和，即

$$\phi = \overline{\phi} + \phi'$$

其中，时均量定义为

$$\overline{\phi} = \frac{1}{2T} \int_{-T}^{T} \phi \mathrm{d}t$$

对质量方程与动量方程中的速度取雷诺平均可得

$$\frac{\partial \rho}{\partial t} + \frac{\partial \rho u_i}{\partial x_i} = 0$$

$$\frac{\partial \rho u_i}{\partial t} + \frac{\partial \rho u_i u_j}{\partial x_j} = -\frac{\partial p}{\partial x_i} + \frac{\partial}{\partial x_j}\left[\mu\left(\frac{\partial u_i}{\partial x_j} + \frac{\partial u_j}{\partial x_i} - \frac{2}{3}\delta_{ij}\frac{\partial u_k}{\partial x_k}\right)\right] + \frac{\partial}{\partial x_j}(-\rho\overline{u_i' u_j'})$$

其中，时均后的速度分量省去了时均符号。可以看出，雷诺平均后的 N－S （RANS）方程与原方程在形式上基本一致。区别主要在于，待求解的速度分量是时均量而非瞬态量，且动量方程中出现了新的应力导数项 $\frac{\partial}{\partial x_j}(-\rho\overline{u_i' u_j'})$。其中 $-\rho\overline{u_i' u_j'}$ 被称为雷诺应力，是由雷诺平均产生的，其物理意义为湍流流动产生的等效黏性力。引入该项后，RANS 方程不再封闭，必须建立关于雷诺应力的新方程。

2. Boussinesq 假设

为了闭合 RANS 方程，Boussinesq 假设湍流对平均流的作用仅相当于增大了扩散系数。对于动量方程而言，相当于增大了流体的黏性，且湍流黏性是各向同性的，即

$$-\rho\overline{u_i' u_j'} = \mu_t\left(\frac{\partial u_i}{\partial x_j} + \frac{\partial u_j}{\partial x_i}\right) - \frac{2}{3}\rho k\delta_{ij}$$

其中，μ_t 为湍流黏性，k 为湍流动能。通过 Boussinesq 假设，RANS 方程中多余未知量由 6 个（三维）变为 2 个。为了使整个方程组封闭，需要进一步构建关于湍流黏性与湍流动能的方程。通过这一过程建立的方程即湍流模型。

需要注意的是，Boussinesq 当时提出该假设是基于物理直觉的，并没有严谨的理论支撑。随着人们对湍流研究的逐渐深入，人们逐渐认识到 Boussinesq 假设的各向同性湍流黏性与实际湍流流动并不吻合。在射流冲击传热等各向异性较强的问题上，Boussinesq 假设得到的传热速率与试验结果存在明显的出入。

尽管如此，由于 Boussinesq 假设形式紧致、计算结果稳定，并且对于大多数问题能够得到较好的结果，因此目前依然是工程问题中模拟湍流的基本方法。

3. 常见湍流模型及其适用性

1）Spalart – Allmaras 模型

SA（Spalart – Allmaras）模型是一个单方程模型，该模型求解湍流运动黏性 $\widetilde{\nu}$ 的输运方程。SA 模型是专门为航空航天工程问题设计的湍流模型，在壁面（wall）边界层流动、逆压梯度流动等问题上表现优秀，并且广泛用于涡轮机械领域。

SA 模型中求解湍流运动黏性 $\widetilde{\nu}$ 的输运方程为

$$\frac{\partial}{\partial t}(\rho \widetilde{\nu}) + \frac{\partial}{\partial x_i}(\rho \widetilde{\nu} u_i) = G_\nu + \frac{1}{\sigma_{\widetilde{\nu}}}\left[\frac{\partial}{\partial x_j}\left((\mu + \rho \widetilde{\nu})\frac{\partial \widetilde{\nu}}{\partial x_j}\right) + C_{b2}\rho\left(\frac{\partial \widetilde{\nu}}{\partial x_j}\right)^2\right] - Y_\nu$$

其中，ρ 为流体密度；u_i 为流体速度分量；G_ν 为湍流黏性生成项；Y_ν 为湍流黏性耗散项；$\sigma_{\widetilde{\nu}}$ 与 C_{b2} 为模型常数。

需要注意的是，除航空航天工程中的气动问题外，SA 模型并不具有普适性。对于自由剪切流与射流问题，SA 模型会引入较大的误差。

2）realizable $k - \varepsilon$（RKE）模型

RKE（realizable $k - \varepsilon$）模型是一个两方程湍流模型，该模型求解湍流动能 k 与湍流耗散率 ε 的输运方程，再通过 k 与 ε 计算得到湍流黏性 μ_t 代入雷诺平均 N – S 方程中。其求解的输运方程为

$$\frac{\partial}{\partial t}(\rho k) + \frac{\partial}{\partial x_j}(\rho k u_j) = \frac{\partial}{\partial x_j}\left[\left(\mu + \frac{\mu_t}{\sigma_k}\right)\frac{\partial k}{\partial x_j}\right] + G_k + G_b - \rho\varepsilon - Y_M$$

$$\frac{\partial}{\partial t}(\rho\varepsilon) + \frac{\partial}{\partial x_j}(\rho\varepsilon u_j) = \frac{\partial}{\partial x_j}\left[\left(\mu + \frac{\mu_t}{\sigma_\varepsilon}\right)\frac{\partial\varepsilon}{\partial x_j}\right] + \rho C_1 S\varepsilon - \rho C_2\frac{\varepsilon^2}{k + \sqrt{\nu\varepsilon}} + C_{1\varepsilon}\frac{\varepsilon}{k}C_{3\varepsilon}G_b$$

其中

$$C_1 = \max\left(0.43, \frac{\eta}{\eta + 5}\right), \eta = S\frac{k}{\varepsilon}, S = \sqrt{2S_{ij}S_{ij}}$$

μ 为分子黏性，σ_k 与 σ_ε 分别为湍流动能与湍流耗散率普朗特数，C_2 与 $C_{1\varepsilon}$ 为常数。

求解输运方程后，根据下式计算湍流黏度 μ_t：

$$\mu_t = \rho C_\mu\frac{k^2}{\varepsilon}, C_\mu = \frac{1}{A_0 + A_s\dfrac{kU^*}{\varepsilon}}, U \equiv \sqrt{S_{ij}S_{ij} + \widetilde{\Omega}_{ij}\widetilde{\Omega}_{ij}}$$

引入应变率张量对湍流黏性的影响后，RKE 模型显著改善了 $k - \varepsilon$ 模型对

于圆管射流模拟的可靠性，并提高了大曲率旋转流动与大应变流动的模型精度。需要注意的是，由于 RKE 模型本身只适用于充分发展的湍流流动，因此在近壁面区域必须结合壁面函数以确保近壁面流动的合理性。

3）shear stress transport（SST）模型

虽然 RKE 模型对于射流流动能够给出较为合理的结果，但是在实际工程问题中，射流流动经常与壁面冲击结合在一起。近壁面流动对射流冲击区域的流动参数影响较大，而 RKE 模型本身并不能解析边界层流动的细节。SST 模型克服了 RKE 模型的缺陷，能够较好地解析边界层流动。该模型同样是两方程模型，与 RKE 模型的区别在于，SST 模型是基于 $k-\omega$ 模型的，其中 ω 为比湍流耗散率，即湍流耗散率与湍流动能之比。其输运方程为

$$\frac{\partial}{\partial t}(\rho k) + \frac{\partial}{\partial x_j}(\rho k u_j) = \frac{\partial}{\partial x_j}\left[\Gamma_k \frac{\partial k}{\partial x_j}\right] + G_k - Y_k$$

$$\frac{\partial}{\partial t}(\rho \omega) + \frac{\partial}{\partial x_j}(\rho \omega u_j) = \frac{\partial}{\partial x_j}\left[\Gamma_\omega \frac{\partial \omega}{\partial x_j}\right] + G_\omega - Y_\omega$$

其中，Γ_k 与 Γ_ω 分别为湍流动能与比湍流耗散率的有效扩散率。

$$\mu_t = \frac{\rho k}{\omega} \frac{1}{\max\left[\frac{1}{\alpha^*}, \frac{SF_2}{a_1 \omega}\right]}, F_2 = \tanh(\Phi_2^2), \Phi_2 = \max\left(2\frac{\sqrt{k}}{0.09\omega y}, \frac{500\mu}{\rho y^2 \omega}\right)$$

y 为网格单元中心点到壁面的距离。

SST 模型能够较好地模拟逆压梯度流动、近壁面流动分离，因此适用于研究射流冲击区域的流动特性。值得注意的是，SST 模型需要额外求解网格单元到壁面的距离，因此其计算效率要低于 RKE 模型。

|9.3 燃气流场的数值解法|

如 1.2 节所示，在大量简化假设的前提下可获得准一维定常喷管流的理论解。但实际应用中，如此简化的结果往往不够用。如无法求得管内截面上参数的变化，无法求得喷管壁面上的流动参数，更无法得知喷管周围三维空间中的流动情况。要想得到更复杂和仔细的流动解，需要回到 N－S 方程和复杂的湍流模型。它们构成的方程组到编写本书的时候为止，尚无理论解，只能采用数值的方法求近似解。利用计算机求解描述流体运动规律的数学方程获得流场近似解的科学被称为计算流体力学。CFD 发展至今已逾百年，包含了丰富的数值

方法，如有限差分法（finite difference method，FDM）、有限元法（finite element method，FEM）、有限体积法（finite volume method，FVM）和光滑粒子流体动力学（smooth particle hydrodynamics，SPH）众多的无网格方法（mesh – free method）。

燃气射流为高速可压缩流动，包含复杂的激波结构，工程应用中采用的主流方法为有限体积法。以有限体积法为基础发展起来了一系列数值计算平台，如 ANSYS/Fluent、STAR – CCM +、Nastran、CFD + + 等。本节以 ANSYS/Fluent 的理论框架为例，介绍基于 FVM 求解燃气射流的数值方法的理论基础。

Fluent 包含基于压强 – 速度耦合的压力基求解器和基于守恒量的密度基求解器。CFD 发展早期的时候，压力基解法适用于低速不可压缩流动，密度基解法适用于高速可压缩流动。发展至今，这两种方法已经各自拓宽了求解范围，都能涵盖低速不可压缩流动和高速可压缩流动。

9.3.1　控制方程的通用形式及离散

回顾气体动力学基本方程组和各湍流模型，其数学形式基本一致，即形如

$$\frac{\partial}{\partial t}\int_{\Omega}\rho\phi\mathrm{d}\Omega + \oint_{\partial\Omega}\rho\phi\boldsymbol{V}\boldsymbol{n}\mathrm{d}A = \oint_{\partial\Omega}\Gamma_{\phi}(\nabla\phi)\boldsymbol{n}\mathrm{d}A + \int_{\Omega}S_{\phi}\mathrm{d}\Omega \qquad (9.12)$$

其中，ϕ 为被输运的标量；Γ_{ϕ} 为扩散率；S_{ϕ} 为源项。

有限体积法是将计算域划分为有限数量个有限大小的单元，在每个单元内定义各个物理量的单元均值：

$$\bar{\phi} = \frac{1}{|\Omega|}\int_{\Omega}\phi\mathrm{d}\Omega$$

对每个单元应用式（9.12），从而将偏微分方程转化为与单元均值相关的代数方程，这一过程称为离散。

以二维网格单元为例，如图 9.12 所示，利用单元均值的定义和积分对积分域的可加性，可得

$$\frac{\partial}{\partial t}(\overline{\rho\phi}) + \sum_{f}\rho_{f}\phi_{f}\boldsymbol{V}_{f}\boldsymbol{A}_{f} = \sum_{f}\Gamma_{\phi f}(\nabla\phi)_{f}\boldsymbol{A}_{f} + \int_{\Omega}\bar{S}_{\phi}\mathrm{d}\Omega \qquad (9.13)$$

其中，$\boldsymbol{A}_{f}$ 为单元面的面积矢量。

式（9.13）中包含单元面上的量，即 ρ_{f}、ϕ_{f}、$\boldsymbol{V}_{f}$、$\Gamma_{\phi f}$ 和 $(\nabla\phi)_{f}$。这些值均需要根据单元均值去近似，由单元均值获得面上值的过程称为重构。

式（9.13）的最后一项为源项，根

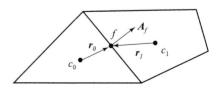

图 9.12　二维网格单元示意

据其性质的不同，处理的方法不同，最终也将其表示为单元均值的某种代数形式。

完成重构和源项的处理之后，再采用一定的数值格式离散时间导数项。例如，对于形如

$$\frac{\partial \bar{\phi}}{\partial t} = F(\bar{\phi})$$

的偏微分方程，可采用一阶后向差分法近似为

$$\frac{\bar{\phi}_{t+\Delta t} - \bar{\phi}_t}{\Delta t} = F(\bar{\phi})$$

或者利用二阶差分近似为

$$\frac{3\bar{\phi}_{t+\Delta t_2} - 4\bar{\phi}_t + \bar{\phi}_{t-\Delta t_1}}{\Delta t_1 + \Delta t_2} = F(\bar{\phi})$$

最后将式（9.13）转化为与单元均值相关的代数方程。利用适当的数学方法求解代数方程组，即可得到流场各变量的时空数值解。

9.3.2　压力基求解器

压力基求解器的基础是压强投影法，根据动量方程和连续方程构造压强修正方程，求解压强和速度修正量，更新压强和速度之后再求解密度、能量和湍流量。通过迭代的方式获得同时满足连续方程和动量方程的压强与速度场。

动量方程的离散形式可写为

$$a_P V = \sum_{nb} a_{nb} V_{nb} + \sum_f p_f A_f + S \tag{9.14}$$

连续方程的离散形式可写成

$$\sum_f J_f A_f = 0 \tag{9.15}$$

其中，J_f 为单元面上的质量流量 ρV_n。

假定速度和压强的解为某猜测值（通常为初始值）加上一个修正量，即

$$V = V^n + V', p = p^n + p'$$

根据式（9.14）可解出压强修正量与速度修正量的关系，代入式（9.15）可得压强修正量的方程。

根据压强和速度的求解顺序不同，压力基求解器可分为分离式和耦合式，各自的流程图如图 9.13 所示。

分离式求解器将各变量解耦，依次求解。如 u、v、w、p、T、k、ε、…。而耦合式求解器将动量方程和连续方程联立成方程组，同时解出 u、v、w 和

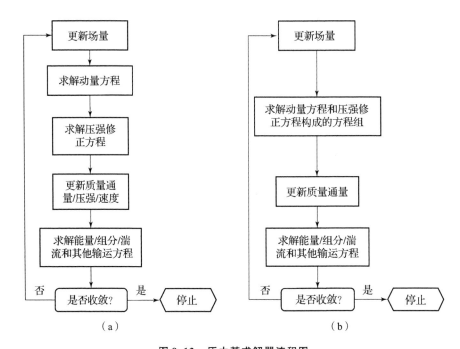

图 9.13　压力基求解器流程图

（a）压力基分离求解器；（b）压力基耦合求解器

p。一般而言，分离式求解不需要迭代求解方程组，效率更高，但稳定性相对较弱。而耦合式求解计算量较大，稳定性相对较强。

9.3.3　密度基求解器

密度基求解器基于守恒形式的控制方程，即式（9.10），可记为

$$\frac{\partial U}{\partial t} + \frac{\partial}{\partial x}F(U) + \frac{\partial}{\partial y}G(U) + \frac{\partial}{\partial z}H(U) = S(U)$$

其积分形式为

$$\frac{\partial}{\partial t}\int_{\Omega} U\mathrm{d}\Omega = -\oint_{\partial\Omega} F_n(U)n\mathrm{d}A + \int_{\Omega} S(U)\mathrm{d}\Omega \tag{9.16}$$

其中，$F_n(U)$ 为单元面法线方向的通量。

在某个有限体积的网格单元内应用式（9.16）可得

$$\frac{\partial \overline{U}}{\partial t} = -\frac{1}{|\Omega|}\sum_f \widetilde{F}_n(U_f^+, U_f^-)A_f + \overline{S}(U) \tag{9.17}$$

这里的 $U_f^{\pm}$ 为单元面的两侧的重构状态，$\widetilde{F}_n(U_f^+, U_f^-)$ 为通量的近似解，称为数值通量，通常由黎曼求解器求解。如 Fluent 中包含的 Roe 求解器和

AUSM+求解器。

密度基求解器流程图如图9.14所示。

先由式（9.17）更新密度、速度、压强、温度和能量，再分离求解湍流和其他物理量。由于密度基求解器同时耦合质量动量和能量方程，对同一问题，其计算量大于压力基求解器。

虽然密度基求解器和压力基求解器的求解范围都已涵盖低速不可压缩流动到高速可压缩流动，如果不考虑计算量的问题，密度基求解器这种基于守恒量求解的方法可以得到更准确的可压缩流场，尤其是高速可压缩流场。

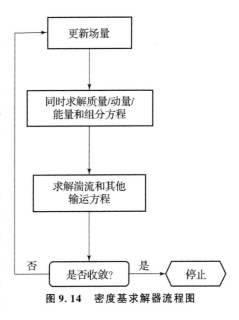

图9.14 密度基求解器流程图

参 考 文 献

[1] 赵承庆，姜毅. 气体射流动力学 [M]. 北京：北京理工大学出版社，1998.

[2] 张福祥. 火箭燃气射流动力学 [M]. 哈尔滨：哈尔滨工程大学出版社，2004.

第 10 章

弹射内弹道流场仿真

弹射发射方式利用额外的能量来源为导弹提供推力，广泛应用于对发射初速要求较高的发射系统中。弹射内弹道是一个在短时间内弹射工质完成膨胀做功将内能转化为导弹动能的非定常过程。经典的零维弹射内弹道理论，基于零维弹射内弹道假设与等熵流动状态关系，构成描述弹射内弹道过程的常微分方程组，已经在工程实践中得到广泛应用，并且对于平均压强、加速度、速度的预测较为准确。但是，由于零维内弹道假设认为低压室内的压强、温度、速度分布是各向同性且均一的，因此零维内弹道方法无法得到低压室壁面上不同位置的最大压强、最高温度与表面流速等数据，而这些数据对于弹射发射装置的安全评估、结构优化至关重要。此外，零维内弹道理论假设燃气发生器喉部一直处于临界状态，燃烧室内状态不受低压室状态影响，而对于初容很小的设计工况，低压室内快速上升的压强致使喷管喉部无法达到临界状态的情况是可能出现的，此时零维内弹道方法将不再适用。

得益于计算流体力学方法与计算机技术的进步，对于弹射内弹道流场的研究可以通过数值求解描述弹射内弹道流场的偏微分非定常控制方程组，得到弹射过程中弹射装置内全面且精细的流场参数，以及耦合化学反应、多相流、颗粒运动等更加真实的多物理场参数。本章将围绕弹射内弹道流场的 CFD 建模、数值求解与结果分析，讨论与仿真技术相关的准则、模型与方法。

|10.1 弹射动力装置的基本构成|

10.1.1 弹射装置结构形式

弹射装置一般由发射筒、燃气发生器、适配器、冷却装置、隔热装置、密封装置、固定装置和挡药装置等组成。值得注意的是，并不是每一种弹射装置均有上述的每一部分，如燃气－蒸汽式弹射器的典型结构如图 10.1 所示，对燃气式弹射器而言，则没有图 10.1 中的冷却器。

1. 燃气发生器

燃气发生器是提供弹射动力的装置，燃气发生器亦称气体发生器或高压室。目前，使用最多而且比较方便的还是燃气发生器，因为它所需设备少，体积也小，使用方便，特别于要求机动发射的导弹来说，这个优点更

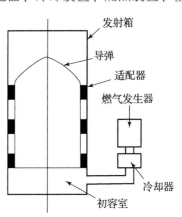

图 10.1 燃气－蒸汽式弹射器的典型结构

为突出。燃气发生器的作用是保证火药得到正常燃烧所必需的环境条件并通过不同形式的喷管或管道将燃气排送到燃气腔中去，形成均匀压力，满足导弹对

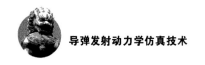

出口速度的要求。工作压力应保证装药正常燃烧，而且要保证从喷管口排出的燃气建立超声速流动和尽可能缩短燃烧时间。

燃气发生器由壳体、固体药柱、点火装置、冷却装置和隔热装置等组成，如图10.2所示。燃气发生器壳体有整体式和装配式两种，整体式结构的优点是气密性好，可以避免接头处发生漏气现象，而且整体式质量小，有利于减少弹射装置的质量，这对于战术导弹来说有重要的意义。但对中远程的战略导弹来说，整体式会给加工工艺带来较大的困难。因此，战略导弹弹射系统的燃气发生器大多采用装配式，这样加工比较简单，清洗方便，可多次使用。燃气发生器壳体一般用钢、铝合金或玻璃钢制成。

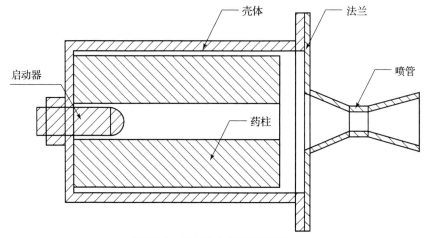

图 10.2　燃气发生器结构示意图

燃气发生器实际上是一种固体火箭发动机，两者的差别是火箭发动机的燃气经过喷管排入大气中，热能变成动能，使导弹获得推力而产生运动，而燃气发生器使火药的化学能在极短的时间内经过燃烧转变成热能，其燃气经过喷管排入密封容器中而不是大气中，建立一定的压力，从而形成弹射力，将导弹推出发射筒。

目前，大多使用电点火装置。电点火装置中装有黑火药、电爆管、点火线路及其保险装置等。它的作用是造成一个一定温度和压力的点燃条件，达到主装药迅速点燃的目的。另外，在点火之前，喷口膜片密封住燃气发生器壳体的喷口，使燃气发生器成为一个密封容器，使燃气发生器建立起必要的点火压力，以便使整个装药瞬时全面燃烧。当燃气发生器达到预定的压力时，膜片破裂，燃气冲破膜片流入燃气腔，喷口膜片可用紫铜、铝、赛璐珞、电工纸和塑料等低强度金属和非金属材料制成。喷口膜片与燃气腔壳体的连接方式有螺压式、胶黏式和整体式。

2. 发射筒

发射筒是容纳导弹和高温高压燃气的装置，是弹射装置的主要设备。发射筒的长度一般由导弹的离筒速度和导弹在筒内的加速度等内弹道参数确定，一般大于导弹的长度。发射筒的材料有钢、铝合金和复合材料，如玻璃纤维－环氧树脂、石墨－环氧树脂和凯芙拉等。一般情况下，发射筒采用铝合金比钢要轻 1/3，用复合材料又要比铝轻一半。此外，发射筒采用复合材料还可以减少磁特性，避免被敌人的侦察卫星发现。目前，采用高强度铝合金作为发射筒筒体的基体材料，采用比强度和比模量高的石墨－环氧树脂作为发射筒的加强材料，保证刚度要求，这样既满足了发射筒的强度和刚度要求，同时也减少了质量，达到了经济性好和结构合理的目的。

3. 隔热装置

从燃气发生器喷出的燃气温度较高，一般在 2 000 K 以上。因此，需要在导弹的底部设置一个隔热装置，将导弹与高温燃气隔离，避免受到烧蚀影响。隔热装置实际上是一个活塞，亦称"弹托"，通过联动机构与导弹连接。隔离装置在弹射过程中直接承受弹射力，并将弹射力传递给导弹。隔离装置随导弹运动至发射筒口后止动于筒口，或者随导弹飞出筒外，然后自行向一边坠落。

4. 适配器

适配器实际上是导弹与发射筒之间的密封圈。这往往是一种结构上的需要，因为导弹的尾翼比直径大很多，为了使导弹在发射筒内运动平稳，所以，必须有适配器。适配器除了在弹射时起密封作用外，主要对导弹起支承和导向作用，在导弹进行运输和水平贮存时起支撑和减震作用。适配器的密封性能取决于其漏气量，一般要求其漏气压力小于 0.01 MPa。适配器与导弹或者发射筒之间的单边间隙一般为 40 ~ 60 mm 之间，如美国北极星导弹与发射筒之间的环形间隙为 38.1 mm；个别大于 100 mm，如 MX 导弹的弹筒间隙为 100 ~ 125 mm。

5. 提拉杆

很多地空导弹采用提拉杆式弹射发射方式，如俄罗斯的 S－300 防空导弹、中国的红旗－9 防空导弹等。提拉杆式弹射发射方式在发射过程中通过提拉杆与提弹梁将燃气推力传递到弹体上。因此，高温、高压工质不会直接作用在导弹的底部，对发动机的影响较小。根据提拉杆的数量，其可分为双提拉杆弹射与单提拉杆弹射，一般的结构形式如图 10.3 与图 10.4 所示。

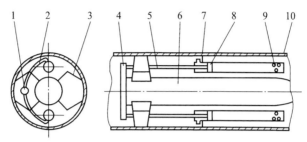

图 10.3　双提拉杆弹射装置的典型结构

1—高压室（燃气发生器）；2—导气管；3—折叠弹翼；4—提弹梁；5—提拉杆；
6—导弹；7—低压室（气缸）；8—活塞；9—排气孔；10—储运发射筒

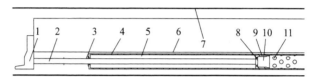

图 10.4　单提拉杆弹射装置的典型结构

1—提弹梁；2—提拉杆；3—缓冲器；4—汽缸壁；5—低压室；6—导弹；7—发射箱；
8—喷管；9—活塞壁；10—高压室（燃烧室）；11—排气孔

　　单提拉杆弹射装置只有一侧有提拉杆，横向尺寸缩小很多，并且为了使结构更为紧凑，一般会将燃气发生器与活塞合二为一，并在活塞底部开出喷管。这样气体工质的反冲作用直接转化为弹射推力，因此，发射过程中推力上升迅速；但是，会使导弹受到较大过载，并且由于提弹梁只能作用在弹底的部分区域或是滑块上，会产生较大的推力偏心，使导轨受到较大的约束载荷。

　　双提拉杆弹射中的提弹梁作用于整个导弹底部，因此，推力中心与导弹轴向偏心较小，对滑块与导轨产生的约束载荷较小；且有两个活塞做功推力较大，因此，较多用于大型弹的弹射发射。该弹射方式的缺点是弹射推力完全靠低压室中的气体压力提供，推力上升缓慢，且由于两侧都有弹射装置致使整个发射装置的横向尺寸增大。

10.1.2　弹射工质的类型

1. 固体推进剂燃气

　　目前应用最为广泛、技术最成熟的弹射工质是由固体推进剂燃烧产生的燃气。常用的固体推进剂主要有双基（double base，DB）药、复合双基（composite double base，CDB）药以及改性双基（composite modified double base，CMDB）药。双基推进剂是以硝化纤维素（nitrocellulose）和硝化甘油（nitroglycerine）

为基本组元的均质推进剂。其中硝化纤维素作为推进剂的基体，由硝化甘油作为溶剂将其溶解塑化，形成均匀的胶体结构。此外，为改善推进剂的各种性能，还加入少量的各种不同添加剂成分。主要组元硝化纤维素与硝化甘油的分子构成如图 10.5 所示。

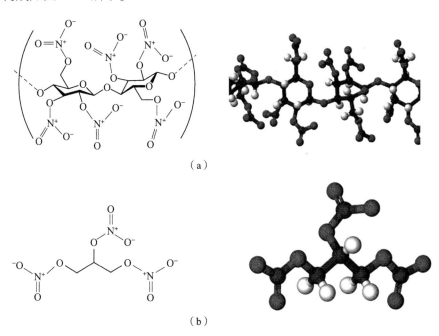

图 10.5　主要组元硝化纤维素与硝化甘油的分子构成

（a）硝化纤维素；（b）硝化甘油

　　复合推进剂是由氧化剂、金属燃料和高分子黏结剂为基本组元组成，再加上少量的添加剂来改善推进剂的各种性能，氧化剂和金属燃料都是细微颗粒，共同作为固体含量充填与黏结剂基体中，形成具有一定机械强度的多组元均匀混合体。复合推进剂中常用的氧化剂是高氯酸铵（ammonium perchlorate），简称 AP，分子式为 NH_4ClO_4，分子结构如图 10.6 所示。

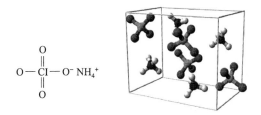

图 10.6　高氯酸铵分子结构

改性双基推进剂是在双基推进剂的基础上增加氧化剂组元和金属燃料，以提高其能量特性。在双基推进剂中含氧量不足，不能使其中的燃料组元完全燃烧，增加一些氧化剂可以使能量得到有效的提高。在结构上，它是以双基组元作为黏结剂，将氧化剂和金属燃料等其他组元黏结为一体，因而它属于异质推进剂。改性双基推进剂有两种：一种加高氯酸铵为氧化剂，简称 AP – CMDB；另一种加高能硝胺炸药奥克托今（HMX）或黑索今（RDX）来提高其能量，如图 10.7 所示，简称为 HMX – CMDB 或 RDX – CMDB。改性双基推进剂具有很高的能量特性。在标准大气条件下的理论比冲可以达到 265 ~ 270 s，是目前实用固体推进剂中能量最高的一类。它的密度也比双基推进剂大，与复合推进剂相当。

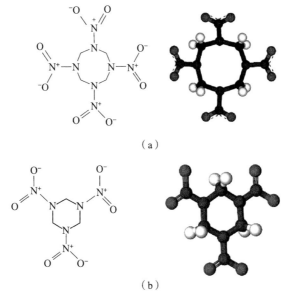

（a）

（b）

图 10.7　奥克托今与黑索今分子结构

（a）奥克托今；（b）黑索今

以固体推进剂作为燃气来源，其优点是体积小、含能高，燃气发生器的结构也较为简单，经过合理的装药设计可以满足大多数导弹系统的弹射发射需求。但是双基药类的固体推进剂燃温较高，一般在 2 200 ~ 3 000 K 之间，因此会对弹射发射装置产生较为明显的烧蚀作用，影响装置的使用寿命。此外，燃气发生器装药设计定型以后，基本只能用于特定尺寸和重量的导弹发射，很难在不改变装药的前提下进行调节，不便于导弹发射装置的通用化设计。

2. 压缩空气

通过压气机将空气加压并储存于高压容器内，经过管路和阀门装置与发射装置连接，在导弹发射时将高压空气释放到装置内膨胀做功，从而推动导弹运动。相较于固体推进剂燃气过高的温度，压缩空气可以在常温下完成弹射工作，对于发射装置与导弹的热力影响很小，并且可以通过调节阀门开闭程度调整压缩空气释放的流量大小，从而适配不同尺寸、不同重量的导弹发射需求。

　　但是，对于大质量的导弹，在常温状态下进行弹射，为满足出筒速度的要求，需要准备大量的压缩空气，可以达到数百千克量级，为此需要使用大功率压气机进行较长时间的制备，才能满足使用需求。此外，制备好的高压空气需要存储于高压容器内，而大功率压气机与高压容器的体积重量都很庞大，如图 10.8 所示，对于强调快速机动与响应的车载发射平台并不适用，目前多用于小型导弹的弹射发射。

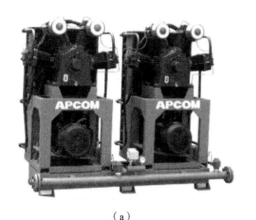

（a）　　　　　　　　　　　　　　　　　　　（b）

图 10.8　大功率压气机与高压储气罐

（a）大功率压气机；（b）高压储气罐

10.2　弹射内弹道流场 CFD 仿真方法

10.2.1　模型简化与网格处理

　　真实的弹射装置模拟具有较多的细节结构，如燃气发生器内的点火装置、喷管喉部的密封堵片、喷管与燃烧室连接的法兰盘、低压室内的加强筋板、弹托上的螺钉螺母等。在建立弹射内弹道流场计算域的网格模型时，将这些细节结构全部保留，可以得到最为还原的网络模型，但是在保证网格长细比、畸变

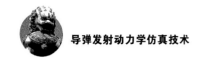

率与正交性等质量属性满足要求的前提下，生成的网格数量将是十分庞大的，尤其是需要对局部区域壁面边界层进行解析，这将会导致消耗的计算资源急剧上升，计算周期也将大大延长，这对于实际工程项目而言是难以接受的。因此在建立内弹道流场计算域的网格模型之前，根据弹射内弹道流场的仿真目的与关注重点，对弹射装置进行适当的简化处理就显得十分必要。

1. 燃气发生器计算域处理方法

燃气发生器内部装填固体推进剂，后端接点火装置，前端接收缩－扩张喷管，固体推进剂燃面、燃烧室壁面与喷管壁面，共同包络形成燃气发生器内的计算域边界。

固体推进剂的燃速与燃烧室内的压强呈指数关系，而燃烧室内的压强则由燃烧室内燃气密度与温度决定。固体推进剂燃烧进入自持状态后，燃气温度基本保持不变。燃气密度则由燃烧室内自由空间体积、推进剂燃烧生成量与流出燃烧室的质量流量决定。推进剂的燃烧生成量由速度指数与燃面设计决定，根据弹射内弹道的指标参数进行反向设计得到。正常情况下喷管喉部燃气达到马赫数为1的临界状态，在扩张段存在超声速区域，因此根据冯·卡门超声速禁讯法则，喷管下游低压室内的弱扰动无法传播到喷管上游，喷管喉部的燃气质量流量以及燃烧室内的压强、燃速与燃面将按照设计预期变化。

弹射内弹道进行反向设计时一般都会确保喷管喉部保持临界状态，此时燃烧室内的压强变化基本与设计状态一致，对于此种情况可以将燃烧室内的点火装置、固体推进剂忽略，将整个燃烧室简化为容积不变的圆柱体空间。

对于着重研究燃气发生器内点火过程以及固体推进剂燃烧过程的仿真计算，则应根据点火器形式以及固体推进剂燃面轮廓进行流场建模。另外，对于在弹射内弹道设计外条件工作的燃气发生器，低压室内压强可能超过火箭发动机的第二压强特征点，致使喷管内部全部处于亚声速状态，燃烧室内流场参数将受到低压室扰动影响，固体推进剂的燃速与燃烧室压强无法按照设计曲线变化，此时也应保留固体推进剂的燃面轮廓，并在仿真过程中结合动网格技术将固体推进剂的燃烧过程与燃气发生器内流场变化耦合起来。

某些弹射发射系统中会使用多个燃气发生器或者启动器提供弹射动力，这些燃气发生器大多采用圆周均匀分布形式，若弹射装置在结构上也满足面对称或是轴对称条件，则在忽略点火同步性与推力偏差的前提下可以建立三维面对称模型，以减少网格总数量、加快仿真速度。如果仿真目的仅在于获得弹射内弹道最大过载、出筒速度、出筒时间、弹托底部平均压强等宏观内弹道参数，且发射装置结构满足轴对称条件，则可以将三维模型简化为二维抽对称模型，以进一步缩减网格数量。但是，在进行二维轴对称简化时，只能将多个燃气发生器简化为一个与对称轴重合的燃气发生器，为了保证质量流量相同，则应保证简化后的燃气发生器喉部截面积与简化前多个燃气发生器的喉部总面积相同。此种简化方法，可得到与三维模型基本一致的宏观弹射内弹道参数，但是在局部壁面最大压强、最高温度以及低压室局部流线、等势线上存在较大差异。若仿真目的在于着重研究这些细节参数，则不应简化为二维轴对称模型。

10.2.2　弹射内弹道数理模型

1. 复燃反应模型

固体火箭发动机燃烧产物成分复杂，产物之间还会发生复杂的化学反应生成多种中间产物与自由基，且在不同的环境温度下反应速率也不同，产物的组分构成也会发生变化。在自弹式发射内弹道流场中，从发动机燃烧室到发射筒内，不同位置处的温度分布也不同，必然会引起化学反应速率以及产物组分的变化。而组分构成的变化又会引起当地流场比热容以及热传导率的变化，且反应放出或吸收的热量又会对环境温度产生影响，因此化学反应与流场热环境之间存在较强的耦合关系。基元反应是化学反应过程的构成基础，其反应速率与产物浓度和环境温度直接相关。因此，本书建立了详细基元反应体系对自弹式发射过程中燃烧产物间的化学反应进行描述。

在化学反应中一个或多个化学组分通过一步反应直接生成产物，中间只有一个过渡态，这样的反应被称为基元反应。根据反应物的数量，常见的基元反应又可以分为单分子基元反应、双分子基元反应和三分子基元反应。单分子基元反应是指单个组分分子经过重新排列如异构化或分解，形成一个或两个产物如式（10.1）、式（10.2）所示。

$$A \rightarrow B \tag{10.1}$$

$$A \rightarrow B + C \tag{10.2}$$

双分子基元反应中两个分子发生碰撞引起反应形成两个不同的分子如式（10.3）所示。三分子基元反应中包含 3 个反应物分子，其一般形式如式（10.4）所示。其中 M 可能是任何分子，通常被称为第三体，它的作用是在两个自由基的基元反应中带走形成稳定组分时释放出的能量。在碰撞过程中产物分子的内能被传递到第三体中，转化为其动能，如果没有第三体进行能量传递，则新生成的分子将会再次分解。

$$A + B \rightarrow C + D \tag{10.3}$$

$$A + B + M \rightarrow C + M \tag{10.4}$$

基元反应的化学反应速率可以通过阿雷尼乌斯公式进行表述，以反应（10.3）为例，其正向化学反应速率如式（10.5）所示。

$$k(T) = AT^b e^{-\frac{E_A}{R_u T}}[A][B] \qquad (10.5)$$

式中，$k(T)$ 表示温度为 T 时的化学反应速率，量纲为 $[\,kmol \cdot m^{-3} \cdot s^{-1}\,]$；$[A]$、$[B]$ 分别表示参与反应的组分 A、B 的摩尔浓度，量纲为 $[\,kmol \cdot m^{-3}\,]$；E_A 是反应的活化能，量纲为 $[\,J \cdot kmol^{-1}\,]$；R_u 是通用气体常数，量纲为 $[\,J \cdot kmol^{-1} \cdot k^{-1}\,]$；$b$ 是温度指数，量纲为 1；A 是前指因子，量纲与反应级数有关，此处的量纲为 $[\,kmol^{-1} \cdot m^3 \cdot s^{-1}\,]$。

本书选用的 RDX – CMDB 固体推进剂其主要组元为硝化纤维素（NC）、硝化甘油（NG）以及黑索今。硝化纤维素由纤维素与硝酸通过酯化反应得到，在硝化的过程纤维素大分子 $[\,C_6 H_7 O_2 (OH)_3\,]_n$ 中的羟基被硝酸酯基所取代，形成大分子聚合物，包含两个链节的硝化纤维分子结构如图 10.9（a）所示。硝化甘油的学名为丙三醇三硝酸酯，是由丙三醇与硝酸通过酯化反应得到的，硝化过程中丙三醇的 3 个羟基被硝酸酯基取代，其分子结构如图 10.9（b）所示。黑索今的学名为环三亚甲基三硝胺，其分子结构如图 10.9（c）所示。

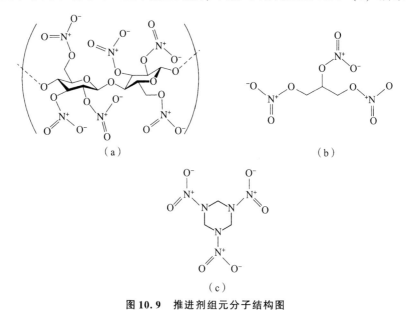

图 10.9　推进剂组元分子结构图

（a）NC；（b）NG；（c）RDX

推进剂被引燃以后固相组元首先在预热区内受热汽化，气体进入表面分解区后在高温作用下发生分解，NC、NG 中的 N – O 键以及 RDX 中的 N – N 键首先发生断裂生成 NO_2 与醛基产物。进入嘶嘶区以后在反应放热的作用下温度继续升高，醛基产物与 NO_2 发生氧化还原反应生成 CO、NO 与 H_2O 等产物。燃烧产物进入发光区之后发生进一步的氧化还原反应，放出更多的热量，生成 CO_2、N_2 与 H_2 等产物。在高温作用下，这些氧化还原反应的正向速率与逆向速率都很高，因此其中间产物也具有一定的浓度。在压强较高时表面分解区、嘶嘶区和暗区的厚度都大大降低，几乎难以分辨，因此大分子的醛基燃烧产物存在范围和时间都很小，可以忽略不计。在此基础上为准确描述自弹射内弹道流场的产物组成，本书建立的化学反应模型中包含的燃烧产物组分为 CO_2、CO、H_2O、H_2、NO_2、NO、N_2、O_2，以及反应中间产生的自由基 OH、H、N、O。以上 12 种气体组分之间存在着多种反应，本书选用包含以上燃烧产物的基元反应构建成 C－H－O－N 化学反应体系，反应总数量为 20，详细数据如表 10.1 所示。

表 10.1 反应速率数据表

编号	反应	正向反应速率系数		
		$A[\,m,\ kmol,\ s\,]$	b	$E_A/(J\cdot kmol^{-1})$
R1	$H + O_2 \leftrightarrow OH + O$	2.07×10^{11}	-0.097	6.29×10^7
R2	$O + H_2 \leftrightarrow H + OH$	3.82×10^9	0.000	3.33×10^7
		1.03×10^{12}	0.000	8.02×10^7
R3	$OH + H_2 \leftrightarrow H + H_2O$	2.17×10^5	1.520	1.45×10^7
R4	$OH + OH \leftrightarrow O + H_2O$	33.5	2.420	-8.06×10^6
R5	$H + H + M1 \leftrightarrow H_2 + M1$	1.01×10^{11}	-0.600	0.00
R6	$H + O + M2 \leftrightarrow OH + M2$	5×10^{11}	-1.000	0.00
R7	$O + O + M1 \leftrightarrow O_2 + M1$	5.40×10^7	0.000	-7.40×10^6
R8	$H + OH + M3 \leftrightarrow H_2O + M3$	5.56×10^{16}	-2.000	0.00
R9	$CO + OH \leftrightarrow CO_2 + H$	1.00×10^{10}	0.000	6.69×10^7
		1.01×10^8	0.000	2.5×10^5
		9.03×10^8	0.000	1.91×10^7
R10	$CO + O_2 \leftrightarrow CO_2 + O$	2.50×10^9	0.000	2.00×10^8
R11	$CO + O + M1 \leftrightarrow CO_2 + M1$	1.54×10^9	0.000	1.25×10^7
R12	$NO_2 + M1 \leftrightarrow NO + O + M1$	1.10×10^{10}	0.000	2.76×10^8

续表

编号	反应	正向反应速率系数		
		$A[\text{m, kmol, s}]$	b	$E_A/(\text{J} \cdot \text{kmol}^{-1})$
R13	$NO_2 + O \leftrightarrow NO + O_2$	1.00×10^{10}	0.000	2.51×10^6
R14	$NO_2 + H \leftrightarrow NO + OH$	1.00×10^{11}	0.000	6.27×10^6
R15	$NO_2 + CO \leftrightarrow NO + CO_2$	1.20×10^{11}	0.000	1.32×10^8
R16	$NO + N \leftrightarrow N_2 + O$	3.27×10^9	0.300	0.00
R17	$N + O_2 \leftrightarrow NO + O$	6.40×10^6	1.000	2.61×10^7
R18	$N + OH \leftrightarrow NO + H$	3.80×10^{10}	0.000	0.00
R19	$N + CO_2 \leftrightarrow NO + CO$	1.90×10^8	0.000	1.42×10^7
R20	$N + N + M1 \leftrightarrow N_2 + M1$	2.26×10^{11}	0.000	3.23×10^7

表 10.1 中前指因子 A 的量纲与反应级数有关，代入式（10.5）。应保证化学反应速率的量纲为 $[\text{kmol} \cdot \text{m}^{-3} \cdot \text{s}^{-1}]$。基元反应 R2 与 R9 有多组数值，因为它们的反应速率系数在对数坐标系中表现出较强的非线性特质，所以使用多条曲线的叠加进行表示。它们的反应速率系数是每一组数值计算出的反应速率系数之和。另外，表中三分子基元反应中的第三体的组分构成为式（10.6）。

$$\begin{cases} [M1] = [H_2] + 6.5[H_2O] + 0.4[O_2] + 0.4[N_2] + 0.75[CO] + 1.5[CO_2] \\ [M2] = 2[H_2] + 6[H_2O] + [N_2] + 1.5[CO] + 2[CO_2] \\ [M3] = [H_2] + 2.5[H_2O] + 0.4[O_2] + 0.4[N_2] + 0.75[CO] + 1.5[CO_2] \end{cases}$$

$$(10.6)$$

为燃烧产物引入多组分模型后，流场当地的密度、比热容、热传导率、黏性等多种属性参数都要受到各组分质量分数 Y_i 的影响。而组分的质量分数受流场对流、扩散运动和化学反应的影响，因此有必要为每种组分的质量分数 Y_i 建立标量输运方程，如式（10.7）所示。

$$\frac{\partial(\rho Y_i)}{\partial t} + \text{div}(\vec{\rho v} Y_i) = -\text{div}(\vec{J_i}) + R_i + S_i \qquad (10.7)$$

式中，等号左侧第一项表示当地流场第 i 种组分的单位体积质量变化率，第二项表示由对流引起的组分 i 单位体积质量变化率。等号右侧第一项表示由组分之间分子扩散引起的组分 i 单位体积质量变化率，$\vec{J_i}$ 表示扩散质量流量，它是由组分 i 浓度差引起的质量扩散、湍流传输引起的质量扩散以及温度梯度引起

的质量扩散构成的，因此可以通过菲克定律[142]、湍流黏性以及索雷特效应进行描述，其表达式为

$$\vec{J}_i = -\left(\rho D_{i,m} + \frac{\mu_t}{Sc_t}\right)\nabla Y_i - D_{T,i}\frac{\nabla T}{T} \tag{10.8}$$

式中，$D_{i,m}$ 为组分 i 的质量扩散系数，μ_t 为湍流黏性系数，Sc_t 为湍流施密特数，T 为温度，$D_{T,i}$ 为温度扩散系数。R_i 表示由化学反应造成的组分 i 单位体积质量变化率，S_i 表示由其他因素产生的组分 i 质量源项。在自弹式发射内弹道流场中，局部区域的温度梯度很大。例如发生化学反应的区域，由此造成的质量扩散十分明显，导致当地的刘易斯数 Le_i 很大。如式（10.9）所示，因此必须考虑由组分扩散带来的能量变化，在流场能量输运方程式（10.9）中添加组分扩散项，如式（10.10）所示。

$$Le_i = \frac{k}{\rho c_p D_{i,m}} \tag{10.9}$$

$$D_{h,s} = \text{div}\left(\sum_{i=1}^{N} h_i \vec{J}_i\right) \tag{10.10}$$

由化学反应造成的组分质量变化率 R_i 与反应的正向、逆向反应速率直接相关，对于表 10.1 中的化学反应可以表述为统一的形式，如式（10.11）所示。

$$\sum_{i=1}^{N} \nu_{i,r}^R X_i \underset{k_{b,r}}{\overset{k_{f,r}}{\rightleftharpoons}} \sum_{i=1}^{N} \nu_{i,r}^P X_i \tag{10.11}$$

式中，X_i 代表参与反应的第 i 种组分，$\nu_{i,r}^R$ 表示在第 r 个反应中反应物的化学计量数，$\nu_{i,r}^P$ 表示生成物的化学计量数，$k_{f,r}$ 表示正向反应速率系数，$k_{b,r}$ 表示逆向反应速率系数。设在第 r 个反应中第 i 种组分的摩尔浓度为 $C_{i,r}$，同时考虑正向反应与逆向反应的作用，根据化学反应速率表达式，可得第 r 个基元反应中组分 X_i 的单位体积物质的量生成率，如式（10.12）所示。

$$\hat{R}_{i,r} = \Gamma(\nu_{i,r}^P - \nu_{i,r}^R)\left(k_{f,r}\prod_{j=1}^{N}[C_{j,r}]^{\nu_{i,r}^R} - k_{b,r}\prod_{j=1}^{N}[C_{j,r}]^{\nu_{i,r}^P}\right) \tag{10.12}$$

$$\Gamma = \sum_{k=1}^{M} \gamma_{k,r} C_k \tag{10.13}$$

$$R_i = M_{w,i}\sum_{r=1}^{N_k} \hat{R}_{i,r} \tag{10.14}$$

式中，Γ 表示第三体的作用，表达式为（10.13），C_k 表示第 k 种第三体组分的摩尔浓度，$\gamma_{k,r}$ 表示在第 r 个反应中第 k 种第三体组分的化学计量数。$\hat{R}_{i,r}$ 的量纲为 $[\text{mol} \cdot \text{m}^{-3} \cdot \text{s}^{-1}]$，而 R_i 的量纲为 $[\text{kg} \cdot \text{m}^{-3} \cdot \text{s}^{-1}]$，所以计算 R_i 时需要对组分 X_i 参与的所有反应求和并乘以摩尔质量，其表达式为（10.14）。值得注意的是表 10.1 中只列出了计算正向反应速率系数的阿雷尼乌斯数据，

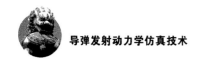

逆向反应速率系数可通过化学平衡常数 K_c 求得。

　　燃气组分的质量分数因化学反应而发生变化，与此同时原本存储在化学键当中的能量以热的形式释放到环境中，或者新的化学键在形成的过程中从周围的环境中吸收能量，因此当地流场的温度在化学反应的影响下会发生变化。化学反应中释放的能量可以通过反应前后反应物与生成物的标准焓变化进行表示，化学反应 r 单位体积反应焓生成率 $\Delta \dot{H}_r$ 的表达式为（10.15）。

$$\Delta \dot{H}_r = \sum_{i=1}^{N} R_{i,r} \overline{h}_i(T) \qquad (10.15)$$

$$\overline{h}_i(T) = h_{f,i}^{st} + h_{s,i}(T) \qquad (10.16)$$

$$S_R = - \sum_{r=1}^{M} \Delta \dot{H}_r \qquad (10.17)$$

式（10.16）中，$\overline{h}_i(T)$ 表示组分 i 在温度 T 时的标准焓，$h_{f,i}^{st}$ 是组分 i 的标准生成焓，$h_{s,i}(T)$ 是组分 i 在温度 T 时的显焓。流场中的能量变化率 S_R 是所有反应的 $\Delta \dot{H}_r$ 之和，但符号相反表达式为（10.17），量纲为 $[\mathrm{J \cdot m^{-3} \cdot s^{-1}}]$。将化学反应产生的能量以源项的形式代入式（10.15），则可实现化学反应过程与流场状态变化的耦合。

2. 推进剂燃烧模型

　　固体推进剂燃烧生成气体产物、释放能量，为流场带来质量和能量变化，因此可以将固体推进剂燃烧产物以源项的形式添加到守恒方程中。当燃烧室内的压强达到 3 MPa、推进剂燃速达到 4 mm/s 时，从推进剂燃面到稳定火焰区之间的瞬态燃烧区厚度缩小到 1×10^{-3} m，且推进剂的燃速越大，暗区的厚度越小。以 RDX – CMBD 固体推进剂为例，其点火压强即达到 3.5 MPa，且此时推进剂的燃速已达到 13 mm/s，因此瞬态燃烧区的厚度将远小于 1 mm，可以忽略不计，推进剂的燃烧过程在极短的距离内达到平衡状态，所以在贴近推进剂燃烧面的空间内划定一个区域作为燃烧产物源项的添加区域，如图 10.10 所示。

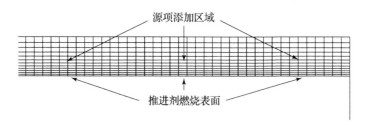

图 10.10　推进剂燃烧产物源项区域

在源项区域控制体中由推进剂燃烧产生的单位体积质量变化率 S_m 表达式为

$$S_m = \frac{\rho_P A_P r}{\Omega} \tag{10.18}$$

$$S_m = f_{sm}(C, P) \tag{10.19}$$

$$S_{m,i} = Y_i S_m \tag{10.20}$$

式中，ρ_P 为推进剂的密度；A_P 为推进剂燃面面积；r 为推进剂燃速；Ω 为控制体体积。

推进剂的密度由推进剂的组元构成决定，以参量 C 表示固体推进剂的组元构成，管状药的燃面面积在燃烧过程中基本保持不变，推进剂燃速则主要由燃烧室压强 P 决定，如式（10.19）所示，因此质量源项 S_m 可以表示为 C 与 P 的函数，如式（10.19）所示。对于燃烧产物中第 i 种组分的质量变化率 $S_{m,i}$，其表达式为式（10.20），Y_i 为燃气组分的质量分数。

固体推进剂在燃烧过程中通过化学反应将存储于组元中的化学能以热能的形式释放到流场空间中，使燃气显焓增加、燃烧室总温上升。推进剂燃烧释放的能量为推进剂总焓与燃烧产物总焓之差，因此确定了燃烧产物的平衡状态即可由热力学第一定律计算出推进剂燃烧热，其表达式为

$$S_C = S_m \left[I_P - \sum_{i=1}^{N} Y_i \left(h_{f,i}^{st} + \int_{T_{st}}^{T} c_{p,i} \mathrm{d}T \right) \right] \tag{10.21}$$

式中，S_C 是推进剂燃烧热，$h_{f,i}^{st}$ 是第 i 种组分的标准生成焓。若在燃烧过程中燃烧释放的热量完全被燃烧产物吸收、没有热量损失，则燃烧室内的温度应达到推进剂的绝热燃烧温度 T_{ad}。但是，推进剂燃烧过程中会不可避免地通过热传导与对流运动将部分能量输运到周围的流场空间中，因此燃烧热不可能完全由燃烧产物吸收。将燃烧生成物的起始温度 T 设置为标准温度 T_{st}，在燃烧产物吸热升温的过程中同时计算热传导与对流过程引起的热损失，可以得到更为准确的燃烧室温度。此外，在燃烧过程中推进剂固相区域不断从气相区域吸收热量，使固体组元的受热升华与分解可以持续进行，这部分能量应当从燃烧热源项中减去。气相反应区对推进剂固相区的热反馈 S_F 与燃面附近的温度梯度相关，其表达式为

$$S_F = k_{c,P} \left(\frac{\partial T}{\partial y} \right)_s \frac{A_P}{\Omega} \tag{10.22}$$

式中，$k_{c,P}$ 表示固体推进剂的导热系数，$(\partial T / \partial y)_s$ 表示垂直于推进剂燃面的温度梯度。最终，添加到源项区域的推进剂燃烧能量源项 S_H 的表达式为

$$S_H = S_C - S_F = S_m \left(I_P - \sum_{i=1}^{N} Y_i h_{f,i}^{st} \right) - \lambda_P \left(\frac{\partial T}{\partial y} \right)_s \frac{A_P}{\Omega} \tag{10.23}$$

在式（10.23）中质量源项 S_m 与 C、P 相关，推进剂总焓 I_P 主要由固体推进剂的组元构成决定如式（10.23）所示，而由式（10.23）可知燃烧产物的平衡状态由推进剂的元素构成、燃烧室温度与压强共同决定，固相区的热反馈则由燃面处的温度梯度决定。将燃烧产物的平衡状态以参量 Y 表示则有

$$Y = f_y(C, T, P) \tag{10.24}$$

$$S_H = f_{sh}(C, Y, T, P) \tag{10.25}$$

以函数 $f_{sh}(C, Y, T, P)$ 表示推进剂燃烧能量源项 S_H 与组元构成、燃烧产物状态、燃烧室温度与压强之间的关系则有式（10.25）。将式（10.24）代入（10.25）则可得式（10.26），表明能量源项 S_H 受推进剂组元构成、燃烧室温度与压强的共同作用。燃烧产物的组分构成影响燃气的比热容、热传导系数、扩散系数等物性参数，从而影响燃烧室温度的变化，能量源项 S_H 决定了燃气能够吸收的热量大小，因此燃烧室温度 T 与 Y 以及 S_H 均相关如式（10.27）所示。

$$S_H = f_{sh}(C, T, P) \tag{10.26}$$

$$T = t(Y, S_H) \tag{10.27}$$

式（10.25）~ 式（10.27）中燃烧能量源项 S_H、燃烧产物平衡状态 Y 以及燃烧室温度 T 与压强 P 相互耦合，引入理想气体状态方程可以使方程闭合，因为燃烧室中既有扩散运动又有对流运动，还有燃气组分间化学反应的影响，所以这些参量间耦合程度十分紧密，无法解耦单独求解。推进剂燃烧源项会引起燃烧室内的流场变化，温度和压强的改变又引起推进剂燃烧产物平衡状态的变动，但是在每一时刻流场有确定的状态，在时间步长足够小的前提下通过迭代求解与修正能够使数值解收敛于当前时刻的流场状态，源项与流场耦合计算的流程如图 10.11 所示。

设 1 kg 固体推进剂的假定化学式为 $C_{N_c}H_{N_H}O_{N_O}N_{N_N}$ 摩尔质量为 1 000 g/mol，燃烧反应平衡时组分数量为 N，第 i 种组分的摩尔数为 n_i，在此种组分中第 j 种元素的摩尔原子数为 A_{ij}，则根据质量守恒定律可得

$$N_j = \sum_{i=1}^{N} A_{ij} n_i \quad (j = 1, 2, \cdots, M) \tag{10.28}$$

式中，M 为推进剂中含有的元素种类总数。设燃烧产物中第 i 种组分的摩尔吉布斯自由能为 $G_{m,i}$，则在反应达到平衡时 N 种组分的吉布斯自由能表达式为

$$G = \sum_{i=1}^{N} G_{m,i} n_i \tag{10.29}$$

将（10.29）代入（10.28）中可得（10.30）。

$$G = \sum_{i=1}^{N} (G_{m,i}^! + R_u T \ln p_i) n_i \tag{10.30}$$

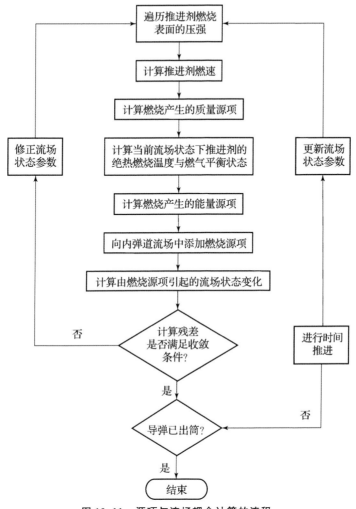

图 10.11 源项与流场耦合计算的流程

式中，p_i 为第 i 种组分的分压，其量纲为 atm，根据理想气体状态方程有

$$p_i = \frac{n_i}{n_g} p \tag{10.31}$$

式中，n_g 为所有气体产物的摩尔数总和，有 $n_g = \sum n_i$，代入式（10.2）中可得

$$\frac{G}{R_u T} = \sum_{i=1}^{N} \left(\frac{G_{m,i}^!}{R_u T} + \ln n_i + \ln p - \ln n_g \right) n_i \tag{10.32}$$

引入函数 Φ 并令

$$\Phi = \frac{G}{R_u T} \tag{10.33}$$

当反应达到平衡状态时，产物组分的吉布斯自由能之和达到最小值，所以求平衡时各组分的摩尔数就等价于求解目标函数 Φ 最小值的最优化问题，约束条件为式（10.33）。使用拉格朗日乘子法构建新的目标函数 F，将有条件极值问题转化为无条件极值问题则可得

$$F = \Phi + \sum_{j=1}^{M} \lambda_j \left(N_j - \sum_{i=1}^{N} A_{ij} n_i \right) \tag{10.34}$$

当目标函数 F 达到最小值时，应满足以下条件：

$$\begin{cases} \dfrac{\partial \boldsymbol{F}}{\partial n_i} = 0 & (i = 1,2,3,\cdots N) \\[2mm] \dfrac{\partial \boldsymbol{F}}{\partial \lambda_j} = 0 & (j = 1,2,3,\cdots M) \end{cases} \tag{10.35}$$

将式（10.33）与式（10.34）代入式（10.35），展开之后可得

$$\begin{cases} \dfrac{G_{m,i}^!}{R_u T} + \ln n_i + \ln p - \ln n_g - \sum_{j=1}^{M} \lambda_j A_{ji} = 0 & (i = 1,2,3,\cdots N) \\[3mm] N_j - \sum_{i=1}^{N} A_{ij} n_i = 0 & (j = 1,2,3,\cdots M) \end{cases}$$

$$\tag{10.36}$$

式（10.36）即为燃烧产物的组分平衡方程，通过求解该方程可得在不同压强和温度下的推进剂表面燃烧产物的组分构成。

推进剂燃烧产物的组分平衡方程（10.36）中含有待求解量的对数项，因此属于非线性方程，需要通过数值方法求解。传统的解法是对数项进行泰勒级数展开，进行线性化近似处理后通过牛顿迭代法或最速梯度下降法进行求解。使用这种方法可以使求解方程得到简化，但是通过泰勒级数展开取前两项近似，将要丢失一定的精度。并且这两种数值方法对求解初始值都具有一定的敏感性，若初值设置不当则有可能造成求解发散。本书使用基于拓扑学同伦（homotopy）原理的数值解法，在不改变方程组形式的情况下可以直接求解，并且同伦解法求解过程对初值不敏感，从定义域的任意初始值开始，通过迭代最终都可以求得收敛解，是一种稳定快速的求解方法。

在拓扑学中从一个拓扑空间投影到另一个拓扑空间的两个连续函数，若其中一个函数可以经过连续的变换成为另一个函数，那么这两个函数被称为是同伦的，中间的变形过程被称为两函数之间的同伦。设 $\boldsymbol{x}$ 为包含所有燃烧产物组分物质的量 n_i 以及拉格朗日乘子 λ_j 的向量，$\boldsymbol{FF}(\boldsymbol{x})$ 为包含所有组分平衡方程的向量函数，则式（10.36）可以表述为

$$
\boldsymbol{x} = \begin{bmatrix} x_1 \\ \vdots \\ x_N \\ x_{N+1} \\ \vdots \\ x_{N+M} \end{bmatrix} = \begin{bmatrix} n_1 \\ \vdots \\ n_N \\ \lambda_1 \\ \vdots \\ \lambda_M \end{bmatrix}
$$

$$
\boldsymbol{FF}(\boldsymbol{x}) = \begin{bmatrix} f_1(\boldsymbol{x}) \\ \vdots \\ f_N(\boldsymbol{x}) \\ f_{N+1}(\boldsymbol{x}) \\ \vdots \\ f_{N+M}(\boldsymbol{x}) \end{bmatrix} = \begin{bmatrix} \dfrac{G^!_{m,1}}{R_u T} + \ln x_1 + \ln \dfrac{p}{n_g} - \sum_{j=1}^{M} x_{N+j} A_{ji} \\ \vdots \\ \dfrac{G^!_{m,N}}{R_u T} + \ln x_N + \ln \dfrac{p}{n_g} - \sum_{j=1}^{M} x_{N+j} A_{ji} \\ N_1 - \sum_{i=1}^{N} A_{i1} x_i \\ \vdots \\ N_M - \sum_{i=1}^{N} A_{iM} x_i \end{bmatrix} \tag{10.37}
$$

向量 $\boldsymbol{x}$ 属于空间 $\boldsymbol{X}$，此空间是 $N+M$ 维实数空间 $\mathbb{R}^{N+M}$ 的子集，在空间 $\boldsymbol{X}$ 中应满足条件式（10.37），向量 $\boldsymbol{FF}(\boldsymbol{x})$ 属于实数空间 $\mathbb{R}^{N+M}$。引入参数 λ 建立从空间 $\boldsymbol{X}$ 映射到空间 $\mathbb{R}^{N+M}$ 中的参数函数 $\boldsymbol{G}(\lambda, \boldsymbol{x})$，则有

$$
\{ x_1, x_2, \cdots, x_{N+M} \mid x_i > 0, i \leqslant N; x_i \in \mathbb{R}, i > N \} \tag{10.38}
$$

$$
\begin{cases} \boldsymbol{G}: [0,1] \times \boldsymbol{X} \to \mathbb{R}^{N+M} \\ \boldsymbol{G}(\lambda, \boldsymbol{x}) = \lambda \boldsymbol{FF}(\boldsymbol{x}) + (1-\lambda)[\boldsymbol{FF}(\boldsymbol{x}) - \boldsymbol{FF}(\boldsymbol{x}(0))] \end{cases} \tag{10.39}
$$

式中，$\boldsymbol{x}(0)$ 表示初始值，当 $\lambda = 0$ 时有 $\boldsymbol{G}(0, \boldsymbol{x}) = \boldsymbol{FF}(\boldsymbol{x}) - \boldsymbol{FF}(\boldsymbol{x}(0))$，当 $\lambda = 1$ 时有 $\boldsymbol{G}(1, \boldsymbol{x}) = \boldsymbol{FF}(\boldsymbol{x})$，通过参数 λ 的连续变化函数 $\boldsymbol{G}$ 就可以从函数 $\boldsymbol{FF}(\boldsymbol{x}) - \boldsymbol{FF}(\boldsymbol{x}(0))$ 变换为函数 $\boldsymbol{FF}(\boldsymbol{x})$，因此函数 $\boldsymbol{G}$ 是函数 $\boldsymbol{FF}(\boldsymbol{x}) - \boldsymbol{FF}(\boldsymbol{x}(0))$ 与函数 $\boldsymbol{FF}(\boldsymbol{x})$ 之间的同伦。令 $\boldsymbol{G}(\lambda, \boldsymbol{x}) = 0$ 则 $\boldsymbol{x}$ 是 λ 取 $[0,1]$ 区间任意值时 $\boldsymbol{G} = 0$ 的解，对于待求解的组分平衡方程，因为当吉布斯自由能达到最小值时系统的平衡状态有且仅有一种情况，所以对于任意 λ 值时 $\boldsymbol{G} = 0$ 的解都是唯一的。因此可以看出解 $\boldsymbol{x}$ 与 λ 的取值有关，可以将 $\boldsymbol{x}$ 表示为 λ 的函数 $\boldsymbol{x}(\lambda)$，当 $\lambda = 0$ 时 $\boldsymbol{x} = \boldsymbol{x}(0)$ 是初始值，当 $\lambda = 1$ 时 $\boldsymbol{x} = \boldsymbol{x}(1)$，$\boldsymbol{x}(1)$ 是函数 $\boldsymbol{FF}(\boldsymbol{x}) = 0$ 的解即是待求解值。构成函数 $\boldsymbol{FF}(\boldsymbol{x})$ 的子函数 $f_i(\boldsymbol{x})$ 在空间 $\boldsymbol{X}$ 内都是连续且可微的，因此函数 $\boldsymbol{FF}(\boldsymbol{x})$ 以及由此构成的函数 $\boldsymbol{G}(\lambda, \boldsymbol{x})$ 也是连续且可微的。对函数 $\boldsymbol{G}(\lambda, \boldsymbol{x}) = 0$ 取 λ 的导数，则可得式（10.40）。

$$\frac{\partial \boldsymbol{G}(\lambda, \boldsymbol{x}(\lambda))}{\partial \lambda} + \frac{\partial \boldsymbol{G}(\lambda, \boldsymbol{x}(\lambda))}{\partial \boldsymbol{x}} \boldsymbol{x}'(\lambda) = 0 \qquad (10.40)$$

式中，$\boldsymbol{x}'(\lambda)$ 是函数 $\boldsymbol{x}(\lambda)$ 关于 λ 的导数，将 $\boldsymbol{x}(\lambda)$ 看作在空间 $[0,1] \times \boldsymbol{X}$ 内的曲线，因为函数 $\boldsymbol{FF}(\boldsymbol{x}) - \boldsymbol{FF}(\boldsymbol{x}(0))$ 到函数 $\boldsymbol{FF}(\boldsymbol{x})$ 的变换是连续的，所以曲线 $\boldsymbol{x}(\lambda)$ 是连续且光滑的，对参数 λ 可微。对式（10.40）进行变化可得式（10.41）。

$$\boldsymbol{x}'(\lambda) = - \left[\frac{\partial \boldsymbol{G}(\lambda, \boldsymbol{x}(\lambda))}{\partial \boldsymbol{x}} \right]^{-1} \frac{\partial \boldsymbol{G}(\lambda, \boldsymbol{x}(\lambda))}{\partial \lambda} \qquad (10.41)$$

根据式（10.39）对于 $\boldsymbol{G}(\lambda, \boldsymbol{x})$ 的定义，以及向量微分对 Jacobian 的定义，可得函数 $\boldsymbol{G}(\lambda, \boldsymbol{x})$ 对 λ 的偏微分为

$$\frac{\partial \boldsymbol{G}(\lambda, \boldsymbol{x}(\lambda))}{\partial \boldsymbol{x}} = \begin{bmatrix} \dfrac{\partial f_1}{\partial x_1}(\boldsymbol{x}(\lambda)) & \dfrac{\partial f_1}{\partial x_2}(\boldsymbol{x}(\lambda)) & \cdots & \dfrac{\partial f_1}{\partial x_{N+M}}(\boldsymbol{x}(\lambda)) \\ \dfrac{\partial f_2}{\partial x_1}(\boldsymbol{x}(\lambda)) & \dfrac{\partial f_2}{\partial x_2}(\boldsymbol{x}(\lambda)) & \cdots & \dfrac{\partial f_2}{\partial x_{N+M}}(\boldsymbol{x}(\lambda)) \\ \vdots & \vdots & \ddots & \vdots \\ \dfrac{\partial f_{N+M}}{\partial x_1}(\boldsymbol{x}(\lambda)) & \dfrac{\partial f_{N+M}}{\partial x_2}(\boldsymbol{x}(\lambda)) & \cdots & \dfrac{\partial f_{N+M}}{\partial x_{N+M}}(\boldsymbol{x}(\lambda)) \end{bmatrix} = \boldsymbol{J}(\boldsymbol{x}(\lambda))$$

$$(10.42)$$

$$\frac{\partial \boldsymbol{G}(\lambda, \boldsymbol{x}(\lambda))}{\partial \lambda} = \boldsymbol{FF}(\boldsymbol{x}(0)) \qquad (10.43)$$

将式（10.42）与式（10.43）代入式（10.44）。则可得

$$\boldsymbol{x}'(\lambda) = -\left[\boldsymbol{J}(\boldsymbol{x}(\lambda)) \right]^{-1} \boldsymbol{FF}(\boldsymbol{x}(0)) \qquad (10.44)$$

至此对非线性方程组的求解通过拓扑同伦理论变换为对常微分方程初值问题的求解。本书选用四阶 Runge – Kutta 方法进行迭代推进求解，由于向量 $\boldsymbol{x}$ 中的元素较多，在每一步中使用 Gauss – Siedel 迭代求解代数方程，整体解算流程如图 10.12 所示。

10.2.3 弹射作用力计算与动网格更新方法

以底推式燃气弹射为例，弹射过程中弹托受到的推力由两部分组成，分别是燃气的反冲作用力和环境压强的合力。

弹托移动的受力关系如下：

$$F = P_2 * S - G - f - P_a * S = ma \qquad (10.45)$$

其中，F 为弹托所受合力，P_2 为低压室平均压力，S 为导弹横截面积，f 为导弹和弹托与适配器的摩擦力，P_a 为大气压力，m 为导弹和弹托的质量，a 为导弹和弹托的加速度。实际计算时，由流场中取出弹托外表面各个单元格的静

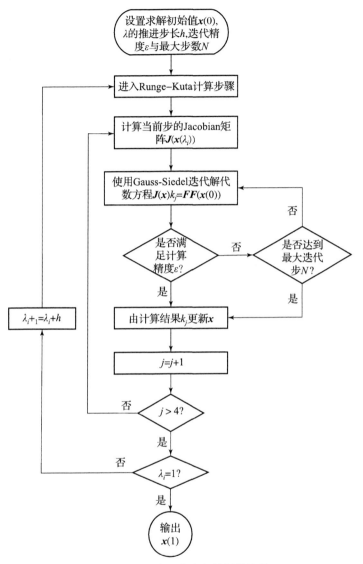

图 10.12 组分平衡方程的解算流程

压，并沿着这个弹托表面积分，代入式（10.45），就得到每个时间步上导弹和弹托所受的合外力，进而得到导弹和弹托的加速度，再以此加速度在每个时间步中更新网格。

　　在棱形网格（六面体网格或楔形网格）区域，可以使用动态分层法在运动边界相邻处根据运动规律动态增加或减少网格层数，以此来更新变形区域的网格。增加网格或减少网格依据的标准是运动边界相邻网格的高度。整个过程如图 10.13 所示，根据与运动边界相邻的第 j 层网格的高度（h）可以决定是将该层网格分割还是将其与第 i 层合并。

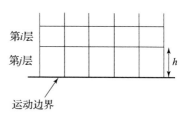

图 10.13　动态分层法

根据前面描述的判读依据，要求为运动边界相邻网格层（第 j 层）定义一个理想高度值 h_{ideal}，当第 j 层网格处于拉伸状态时，网格的高度可以允许增加直到满足

$$h_{\min} > (1 + \alpha_s) h_{\text{ideal}} \qquad (10.46)$$

式中，$h_{\min}$ 表示第 j 层网格的最小高度值，h_{ideal} 表示理想网格高度，α_s 表示网格切割因子。当满足上式时，第 j 层网格即会被分割，分割形式有两种：定高度分割和定比例分割。

在定高度情况下，第 j 层网格会被分割成两部分，其中一部分网格高度为 h_{ideal}，另一部分网格高度为 $h - h_{\text{ideal}}$。在定比例情况下，新生成的两层网格之间的高度比例始终保持为 α_s，图 10.14 和图 10.15 分别为定高度分割和定比例分割。

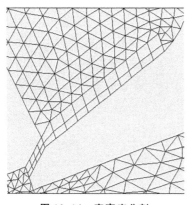

图 10.14　定高度分割

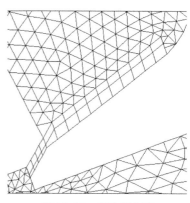

图 10.15　定比例分割

当第 j 层网格处于压缩状态时，它的高度可以被压缩直到

$$h_{\min} < \alpha_c h_{\text{ideal}} \qquad (10.47)$$

式中，α_c 表示网格的消亡因子，当满足上式时，被压缩的网格层会与相邻的网格层合并，即第 j 层网格与第 i 层网格合并。

从前面的介绍可以看出，动态分层法在生成网格方面具有快速的优势，但它的应用也受到了一些限制。它要求运动边界附近的网格为六面体或楔形。这对于复杂外形的流场区域是不适合的。

|10.3　弹射内弹道流场中的多相流仿真方法|

10.3.1　燃气与水蒸气两相流场仿真方法

1. 燃气 – 蒸汽两相流场基本特征

燃气 – 蒸汽式弹射发射过程中，发射筒内温度适中，压强及加速度变化平稳、加速快，能量输出可调，各内弹道参数均比较理想。燃气 – 蒸汽式弹射适用于多种姿态、多种基点发射的各种类型的导弹，尤其是对潜载导弹具有很大的优势和良好的发展前景，目前被广泛地应用于战略导弹中，如美国的"北极星 A – 3""海神""三叉戟 – Ⅰ""三叉戟 – Ⅱ""MX"等，除"MX"采用陆基机动发射外，其余几种均为潜射导弹。

根据燃气与冷却水的混合形式，燃气 – 蒸汽式弹射器又可分为连续注水式、集中注水式和集中连续注水式三种。连续注水式注水均匀，冷却效果好，目前潜艇发射的固体战略导弹系统都有采用该形式弹射器的型号（图 10.16）。集中注水式的优点是结构简单，但是燃气冷却不如前者均匀，冷却效果较差，但是一般也能满足设计要求（图 10.17）。目前，场坪机动发射的战略导弹弹射器的最新形式为集中连续注水式，它集中了前两种形式的优点，结构不复杂而冷却效果好。

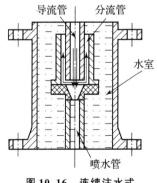

图 10.16　连续注水式

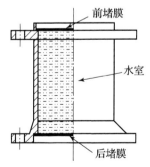

图 10.17　集中注水式

采用燃气 – 蒸汽式弹射器发射导弹过程中，燃气发生器点火工作，燃气由喷管喷出，冲进水室，推动水向外运动，同时水室底部的水在高温燃气的作用下开始汽化，使燃气的温度降低；燃气将水推出以后，燃气和水蒸气的混合气体及部分未汽化的水进入弹射筒，推动导弹运动，同时弹射筒内的水在高温燃气的作用下继续汽化。如果是集中连续注水弹射装置则水室内的水被推出后，水室内的水由于压差继续向外喷出，这部分水进入发射装置后在高温气体的作用下，继续汽化，降低发射装置内的温度。

燃气发生器点火产生的燃气射流温度可达 2 000 多 K，所以燃气发生器的设计如果不能使冷却水充分汽化，达到降低发射筒内气体温度的目的，发射筒内的高温气体将直接冲击烧蚀导弹尾罩和发射装置，可能对尾罩及发射装置造成损坏，诱发事故。故而，深入研究燃气 – 蒸汽式弹射器及发射筒内导弹发射过程中的燃气射流、气液两相流的流动规律及冷却水的汽化规律，对于指导燃气 – 蒸汽式弹射装置的设计以及对设计方案进行理论验证具有重要意义。

2. 相间转移模型

根据水的饱和温度计算水的汽化率，对计算域中各个网格内的气相和液相流体分别求解。当混合相温度大于水的饱和温度，水吸收能量汽化为水蒸气；当混合相温度小于水的饱和温度时，水蒸气释放能量凝结为液态水。

液态水汽化公式：

$$\dot{m}_l = \begin{cases} \lambda_l \alpha_l \rho_l \, |T_l - T_{sat}| / T_{sat}, & T_l \geq T_{sat} \\ 0, & T_l < T_{sat} \end{cases} \tag{10.48}$$

水蒸气凝结公式：

$$\dot{m}_v = \begin{cases} 0, & T_v \geq T_{sat} \\ \lambda_v \alpha_v \rho_v \, |T_v - T_{sat}| / T_{sat}, & T_v < T_{sat} \end{cases} \tag{10.49}$$

式中，ρ_l、ρ_v 为液相的汽化率和气相的凝结率；λ 为时间松弛因子；α_l、α_v 为液相和气相的体积分数；T_{sat} 为液态水的饱和温度；根据当地压力查饱和水与饱和蒸汽表得到（表 10.2）；T_l、T_v 为液相和气相的温度。

某一单元格内液态水的净汽化率为

$$\dot{m} = \dot{m}_l - \dot{m}_v \tag{10.50}$$

水汽化造成的能量变化为

$$S_h = -Q_{lat} \dot{m} \tag{10.51}$$

式中，S_h 为水汽化吸收的能量或水蒸气凝结释放的能量，当 $\dot{m}$ 为正，表示当前单元格内总体表现为液态水汽化吸热，流场能量降低，S_h 为负，反之亦同；Q_{lat} 为水的汽化潜热，根据当地压力查饱和水与和饱和蒸汽表得到（表 10.2）。

表 10.2　饱和水与饱和蒸汽表（按压力排列）

压力/MPa	饱和温度/K	汽化潜热/(kJ·kg⁻¹)	压力/MPa	饱和温度/K	汽化潜热/(kJ·kg⁻¹)	压力/MPa	饱和温度/K	汽化潜热/(kJ·kg⁻¹)
0.001	279.982	2 484.5	0.18	389.93	2 211.4	2.4	494.78	1 848.5
0.002	290.511	2 459.8	0.20	393.23	2 202.2	2.6	499.03	1 829.5
0.003	297.981	2 444.2	0.25	400.43	2 181.8	2.8	503.04	1 811.2
0.004	301.981	2 432.7	0.30	406.54	2 164.1	3.0	506.84	1 793.5
0.005	305.900	2 423.4	0.35	411.88	2 148.2	3.5	515.54	1 751.5
0.006	309.180	2 415.6	0.40	416.62	2 133.8	4.0	523.33	1 711.9
0.007	312.020	2 408.8	0.45	420.92	2 120.6	5.0	536.33	1 638.2
0.008	314.53	2 402.8	0.5	424.85	2 108.4	6	548.56	1 569.4
0.009	316.79	2 397.5	0.6	431.84	2 086.0	7	558.80	1 503.7
0.010	318.83	2 392.6	0.7	437.96	2 065.8	8	567.98	1 440.0
0.015	327.00	2 372.9	0.8	443.42	2 047.5	9	576.31	1 377.6
0.020	333.09	2 358.1	0.9	448.36	2 030.4	10	583.96	1 315.8
0.025	337.99	2 346.1	1.0	452.88	2 014.4	11	591.04	1 254.2
0.030	342.12	2 336.0	1.1	457.06	1 999.3	12	597.64	1 192.2
0.040	348.89	2 319.2	1.2	460.96	1 985.0	13	603.81	1 129.4
0.050	354.35	2 305.4	1.3	464.60	1 971.3	14	609.63	1 065.5
0.060	358.95	2 293.7	1.4	468.04	1 958.3	15	615.12	990.4
0.070	362.96	2 283.4	1.5	471.28	1 945.7	16	620.32	931.2
0.080	366.51	2 274.3	1.6	474.37	1 933.6	17	625.26	859.2
0.090	369.71	2 265.9	1.7	477.30	1 922.0	18	629.96	781.0
0.100	372.63	2 258.2	1.8	480.10	1 910.5	19	634.44	691.9
0.120	377.81	2 244.4	1.9	482.79	1 899.6	20	638.71	585.0
0.140	382.32	2 232.4	2.0	485.37	1 888.8	21	642.79	448.0
0.160	386.32	2 221.4	2.2	490.24	1 868.2	22	646.68	184.8

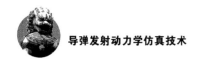
10.3.2 掺铝固体推进剂气–固两相流场仿真方法

1. 氧化铝粒子伴随运动仿真方法

熔融的 Al_2O_3（氧化铝）液滴在推进剂表面凝聚，形成更大尺寸的液滴，然后跟随燃气离开燃面，如图 10.18 所示。Al_2O_3 液滴在自弹射内弹道流场的运动过程中，受到 Rayleigh – Taylor 不稳定性的影响将会发生破裂。破裂发生的时间以及破裂后新粒子的直径，可通过式（10.50）与式（10.51）进行计算，而且 Al_2O_3 液滴的表面张力 σ 对计算结果有重要影响。熔融 Al_2O_3 液滴的表面张力 σ 受温度影响，其表达式为式（10.52），量纲为 $[J \cdot m^{-2}]$。

$$\sigma(T) = 0.65 \times [1 - 6 \times 10^{-5} \times (T - 2\,500)] \tag{10.52}$$

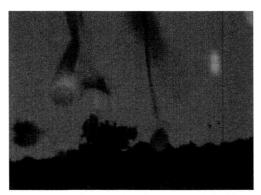

图 10.18 熔融 Al_2O_3 液滴离开燃面时的高速摄影

将推进剂燃面作为 DPM 模型中氧化铝粒子的注入面，以熔融 Al_2O_3 液滴结块的统计平均尺寸设定粒子的直径 d_p，数值为 150 μm。设氧化铝粒子的质量流率为 $\dot{m}_p$，则可得式（10.53）。

$$\dot{m}_{par} = Y_{Al_2O_3} \dot{m}'_c \tag{10.53}$$

式中，$\dot{m}'_c$ 表示含铝推进剂的燃烧质量流率；$Y_{Al_2O_3}$ 表示氧化铝在推进剂燃烧产物中占据的质量分数，由最小吉布斯自由能法计算得到，数值为 0.282。

设在 Δt 时间内通过推进剂燃面进入流场的熔融 Al_2O_3 液滴数量为 n_p，则可得式（10.54）。

$$n_p = \frac{6\Delta t \cdot \dot{m}_{par}}{\pi \rho_{par} d_{par}^3} \tag{10.54}$$

式中，熔融 Al_2O_3 液滴的密度为 2 731 kg/m³。

熔融 Al_2O_3 液滴刚刚进入流场时速度较低，分布在推进剂燃面附近如图 10.23（a）所示。燃烧室总压为 3.5 MPa 时，$\dot{m}'_c$ 为 1.328 kg/s，按照式

（10.53）与式（10.54）计算可得 0.02 ms 时间内进入流场的粒子数量就达到了 24 246 个。为便于显示，只对个别粒子进行追踪，因此图 10.19 中显示的粒子数较少，而实际粒子数量是巨大的。燃烧室内部环境与外部环境存在巨大压差，驱使燃气发生轴向流动。受此影响，燃气的流动速度上升 u_f，由式（10.53）可知 Al_2O_3 液滴受到的黏性力与冲击力上升，液滴沿轴向加速，如图 10.19（b）、（c）、（d）所示。

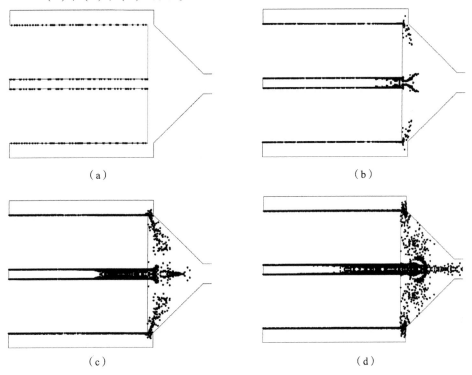

图 10.19　熔融 Al_2O_3 液滴的初始运动

（a）$t = 0.02$ ms；（b）$t = 0.08$ ms；（c）$t = 0.14$ ms；（d）$t = 0.20$ ms

可以看出，0.08 ms 之后在推进剂内孔空间中，距离燃烧室底面越远的地方，熔融 Al_2O_3 液滴的粒子密度越大；沿燃烧室轴线方向，距离燃面越远，总压越低、燃速越小，若按照式（10.54）计算，则生成的氧化铝液滴数量应是越少。但是，实际计算结果是距离越远的地方，粒子数量越多，这正是熔融 Al_2O_3 液滴在运动过程中发生破裂导致的。距离燃烧室底面越远的地方，燃气的流速越大。而燃气的黏性作用力与冲击作用力是推动氧化铝液滴的主要动力，两者都随燃气流速的上升而增大，因此氧化铝液滴的速度分布与燃气的速度分布类似，如图 10.20（a）所示，图中色条表示速度大小，单位为 m/s。

虽然，氧化铝液滴在燃气的推动下速度逐渐增大，但是相对于燃气的膨胀加速，粒子的速度仍然较慢，u_f 与 u_f 之间仍有较大差距。根据韦伯数 We 的定义式（10.55）可知，熔融 Al_2O_3 液滴与燃气间的速度差距越大，则 We 越大，熔融 Al_2O_3 液滴的韦伯数分布云图如图 10.20（b）所示。韦伯数越大意味着液滴本身的惯性力相对于表面曲率力的比值越大，因此在高韦伯数情况下，燃气与熔融 Al_2O_3 液滴的接触面上微弱扰动产生的影响更大，液滴更容易破裂。

$$We = \frac{\rho_{par}(u_{par} - u_f)^2 d_{par}}{2\sigma} \tag{10.55}$$

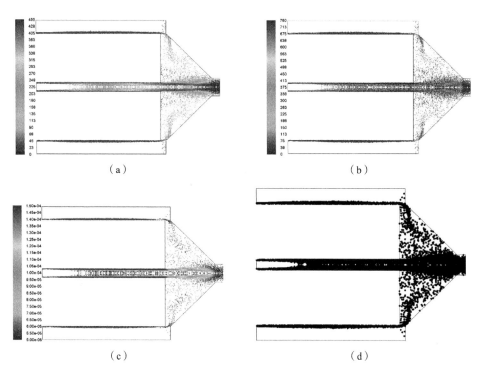

图 10.20　$t = 0.4$ ms 时燃烧室内熔融 Al_2O_3 液滴的运动与破裂情况（书后附彩插）
（a）粒子速度云图；（b）粒子韦伯数云图；
（c）粒子直径云图；（d）粒子分布图

由式（10.53）与式（10.54）可知液滴破裂时间、新液滴直径受加速度 a_{par} 影响，加速度 a_{par} 越大，液滴破裂时间越短，新液滴直径越小。燃气沿发动机轴线不断膨胀加速，与熔融 Al_2O_3 液滴的相对速度逐渐增大，因此沿轴线方向新生成的液滴直径不断减小，如图 10.20（c）所示，图中色条表示粒子直径，单位为 m。由推进剂外圆柱燃面生成的氧化铝液滴，在进入喷管收缩段时直接与喷管壁面碰撞，发生飞溅破裂为细小的液滴，因此碰撞区域之后粒子直径也很小。Rayleigh – Taylor 不稳定性破裂导致氧化铝液滴的数量大量增长，若按式（10.54）计算，则 0.4 ms 时流场中的粒子数量应为 110 069，而实际的粒子数量达到了 3×10^6 量级。因此，在破裂发生区域粒子密度大幅上升，如图 10.20（d）所示。

燃气驻激波在低压室压强的作用下被推入喷管扩张段以内，燃气经过激波之后速度陡然降低。而熔融 Al_2O_3 液滴的密度远大于燃气密度，在惯性作用下经过激波之后速度也不会陡然降低，因此经过射流驻激波之后，氧化铝液滴的速度将大于燃气速度，如图 10.21（a）所示。由此导致激波之后氧化铝液滴的韦伯数再次上升，如图 10.21（b）所示。氧化铝液滴再次发生破裂形成更为细微的小液滴，如图 10.21（c）所示。在经过扩张段激波之前氧化铝液滴被不断加速，粒子之间的距离逐渐增大，分布变得稀疏，经过激波之后液滴破裂，粒子数量上升，同时速度逐渐下降，粒子分布再次变得密集，如图 10.21（d）所示。

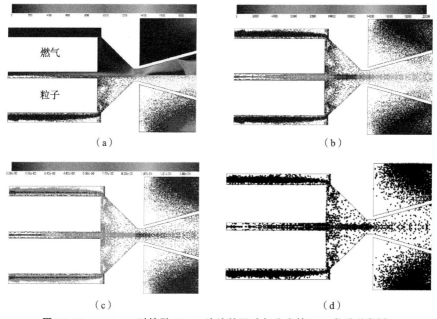

图 10.21 $t = 2$ ms 时熔融 Al_2O_3 液滴的运动与分布情况（书后附彩插）

（a）燃气与粒子速度云图对比；（b）粒子韦伯数云图；
（c）粒子直径云图；（d）粒子分布图

含铝推进剂不断燃烧，新的熔融 Al_2O_3 液滴不断进入流场，在发动机内经历以上的运动与破裂过程，最终化为小尺寸颗粒进入低压室。在此过程中燃烧室内的总压是不断上升的，燃气与氧化铝粒子的流动不断发生变化，直至37.8 ms 燃烧室总压达到稳定值，燃烧室内的流场也达到平衡状态。但是，低压室内的环境压强在发射过程中仍是不断变化的，喷管驻激波的位置也随之变化。选取喷管出口截面，对经过截面的氧化铝液滴进行统计，则可得不同时刻氧化铝粒子的直径分布与速度分布，如图 10.22 所示。

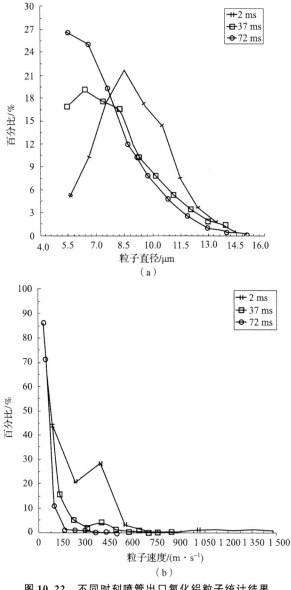

图 10.22 不同时刻喷管出口氧化铝粒子统计结果

(a) 粒子直径；(b) 粒子速度

可以看出，熔融 Al_2O_3 液滴经过发动机内的破裂过程之后，粒子直径从离开推进剂燃面时的 150 μm 减小到 4 ~ 16 μm，并且在不同时期粒子直径的分布也不同。在内弹道流场初期，熔融 Al_2O_3 液滴离开喷管出口时粒子直径主要分布在 10 μm 左右，而在内弹道流场中后期，粒子直径减小主要分布在 8.5 μm 以下。原因是喷管扩张段的驻激波在内弹道流场的中后期位置更靠近喷管喉部，熔融 Al_2O_3 液滴经过激波之后与燃气之间的相对速度更大，破裂时间 τ_{RT} 更短，新生成的液滴尺寸 r_c 更小。熔融 Al_2O_3 液滴离开喷管出口时的速度分布范围很大，从 100 m/s 到 1 500 m/s 不等，但是高速粒子所占的比例很小。初期的粒子速度较大，主要分布在 550 m/s 以下。到流场中后期，低压室压强上升驻激波内移，Al_2O_3 液滴的尺寸减小，惯性作用削弱，因此出喷管时粒子速度下降，主要分布在 100 m/s。

2. 铝粒子颗粒对壁面侵蚀效应仿真方法

高速运动的 Al_2O_3 粒子撞击到发动机、导弹或发射筒表面时，撞击动能会导致表面材料的破裂，单个粒子造成的破坏非常微小，但是大量粒子的撞击就会产生明显的侵蚀效应。粒子对壁面的侵蚀率受到粒子本身的质量、撞击速度、撞击时的角度以及壁面材料强度等因素的影响，由单个 Al_2O_3 粒子造成的侵蚀率 Q_e 可表示为

$$Q_e = \frac{C(d_{par})m_{par}v_{par}^2}{4\sigma_s}f(\alpha)$$

$$f(\alpha) = \begin{cases} \sin2\alpha - 3\sin^2\alpha & 0 \leqslant \alpha \leqslant 18.5° \\ \dfrac{1}{3}\cos^2\alpha & \alpha > 18.5° \end{cases}$$

式中，$C(d_{par})$ 是与粒子直径相关的函数，此处取为常数 0.5；m_{par} 是撞击粒子的质量；v_{par} 是粒子的撞击速度；$f(\alpha)$ 是与粒子撞击角度 α 相关的函数，其表达式如上所示；σ_s 是壁面材料的屈服强度；Q_e 的量纲是 [m³]。设在 Δt 时间内撞击到面积为 A_{face} 的壁面单元上的粒子数量为 N_c，则此单元的侵蚀率 R_e 可表达为

$$R_e = \sum_{i=1}^{N_c} \frac{\rho_{face}Q_{ei}}{\Delta t A_{face}}$$

$$R_a = \sum_{i=1}^{N_c} \frac{m_{par,i}}{\Delta t A_{face}}$$

式中，ρ_{face} 是壁面材料的密度，R_e 的量纲为 $[kg \cdot m^{-2} \cdot s^{-1}]$，$Q_{ei}$ 是第 i 个粒子造成的侵蚀率。Al_2O_3 粒子撞击到壁面造成壁面材料剥落的同时，粒子本身将

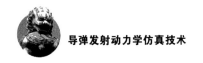

黏附在壁面上产生沉积效应，因此沉积效应只与撞击粒子的质量相关，沉积率 R_a 的表达式如上所示。

10.4　典型弹射内弹道流场仿真案例

10.4.1　典型底推式燃气蒸汽弹射

1. 计算模型

图 10.23 所示为某型集中注水式燃气 – 蒸汽式弹射装置的计算域示意图，与 10.2 节燃气式弹射相比，主要增加了水室和雾化器两个部分。水室用于盛放冷却水，雾化器则安装于水室和低压室之间。点火前，流场中除了预加的冷却水外，还有空气，发射箱的充气压力为一个大气压。当高压室破膜后，燃气通过拉瓦尔喷管的加速作用进入水室，冷却水产生剧烈的汽化效应使燃气降温，燃气、水蒸气、液态水与空气的混合相工质通过雾化器进入低压室，尚未汽化的冷却水则分布于低压室中继续发挥降温作用。

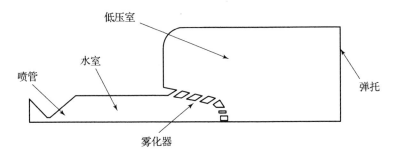

图 10.23　某型集中注水式燃气 – 蒸汽式弹射装置的计算域示意图

图 10.24 所示为边界条件示意图。喷管入口处为压力入口 （pressure inlet） 边界，需要给定入口的总温、总压，其中总温为 3 000 K，总压由发动机空放试验得到，如图 10.24（b）所示；计算域下边界为轴对称边界；其余外边界为壁面边界，物面边界采用无滑移绝热壁面边界条件，近壁面湍流计算采用标准壁面函数模型；其中弹托壁面为运动边界，计算时需要积分此面上的混合相工质静压，从而得到导弹某一时刻的运动加速度，并结合动网格技术实现计算域的变形。由于弹托壁面附近的网格非常规整，故使用动态分层法生成新网

格，弹托受力方程同 10. 2. 3 小节。

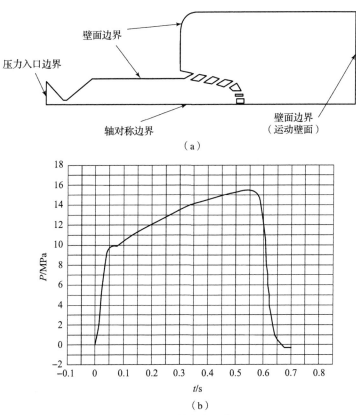

图 10. 24　边界条件示意图

（a）边界条件；（b）压力入口总压

　　计算初始时刻由高压室破膜时刻开始，破膜压力为 2 MPa，预加冷却水量为 2. 20 kg。

2. 计算结果

　　图 10. 25 所示为初始时刻和离筒时刻的流场示意图，对称轴上方为初始时刻流场示意图，预加冷却水加于水室中；对称轴下方为离筒时刻流场，此时流场轴向长度约为初始时刻的 6. 6 倍。

图 10. 25　初始时刻和离筒时刻的流场示意图

图 10.26 所示为破膜后 0 ~ 10 ms 内流场中的液态水和水蒸气分布图。燃气将液态水冲向低压室，经过雾化器后，一方面，液态水可以较均匀地分布于整个低压室，从而减少燃气对弹托底部的直接冲击；另一方面，可以增大燃气和液态水的交界面（interface），利于液态水的汽化。

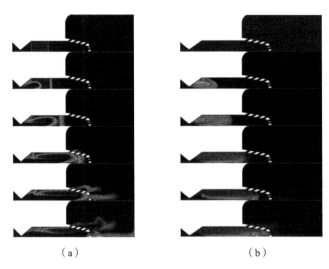

（a） （b）

图 10.26　破膜后 0 ~ 10 ms 内流场中的液态水和水蒸气分布图

（a）液态水分布；（b）水蒸气分布

初始时刻流场中并没有水蒸气，随着与燃气交界处的液态水被加热，其温度超过了饱和温度，从而在交界面处被汽化为水蒸气。由于生成的水蒸气主要分布于燃气与液态水的交界面处，故水蒸气充当了燃气与液态水的能量传递中介。

在燃气发生器的空放试验中，利用高速摄影仪拍摄了雾化器后方流场，如点火后，首先冲过雾化器的是水室中预加的液态水，随后燃气进入流场。由图 10.27 可知，穿过雾化器后，原先集中于水室中的液态水变为散布于后方流场，大部分液态水分布于流场的轴线附近，只有少部分液态水由雾化器侧面的开孔排出。图 10.26 的仿真结果与高速摄影中的液态水分布一致性较好，证明本书所建立的多相流模型能够较好地模拟流场中液相的分布，验证了仿真结果的可靠性。

图 10.27　液态水分布的高速摄影图片

图 10.28 ~ 图 10.33 给出了整个内弹道过程的参数变化。

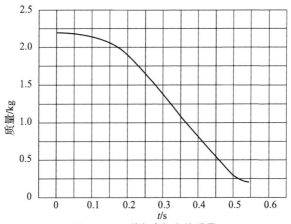

图 10.28　剩余冷却水的质量

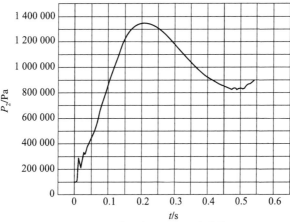

图 10.29　弹托表面平均压力曲线

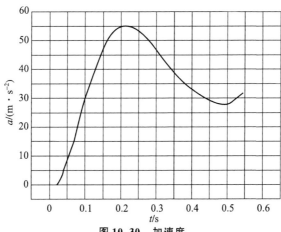

图 10.30　加速度

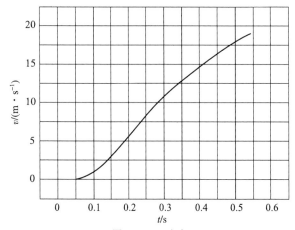

图 10.31 速度

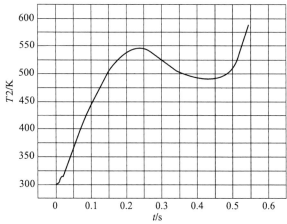

图 10.32 低压室平均温度

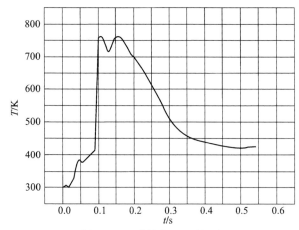

图 10.33 弹托表面平均温度

由图 10.28 可知，初始时刻水的汽化较慢，这是因为初始时刻燃气与液态水的交界面较小；0.2 s 后，随着燃气与液态水的混合越来越充分，液态水的汽化速度逐渐加快；0.48 s 后，由于大部分液态水已经汽化，燃气与液态水的交界面开始减小，水的汽化速度也开始减慢；最终液态水剩余 0.208 kg，同预加的 2.20 kg 比较，汽化率达到 94.5%，汽化效果较好。

　　图 10.29 为弹托表面平均压力曲线，与 10.2 节燃气式弹射的图 10.15 不同，0.48 s 后压力不再单调下降，而是开始重新升高。这是因为 0.48 s 后，液态水的汽化速度减慢，汽化吸热的效果降低，流场温度上升，进而造成压力重新上升。

　　图 10.30 和图 10.31 为导弹的加速度和速度曲线。由两图看出，导弹加速度曲线与弹托底部平均静压曲线的形状完全相同，因为弹射力主要是由弹托底部的发射筒压力提供的，导弹的最大加速度为 55.6 m/s²。导弹与弹托的离筒时间为 0.559 s，离筒速度为 19.0 m/s。

　　由图 10.32 和图 10.33 可以看到，采用燃气 – 蒸汽式弹射后，低压室平均温度的最大值只有 589 K，远远低于燃气弹射的 2 500 K；而弹托表面平均温度的最大值为 764 K，同样大幅低于燃气弹射的 2 200 K。所以，燃气 – 蒸汽式弹射对燃气的降温作用是非常明显的，能够大幅降低燃气对弹托和导弹尾部的高温烧蚀。

　　下面分析多相流场的发展过程。

　　图 10.34 所示为 40 ms 时刻流场分布图。该时刻导弹尚未开始移动，大部分冷却水已经穿过雾化器被冲到发射筒中，并在弹托底部形成了一层"保护层"。没有冷却水的地方燃气温度较高，但在分布有冷却水的位置，燃气的温度已经较低，虽然一部分燃气已经到达弹托附近，但并没有使附近的流场温度明显升高，说明在发射过程的初期冷却水对燃气的降温作用比较明显。雾化器的中心部位对燃气射流的流动有一定的阻滞作用，导致燃气的速度在雾化器两侧的开孔处较高，而在轴线附近则较低。燃气和冷却水的交界部分生成了大量水蒸气。空气则完全进入发射筒中，并被逐渐卷吸到发射筒的外壁和底部附近。

　　图 10.35 所示为破膜 100 ms 时刻的流场分布图。该时刻导弹已经开始移动，但行程仍然很短，压力与温度的分布与 40 ms 时刻相仿。发射筒中的压力分布比较均匀。冷却水已经较为均匀地分布于发射筒中，且在轴线附近很好地包覆于高温燃气外围，降温效果仍然较好，此时燃气与冷却水的混合已经比较均匀，汽化速度整体加快，见图 10.28。发射筒中少量的冷却水通过雾化器最外侧的开孔被卷吸回水室末端，这也造成高速的燃气射流被压向雾化器侧面较

为靠近轴线的开孔,见图 10.35(h)。水蒸气在发射筒中的分布范围加大,而空气的分布则基本未变。

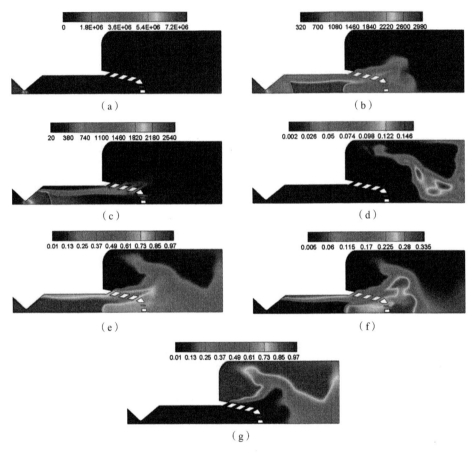

图 10.34 40 ms 时刻流场分布图

(a)压力;(b)温度;(c)速度;(d)冷却水体积分数;

(e)燃气质量分数;(f)水蒸气质量分数;(g)空气质量分数

图 10.36 所示为破膜 200 ms 时刻的流场分布图。该时刻导弹行程为 0.266 m,流场沿轴线方向有了较为明显的增长。发射筒中的压力分布比较均匀。燃气主要分布于流场轴线附近,这些高温、高速的燃气推动发射筒内形成了较大尺度的涡流,将冷却水、水蒸气和空气逐步分向流场远离轴向的四周位置,并有一部分由雾化器侧面的开孔回流到水室的壁面附近。冷却水虽在流场中除轴线以外的位置分布较为均匀,但已经离开了弹托中心处,高温燃气几乎已经直接冲击到了弹托底部的中心位置。

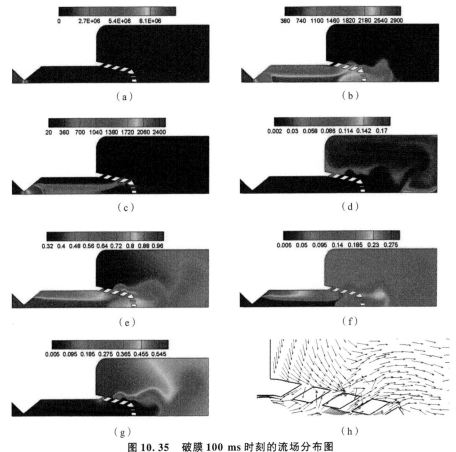

图 10.35　破膜 100 ms 时刻的流场分布图

（a）压力；（b）温度；（c）速度；（d）冷却水体积分数；（e）燃气质量分数；

（f）水蒸气质量分数；（g）空气质量分数；（h）雾化器附近速度矢量图

　　图 10.37 所示为破膜 400 ms 时刻的流场分布图。该时刻导弹行程为 2.271 m，流场沿轴线方向进一步延长，计算域的长度约为初始时刻的 3.6 倍。发射筒中的压力分布比较均匀。冷却水仍然主要分布于发射筒中远离轴线的位置，但在弹托附近有所减少；初始时刻冷却水共 2.20 kg，且集中放置于水室中，经过剧烈的汽化效应，剩余冷却水为 0.977 kg，为初始时刻的 44.4%，加之发射筒的体积已经增大为初始时刻的 5.5 倍，液态冷却水体积分数的数量级下降到 10^{-3} 的级别。燃气仍然主要分布于流场轴线附近，但在发射筒靠近弹托的一侧已经很少，其分布与流场高温区域基本相符。水蒸气的分布状态与上一时刻相仿，但总体质量分数明显增加。与上一时刻相比，空气有向发射筒底座集中的趋势。由于燃气射流已经无法直接影响到弹托附近的位置，弹托表面的压力与温度分布变得较为均匀。

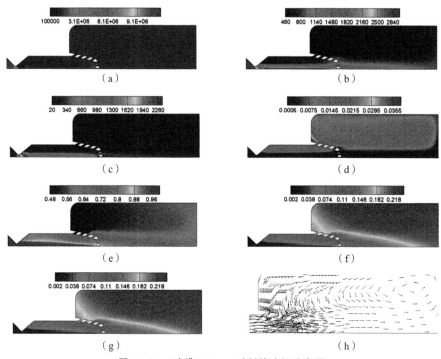

图 10.36 破膜 200 ms 时刻的流场分布图

（a）压力；（b）温度；（c）速度；（d）冷却水体积分数；（e）燃气质量分数；

（f）水蒸气质量分数；（g）空气质量分数；（h）雾化器附近速度矢量图

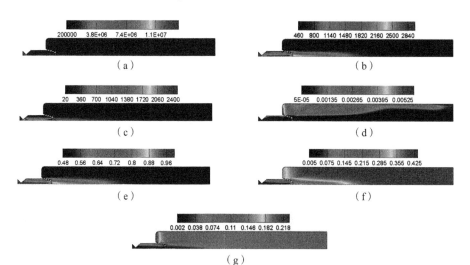

图 10.37 破膜 400 ms 时刻的流场分布图

（a）压力；（b）温度；（c）速度；（d）冷却水体积分数；

（e）燃气质量分数；（f）水蒸气质量分数；（g）空气质量分数

10.4.2　典型提拉杆燃气弹射

　　燃气发生器点火 1 ms 之后，在低压室的初始空间内形成射流如图 10.38 所示。

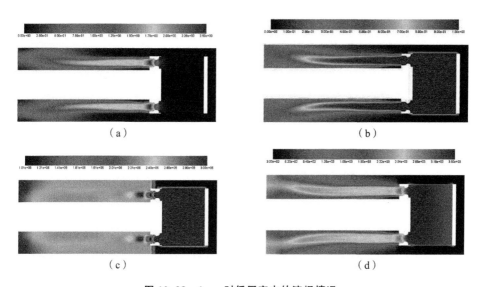

（a）

（b）

（c）

（d）

图 10.38　1 ms 时低压室内的流场情况

（a）马赫数云图；（b）燃气质量分数云图；

（c）静压云图；（d）温度云图

　　可以看出，此时低压室内的射流为超声速射流，燃气与空气逐渐混合但是仍不均匀，因此，沿着射流轴向的温度较高，而其他区域的温度也逐渐升高。低压室内平均压力已上升到 3 atm，且气缸底部由于燃气的冲击作用而出现高压。随着燃烧室内的火药不断燃烧，排放到低压室内的燃气逐渐增多，使低压室内的气体分布逐渐均匀，与此同时低压室内的平均压强不断升高，当超过发动机正常工作的临界值时，喷管出口处变为亚声速，不再有明显的射流形成。这个阶段内活塞的推力迅速上升，到 50 ms 时低压室内的流场如图 10.39 所示。

　　此时低压室内的平均静压已达到 15 MPa，而燃烧室内的总压只有 16 MPa，因此，整个喷管内无法形成超声速射流。不过，在喷管的出口处燃气仍然具有一定的速度，如图 10.39（a）所示，在低压室的静压作用下迅速滞止。因此，低压室内的流场出现燃气射流的温度低于其他区域温度的情况，活塞的推力维持在恒定的状态。

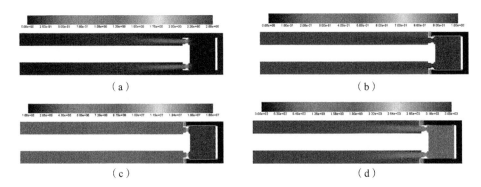

图 10.39　50 ms 时低压室内的流场情况

（a）马赫数云图；（b）燃气质量分数云图；（c）静压云图；（d）温度云图

　　活塞通过提拉杆带着导弹继续向前运动，直至底部超过气缸上的排气孔。此时，低压室内的高压气体通过排气孔快速排出，低压室的压力迅速下降，到 120 ms 时发射箱内的流场如图 10.40 所示。

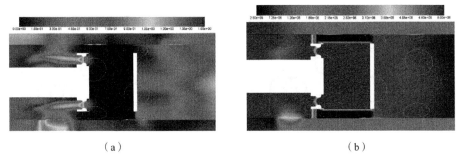

图 10.40　120 ms 时发射箱内的流场情况

（a）马赫数云图；（b）静压云图

　　由图 10.40 可知，气缸内的高压气体通过排气孔快速向外流动，结果造成排气孔附近的静压迅速下降，因此，射流被"吸向"排气孔。流入发射箱内的燃气沿着气缸与发射箱之间的间隙运动，当运动到活塞顶部前方的排气孔时又流入气缸当中使活塞顶部附近的静压上升，如图 10.41 所示。

　　低压室内的压强迅速下降，回流到活塞顶部的燃气使阻力增大，同时到此阶段燃烧室内的总压也迅速降低，加上缓冲器提供的缓冲力，在这几方面的共同作用下，活塞的推力迅速减小。当活塞的方向加速度大于 1 g 时，导弹与提弹梁分离，之后导弹依靠惯性前进直至出箱点火。

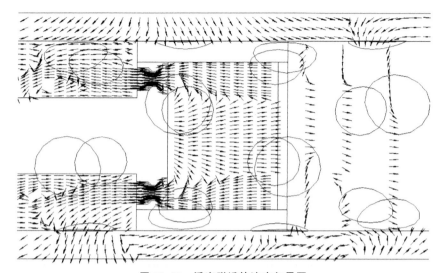

图 10.41　活塞附近的速度矢量图

第 11 章

激波开盖过程流场仿真

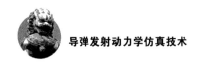

|11.1 激波开盖流场仿真基本理论|

11.1.1 激波开盖类型及原理

导弹发射箱的箱盖一般是指安装在发射箱前部和尾部的防护盖体，通过一定的边框结构与发射箱体相连接并密封，是影响导弹贮存安全性与可靠性以及完成发射过程的关键结构之一。

一方面，高密封性的箱盖可以防止导弹贮存过程中发射箱内部的惰性气体外泄，并且保护弹头引信避免受到外界的损伤；另一方面，导弹发射时需要承受住相邻弹体的燃气冲击，同时还需要发射箱盖高效、迅速地打开，保证导弹的正常发射，完成发射任务。因此，发射箱盖在承受一定压力的同时，还需具备良好的机动性、密封性和耐候性。此外，为了满足现代化作战的需要，导弹发射箱盖还应具备电磁屏蔽等功能。

目前，导弹发射系统的开盖装置类型主要有机械式开盖、爆破式开盖和复合材料易碎盖三种形式。

1. 机械式开盖

机械式开盖通常采用机电动力或液压动力，结构上利用电动轴和一些转动元器件以实现箱盖的运动，这些机构可以重复使用，但在高温燃气流作用下容易发生损坏；机械开盖采用的金属盖体质量大，因而会增加发射装置的整体负荷；需要设置相应的动力和伺服机构，开盖响应时间长，不利于快速发射导弹。

2. 爆破式开盖

爆破式开盖利用爆破产生的能量将一次性盖体炸开，反应更为迅速，但后期维护较难，成本较高；爆破过程中容易损伤导弹头部和其他部件；长期储存下易发生火工品失效等问题。

3. 复合材料易碎盖

不同的复合材料易碎盖开盖装置如图 11.1 所示，传统机械开盖和爆破开盖方式箱材料多为金属材料，开盖结构较为复杂，不利于导弹的长期贮存和部队快速打击的作战要求，还需要较高的维护成本。为了提高导弹的发射效率、加快发射响应速度、减小发射和维护成本，各国开始使用复合材料制成的易碎盖作为发射装置的理想盖体材料。

易碎盖所采用的复合材料多是由两种或多种不同性质的材料利用物理和化学方法在宏观尺度上组成的具有新的性能的材料，具备质量更轻、强度更高、拆装方便、开盖迅速、成本低廉和耐候性强等优点。易碎盖优异的比强度、比模量能够减轻盖体质量；易碎盖破碎开盖的方式能够提高完成开盖的速度；发射后可直接将新的发射单元和发射箱盖重新安装在发射系统上，装填过程方便；贮存简便，不易出现贮存失效的问题；其材料适合在各类环境下使用，适用性强。

图 11.1　不同的复合材料易碎盖开盖装置

实现复合材料易碎盖的开盖原理主要包括三种：冲破式开盖、燃气射流冲击开盖以及燃气扰动波气流冲击开盖。其中，可将燃气射流冲击开盖和燃气扰动波气流冲击开盖二者统称为激波开盖方式。

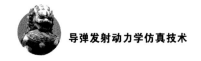

1）冲破式开盖

目前，易碎盖开盖形式研究成果最多的是冲破式开盖，主要应用于前盖，利用弹头的运动冲撞完成开盖。该技术通过导弹发射时产生的巨大推力，利用弹头运动直接将复合材料前盖预先成型的薄弱区顶破，前盖在撞击下四分五裂，进而顺利地从发射箱中通过并完成发射。采用冲破式开盖技术的典型代表当属美国的 MK-41 导弹通用型发射系统，该系统能发射多种类型的导弹，包括"海麻雀""标准 2""Block 2"和"Block 3"以及"战斧"等。使用该技术成型的复合材料前盖又称为穿透式薄膜盖。

2）燃气射流冲击开盖

燃气射流冲击开盖利用导弹发射时发动机在发射箱中产生的高压燃气流冲击波作用，将发射箱的后盖整体抛出或者胀破，完成导弹发射过程。具有发射箱的导弹在发射过程中尾部会产生大量燃气，由于箱内气体的释放产生高压，从高压燃气与周围空气形成的最初压力界面开始，燃气不断压缩周围空气，达到一定程度后发生参数跃变并逐渐形成冲击波，最终对发射箱的盖体进行冲击。当冲击波压强达到发射箱盖体所能承受的极限时，盖体被抛出或吹破，完成易碎后盖的开盖过程和燃气的后续排导。该开盖形式既可有效保护弹头内的图像导引头，保证导弹的定位精度，又可以为燃气的排导提供新的途径。

燃气开盖的典型发射系统包括采用燃气整体侧向抛盖的以色列 Viper 导弹以及俄罗斯 C-300 导弹。C-300 导弹易碎盖盖体上预先设计了强度低于周边主体材料强度的槽型结构，发射时这种薄弱结构先被尾气流冲击破坏，使得易碎盖破碎飞出。MK-41 发射系统的后盖也采用了燃气开盖方式，其后盖材料为很薄的钢板，在燃气流冲击作用下，沿着设置好的十字形薄弱区分离成花瓣，四散分开。

国内在燃气开盖方面进行较多研究的是同心箱燃气开盖技术，美国的 MK-57 先进垂直发射系统也采用了同心发射技术。同心发射系统的发射装置由内外两层同心箱组成，导弹发射时，燃气通过内外箱之间的环形通道，将前盖顶开，完成发射。

3）燃气扰动波气流冲击开盖

当导弹在发射箱内热发射时，燃气流会在箱尾积聚并回转，从而产生扰动波气流，一般而言，该扰动波会对发射箱及弹体产生不利的影响，而利用扰动波气流开启发射箱盖则为此找到了新的解决办法。

燃气冲击后盖将形成反射激波在发射箱内传播，当其前进至前盖并累积达到一定压强后可以把易碎的前盖吹裂，使其按照设计好的结构分离散开，实现导弹的顺利发射（图 11.2）。与燃气流直接冲击开盖相比，扰动波冲击开盖还可有效降低燃气温度对弹体和箱壁的影响。这种激波开启前盖的方式，既可避免燃气射流冲击开盖时的高温烧蚀问题，又可避免利用弹头运动冲破前盖时的撞击问题。

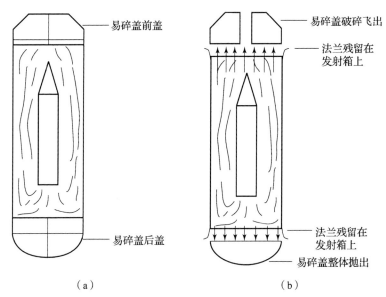

图11.2 燃气扰动波开盖示意图

（a）导弹发射箱及易碎盖结构；（b）易碎盖分离形式示意图

典型的燃气扰动波开启前盖应用有：以色列"巴拉克－1"导弹，其发射箱采用矩形方箱，前盖内表面预制有"Ⅱ"形薄弱区应力槽，导弹发动机点火后，尾部喷射出高速的燃气流，前盖在瞬间的高压扰动波作用下冲破；英国的"海浪"垂直发射系统导系统，顶部采用了玻璃钢易碎盖，发射时燃气流冲击发射箱底部，在箱尾聚集并反弹产生反射冲击波冲击前盖抛出。

11.1.2 激波开盖的盖体材料

复合材料按其结构特点可大致分为：①夹层复合材料，常见的有蜂窝夹层、泡沫夹层、中空夹层等；②纤维增强复合材料，如玻璃纤维增强复合材料、麻纤维增强复合材料、碳纤维增强复合材料等；③颗粒复合材料，如涂层球粒复合材料、水泥木粒复合材料等；④混杂复合材料，常具有良好的抗冲击性、抗腐蚀性能，如碳纤维－钛层混杂复合材料等。

美国M270火箭炮的易碎盖利用了某种塑料材料；HQ－6地空导弹发射箱易碎盖在塑料中加入提高密封性和耐高温性能的辅助材料，并在盖体表面涂了一层橡胶，提高了耐老化、耐腐蚀等性能。北京某航天研究所采用了某型低密度改进无机材料设计了易碎盖，并按需要在破碎区域设置了环形的减弱结构。南京航空航天大学和航天三院 8359 所合作研制了多种型号复合材料导弹发射箱盖，采用了复合材料泡沫夹层结构内置加强筋、预埋木质加强筋等方式。

随着复合材料的不断发展，利用复合材料的易碎盖比普通单一材料的力学性能更好，比普通金属盖有更加显著的优势。常用非金属复合材料易碎盖主要为泡沫塑料、玻璃钢以及纤维增强复合材料等。纤维增强复合材料是复合材料中应用领域最为广泛、使用量最大的材料，包括玻璃纤维、碳纤维、芳纶纤维等，具有如下特点。

（1）比模量大、比强度高。

（2）具有可设计性，可设计不同的纤维层数与纤维角度。

（3）抗腐蚀性和耐久性好。

（4）耐热性能优良、化学稳定性较好。

（5）价格低廉，经济成本较小。

11.1.3　激波开盖的盖体形状

激波开盖方式下的易碎盖盖体结构包括破碎后的子盖、薄弱结构以及法兰边框三个部分。易碎盖主体由多瓣子盖组成，通过薄弱结构胶接或黏结在一起，并与发射箱密封连接。受激波冲击后，薄弱结构强度较低，因而按照设计趋势被首先破坏，子盖在激波作用下四散抛出，法兰框架仍固定在发射箱上。图 11.3 所示为某球面形多瓣易碎盖盖体结构示意图。

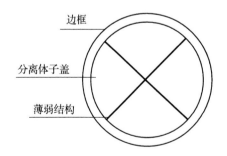

图 11.3　某球面形多瓣易碎盖盖体示意图

1. 盖体形状设计

根据导弹发射箱盖的技术指标和压力容器的结构要求进行盖体形状设计。常见盖体形状有平板形、圆帽形、球面形、方形以及不规则形多瓣易碎盖。

1）平板形

盖体为包含薄弱结构的平板，利用平板盖体可以节约空间，但其承受外压的性能有限。常见采用平板形盖体的激波开盖发射多为发射后盖整体抛出的形式。

2）圆帽形

圆帽形盖体具有一定的竖直高度，周边设置薄弱区进行连接。这种盖体的承压性能更优，但所占空间较大。

3）球面形

球面形盖体用球面代替了圆帽形盖体的上平面，所占空间最大，但其拓扑自锁的特性使结构受力更加均匀，更能承受外界压力（图 11.4）。

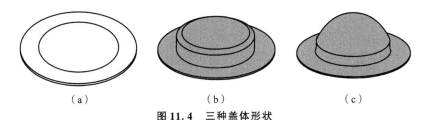

（a）　　　　　　　　（b）　　　　　　　　（c）

图 11.4　三种盖体形状

（a）平板形；（b）圆帽形；（c）球面形

4）方形

方形盖体呈梯形结构（图 11.5），通过侧面 4 个斜面连接竖直高度区。整体呈立体式受力，有一定抗压能力；上部方形结构高度较球面更小，节约空间。

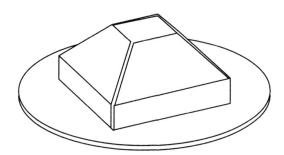

图 11.5　方形盖体形状

5）不规则形

为适应不同发射环境和发射装置的发射要求，设计出顶部形状为不规则形的易碎盖体。不规则盖体大多仍然预留出竖直区域，用于薄弱结构的设计；形状有一定弧度，为立体式结构，提高承压能力；弧度较球面形较小，可以节省空间。

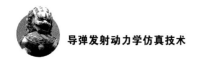

2. 子盖分离设计

导弹发射时易碎盖沿薄弱结构破坏，从而分离出子盖飞出。多瓣易碎盖呈现为几瓣四散飞出。随着易碎盖分瓣方式的不同，其在内部压力作用下的应力分布也不同。一般有两种分瓣方式，即正交分割和对角分割（图11.6）。

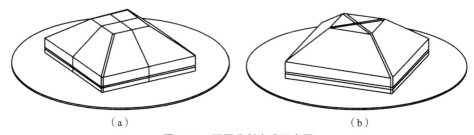

（a）　　　　　　　　　　　　　　　　　　（b）

图 11.6　不同分割方式示意图
（a）正交分割；（b）对角分割

3. 薄弱结构设计

薄弱结构是易碎盖开盖的关键。易碎盖不但需要满足导弹贮存压力和冲破压力，还需要满足一定的外部压力，这完全取决于薄弱区结构的力学性能。

薄弱区结构按照技术指标需满足三点要求。

（1）密封性：薄弱结构强度较低，可能导致内部惰性气体外泄。因此在连接处的薄弱结构必须达到气密性能。

（2）参数可控：薄弱结构的强度可由结构参数控制，在一定范围内调整，且保证结构参数对强度影响的稳定可控，保证易碎盖在不同压力下都能顺利打开。

（3）抗拉压性能：为了承受一定数值的外部压力，保证储存时箱盖结构不易被环境因素破坏，薄弱结构需要有一定的抗外部拉压性能。

|11.2　易碎盖气动耦合仿真|

激波开盖过程涉及可动边界与非定常流场所相互形成的流固耦合问题，可动边界的存在使得流体计算区域不断更新，因而在计算此类问题时，不但要计算整个非定常流场特性，还要耦合计算可动边界的动力学和运动学方程。

无论是盖体的整体抛出，还是易碎盖分离后的各分离体运动，既可能存在主动型可控制的已知运动过程，即按照设定的开盖方式和规律实现开盖运动；还无疑将存在着被动型不可控制的六自由度运动，即开盖后各部分盖体沿三个直角坐标轴方向的移动自由度和绕这三个坐标轴的转动自由度。

　　要完全确定激波开盖过程中盖体的位移和姿态变化，就必须研究其复杂的六自由度运动，并通过一定方法在仿真计算中实现。

11.2.1　盖体分离动网格技术

　　基于计算流体力学中的动网格技术，可对可动边界运动进行模拟和计算。使用动网格技术进行模拟时，可动边界的运动既可以按照事先制定的运动规律（线速度与角速度），称之为主动型动网格；也可以在每个时间步之后，通过求解得到的流场参数采用欧拉法求解当前计算时刻边界的运动规律，称之为被动型动网格。两者均根据动网格的更新方法和运动规律进行网格更新。激波开盖燃气流场仿真过程中常用的动网格方法为网格重构（remeshing）法。

　　在非结构网格区域内，当可动边界的位移相对网格尺寸过大时，使用弹簧光顺法生成的网格质量会变得很差，有些情况下甚至会使网格失效（如出现负体积），直接导致在下一个时间步时出现收敛问题。为了克服这个困难，采用局部网格重构法可以将那些超出网格歪斜度及尺寸阈值的质量较差的网格合并，并重新划分网格，如果新生成的网格满足标准，则新的网格被采用，反之则被摒弃。

　　在网格重构的过程中，满足下列一项或多项条件的网格会被进行重组。

　　（1）网格尺寸小于规定的最小尺寸。

　　（2）网格尺寸大于规定的最大尺寸。

　　（3）网格歪斜度大于规定的最大歪斜度。

　　使用网格重构法要求网格为三角形（二维）或四面体（三维），这对于适应复杂外形是有好处的，网格重构法只会对可动边界附近区域的网格起作用。

　　网格重构法包括局部单元重构（local cell remeshing）、局部面重构（local face remeshing）以及区域面重构（region face remeshing）等，以下对这三种网格重构法进行介绍。

　　在局部单元重构中，网格重构基于网格的歪斜度、网格的尺寸范围以及移动边界之前的理想高度值。网格尺寸范围是在设置的网格长度最大值和最小值之间，一旦小于最小值或大于最大值，这些体网格将会被标记并进行重构。同样，超过所设置的最大网格歪斜度的体网格也会被标记并重构。在这里，特别要指出的是，网格标记与网格重构并不是在同一时间内进行，网格标记是在时间步内不断标记，而网格重构是在一个时间步结束之后发生。局部体网格重构法标记网格工作过程如下。

（1）标记出歪斜度超过设定的最大体网格歪斜度的网格。

（2）当物理时间 $t = (\text{size remesh interval}) * \Delta t$，标记出尺寸大于最大尺寸长度和小于最小尺寸长度的网格，其中 Δt 为时间步。

（3）如果尺寸函数被激活，在尺寸函数的基础上标记出其他网格。

局部面重构只适用于三维模型。利用这种重构方法，可在变形边界上标记出那些不满足面网格歪斜度的面网格以及相邻的体网格。需要注意的是，局部面重构并不能重构那些同时属于多个面类型的面网格，如变形区域上的某些面网格，这些网格的一条边又从属于可动边界，这一层变形区域面网格不能用局部面重构法重构。此种情况必须使用区域面重构。

采用区域面重构，可基于尺寸范围标记出变形区域上与可动边界交界的那一层面网格。一旦不满足尺寸范围，这一层网格将会被更新。如图 11.7 所示，当可动边界拉伸或压缩时，j 层网格超过设置的最大网格尺寸或小于最小网格尺寸时，这一层网格将会被更新。

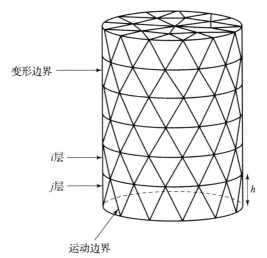

图 11.7　区域面重构

激波开盖过程中，对开盖过程及盖体分离的六自由度运动通常采用弹簧光顺法与网格重构法进行动网格更新。另外，对于需要实现导弹发射出箱全过程的激波开盖问题，对导弹出箱的运动采用动态分层法进行网格更新更加有效。这时，如果选取盖体的一个面作为可动边界，显然是不行的。因为盖体的上下表面需要利用非结构化网格进行网格重构，如果以某个面作为可动边界，会造成盖体移动过的痕迹处没有网格，从而不符合实际。所以，可采用域动分层法巧妙实现动态分层法和局部网格重构法的结合。域动分层法的基本思路就是将动网格的更新边界从形状复杂的边界转移到形状相对简单的边界处。

以图 11.8 所示某个激波开盖模型为例，首先确定计算区域以及划分运动区域和静止区域，选取包围盖体的某个域，将其设置为动域，动域与外面的静域通过 interface 连接。interface 边界条件能起到数据交换的作用，两个贴在一块的 interface 边界条件可以不受网格节点的约束而相滑移，但是又能起到数据交换的作用。包含盖体的网格采用非结构四面体网格，在可动边界与上静止面之间是结构化六面体网格，上静止面和周围的圆柱面还是采用 interface 边界条件与外部静域连接。将获得的盖体运动速度加载在可动边界以及可动边界以下的动域，分别设置底部面为静止面边界，圆柱面和模型对称面为变形边界，实现盖体按其自身速度往下移动的运动过程。在可动边界上面的网格通过动态分层法进行控制，在可动边界下面的网格（动域）则是由重构法进行控制。其中动域的内部体网格由局部单元重构法控制，紧邻可动边界变形边界上的那层网格由区域面重构法控制，在这层网格下面变形边界的面网格则由局部面重构法控制（图 11.9）。

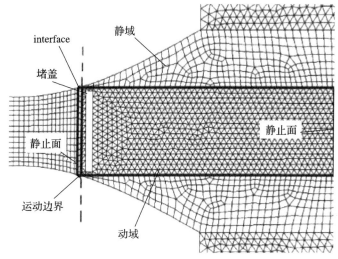

图 11.8　某模型动域、静域等各个边界示意图

11.2.2　六自由度分离模型

激波开盖过程中盖体分离运动规律是未知的，常常需要通过计算流场内可动边界上的力或力矩来求取边界的六自由度运动。在采用网格重构法和弹簧光顺法实现动网格变形的基础上，可以通过两种方式建立盖体分离模型，模拟易碎盖的六自由度运动过程。

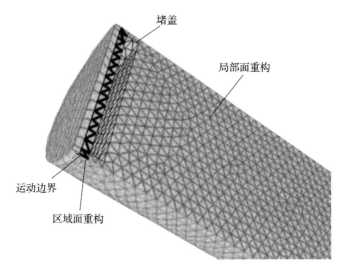

图 11.9　局域面、区域面重构法网格更新示意图

1. 用户自定义函数

　　大多数情况下，利用计算流体力学软件基本的工具及模型（GUI）就能够满足工程问题计算要求，但也可能出现其他无法计算的情况。当发现软件并不具备某项功能时，可以利用 CFD 软件中的 UDF（user defined functions）即用户自定义功能编写符合需要的计算程序。

　　1）UDF 简介

　　UDF 程序通常采用 C 语言或 C++ 语言进行编写。CFD 软件安装后，需要配置 UDF 环境才能使用 UDF 功能。UDF 编写完成后，可以通过编译或解释的方式加载到 CFD 软件中。解释型 UDF 不需要额外的编译器，可以不加修改地在不同体系的计算机、不同的操作系统调用，但会损伤计算性能，调用要比编译型的慢，因此一些计算密集的场合，建议使用编译型运行 UDF。所有解释型 UDF 都可以以编译的方式被加载，且编译式 UDF 没有任何 C 语言或其他数据结构的限制。

　　UDF 只利用了 C 语言很少的一部分，更多需要利用到 CFD 软件内的宏来进行编写。因此只需要掌握 C 语言的最核心的内容，包括基本语法、数据结构、数组与指针以及函数和宏等。利用 UDF，可以对计算过程中的一些模型参数或计算流程进行控制，进而实现六自由度运动的模拟和计算。激波开盖过程六自由度 UDF 的编写主要用到的宏函数有 DEFINE_ON_DEMAND、DEFINE_EXECUTE_AT_END、DEFINE_CG_MOTION 等。

DEFINE_ON_DEMAND 是一个通用宏函数，并不会在求解时自动调用，而是通过求解前手动运行来自定义执行一些计算或操作。通过这一宏可以在计算前加载可动边界的物理属性和基础运动状态到 CFD 中，并将信息传送到用户界面。

DEFINE_EXECUTE_AT_END 也是一个通用宏函数，在稳态求解时，这一宏函数每一个迭代步结束时执行，而在非定常求解时，则在每个时间步结束时执行。通过这一宏函数求解出流场每个时间步盖体运动的速度、加速度以及位移，从而确定盖体作为可动边界所需要的一些物理量。

DEFINE_CG_MOTION 可以用来指定可动边界的运动参数，从上个宏函数得到的运动物理量通过这一宏函数反映到可动边界上。

2）六自由度模型的编写

激波开盖分离六自由度模型的 UDF 具体编写思路大致如下。

（1）获取几何属性。研究激波开盖盖体的位移和姿态变化需要获得沿三个坐标轴方向上的速度与角速度，用以最终确定其位移坐标和旋转角度。

根据理论力学基础，求解速度与角速度的运动学、动力学方程，计算过程中用到的主要参数包括质量、转动惯量、角动量、合力、合力矩、线速度、线加速度、位移、角加速度、角速度以及角位移。

数值计算前，需要首先设置包含以上运动物体参数的输入文件，赋予到初始计算模型当中，用作计算初值。

初始状态下输入参数主要为运动刚体的几何物理特征属性，其余运动参数为 0。根据盖体形状、体积和材料密度等信息，可以确定盖体的几何属性值，如运动部件的质量 m、三方向转动惯量 I 和质心坐标（x_{cm}^i，y_{cm}^i，z_{cm}^i）。几乎所有的三维建模 CAD 软件，都可以应用力学知识方便地计算出简单几何体的物理属性，但要注意区分是全局坐标系还是随体坐标系。此外，运动部件的位移坐标需要输入物体的当前质心坐标，该坐标应以导入 CFD 软件中的模型位移坐标为准。

（2）计算实时的力与力矩。基于动网格方法和输入的几何物理属性，可以从初始时刻开始，在数值计算过程中得到每个时间步的流场解以及整个动网格区域的网格数据，进一步通过积分输出盖体所受的力、力矩等参数获取流场内物体的力和力矩，可以根据动力学公式与流场解算所得参数自主编写积分的相应程序。

采用随体坐标系 R_H 相对全局坐标系 $OXYZ$ 的运动来描述盖体运动，即将运动分解为随体坐标系原点的平动和随体坐标系绕该点的转动。

根据牛顿第二定律，后盖的运动学方程如下：

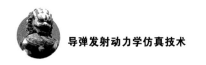

$$F = L \tag{11.1}$$

$$M = H \tag{11.2}$$

其中，$L = mV$，$H = I\boldsymbol{\omega}$。M 为后盖质心受到的总力矩，H 是角动量，m 是后盖的质量，V 是平移速度矢量，$\boldsymbol{\omega}$ 是旋转角速度矢量，I 是转动惯量张量。

$$I = \begin{bmatrix} I_{xx} & -I_{xy} & -I_{xz} \\ -I_{xy} & I_{yy} & -I_{yz} \\ -I_{xz} & -I_{yz} & I_{zz} \end{bmatrix} \tag{11.3}$$

盖体的坐标系方向是根据瞬时的角速度转动更新的，则方程（11.1）和方程（11.2）在后盖坐标系上的表达式应该为

$$F = m(\dot{V}_{xyz} + \boldsymbol{\omega} \times V) \tag{11.4}$$

$$M = I\dot{\boldsymbol{\omega}}_{xyz} + \boldsymbol{\omega} \times H \tag{11.5}$$

获取每个时间步盖体所受的力和力矩后，在 UDF 中进一步计算出每次迭代加载在物体质心上的力和力矩。

$$\vec{F} = \sum \vec{F_i} \tag{11.6}$$

$$\vec{M} = \sum \vec{M_0}(\vec{F_i}) \tag{11.7}$$

（3）计算实时的运动位姿。盖体位姿用向量表示为 $q = [c \quad \boldsymbol{\varphi}]^T$，其中 $c = [q_1 \quad q_2 \quad q_3]^T$ 为在 X、Y、Z 轴上的平动位移，$\boldsymbol{\varphi} = [q_4 \quad q_5 \quad q_6]^T$ 为绕 X、Y、Z 轴的转动位移。

对于刚体的角位移 φ 有多种表达方式，如欧拉四元数坐标法、方向余弦坐标法、卡尔丹坐标法与欧拉角坐标法等，这里采用欧拉角坐标来对旋转姿态进行定义。欧拉角的定义如图 11.10 所示，旋转姿态的欧拉角变换矩阵 R_x、R_y、R_z 分别为

$$R_x = \begin{bmatrix} 1 & 0 & 0 \\ 0 & \cos(q_4) & -\sin(q_4) \\ 0 & \sin(q_4) & \cos(q_4) \end{bmatrix} \tag{11.8}$$

$$R_y = \begin{bmatrix} \cos(q_5) & 0 & \sin(q_5) \\ 0 & 1 & 0 \\ -\sin(q_5) & 0 & \cos(q_5) \end{bmatrix} \tag{11.9}$$

$$R_z = \begin{bmatrix} \cos(q_6) & -\sin(q_6) & 0 \\ \sin(q_6) & \cos(q_6) & 0 \\ 0 & 0 & 1 \end{bmatrix} \tag{11.10}$$

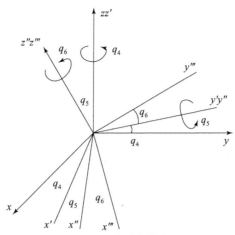

图 11.10　欧拉角的定义

　　刚体相对于全局坐标系的姿态可以由三次有限转动确定，即先绕 OZ 轴以角度 q_4 旋转，再绕 OY 轴以角度 q_5 旋转，最后绕 OX 轴以角度 q_6 旋转。可以得到目标旋转矩阵为

$$\boldsymbol{R} = \boldsymbol{R}_z \cdot \boldsymbol{R}_y \cdot \boldsymbol{R}_x$$

$$= \begin{bmatrix} c(q_5)c(q_6) & s(q_4)s(q_5)c(q_6) - c(q_4)s(q_6) & c(q_4)s(q_5)c(q_6) + s(q_4)s(q_6) \\ c(q_5)s(q_6) & s(q_4)s(q_5)s(q_6) + c(q_4)c(q_6) & c(q_4)s(q_5)s(q_6) - s(q_4)c(q_6) \\ -s(q_5) & s(q_4)c(q_5) & c(q_4)c(q_5) \end{bmatrix}$$

$$(11.11)$$

式中，c、s 为三角函数 cos、sin 的缩写。

　　全局坐标系下（上标 i 表示），由牛顿运动定理给出刚体质心（x_{cm}^i，y_{cm}^i，z_{cm}^i）的移动方程，m 为物体质量，F 为物体所受的力，即气动力与重力之和：

$$m \frac{\mathrm{d}^2 x_{cm}^i}{\mathrm{d}t^2} = F_x \tag{11.12}$$

$$m \frac{\mathrm{d}^2 y_{cm}^i}{\mathrm{d}t^2} = F_y \tag{11.13}$$

$$m \frac{\mathrm{d}^2 z_{cm}^i}{\mathrm{d}t^2} = F_z \tag{11.14}$$

　　随体坐标系下（上标 b 表示），由运动欧拉方程计算刚体绕质心的转动：

$$I_{xx}^b \frac{\mathrm{d}\omega_x^b}{\mathrm{d}_t} = M_x^b + (I_{yy}^b - I_{zz}^b)\omega_y^b w_z^b \tag{11.15}$$

$$I_{yy}^b \frac{\mathrm{d}\omega_y^b}{\mathrm{d}_t} = M_y^b + (I_{zz}^b - I_{xx}^b)\omega_z^b w_x^b \tag{11.16}$$

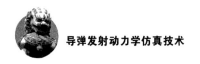

$$I_{zz}^{b} \frac{\mathrm{d}\omega_{z}^{b}}{\mathrm{d}_{t}} = M_{z}^{b} + (I_{xx}^{b} - I_{yy}^{b}) \omega_{x}^{b} w_{y}^{b} \tag{11.17}$$

式中，$\boldsymbol{M}^{b} = [M_{x}^{b}, M_{y}^{b}, M_{z}^{b}]^{\mathrm{T}}$ 表示刚体质心位置所受的合力矩，$\boldsymbol{I}^{b} = [I_{xx}^{b}, I_{yy}^{b}, I_{zz}^{b}]^{\mathrm{T}}$ 为刚体三个方向上的主惯性矩，$\boldsymbol{\omega}^{b} = [\omega_{x}^{b}, \omega_{y}^{b}, \omega_{z}^{b}]^{\mathrm{T}}$ 为所求的刚体绕质心的转动角速度。

全局坐标系下，各刚体质心的线速度 v_i、角速度 $\boldsymbol{\omega}_i$ 和角加速度 α_i 可以表示成

$$v_i = \dot{\boldsymbol{c}}_i \tag{11.18}$$

$$\boldsymbol{\omega}_i = R\boldsymbol{G}_i \dot{\boldsymbol{\varphi}}_i \tag{11.19}$$

$$\boldsymbol{\alpha}_i = R\boldsymbol{G}_i \ddot{\boldsymbol{\varphi}}_i + R\dot{\boldsymbol{G}}_i \dot{\boldsymbol{\varphi}}_i \tag{11.20}$$

其中，$\boldsymbol{G}_i$ 为姿态映射阵：

$$\boldsymbol{G}_i = \begin{bmatrix} 1 & 0 & \cos q_5 \\ 0 & \cos q_4 & \sin q_4 \cos q_5 \\ 0 & -\sin q_4 & \cos q_4 \cos q_5 \end{bmatrix} \tag{11.21}$$

刚体上任意一点 3×3 的位置、速度和加速度矢量方程形式如下：

$$\boldsymbol{r}_i = \boldsymbol{c}_i + \boldsymbol{h}_i \tag{11.22}$$

$$\dot{\boldsymbol{r}}_i = \dot{\boldsymbol{c}}_i + \boldsymbol{h}_i \tag{11.23}$$

$$\ddot{\boldsymbol{r}}_i = \ddot{\boldsymbol{c}}_i + \boldsymbol{\alpha}_i \times \boldsymbol{h}_i + \boldsymbol{\omega}_i \times (\boldsymbol{\omega}_i \times \boldsymbol{h}_i) \tag{11.24}$$

式中，$\boldsymbol{h}_i$ 为 j，$k = 1$，2，$\cdots$，M 点相对于随体坐标系原点的矢径。

根据对以上公式的积分得到离散后的六自由度运动公式。通过 n 时刻的质心速度、位移和加速度可以求得 $n+1$ 时刻的质心速度和质心位移：

$$(u_{cm}^{i})^{n+1} = (u_{cm}^{i})^{n} + \frac{(F_{x}^{i})^{n}}{m}\Delta t \tag{11.25}$$

$$(v_{cm}^{i})^{n+1} = (v_{cm}^{i})^{n} + \frac{(F_{y}^{i})^{n}}{m}\Delta t \tag{11.26}$$

$$(w_{cm}^{i})^{n+1} = (w_{cm}^{i})^{n} + \frac{(F_{z}^{i})^{n}}{m}\Delta t \tag{11.27}$$

$$(x_{cm}^{i})^{n+1} = (x_{cm}^{i})^{n} + (u_{cm}^{i})^{n}\Delta t + \frac{1}{2}\frac{(F_{x}^{i})^{n}}{m}\Delta t^{2} \tag{11.28}$$

$$(y_{cm}^{i})^{n+1} = (y_{cm}^{i})^{n} + (v_{cm}^{i})^{n}\Delta t + \frac{1}{2}\frac{(F_{y}^{i})^{n}}{m}\Delta t^{2} \tag{11.29}$$

$$(z_{cm}^{i})^{n+1} = (z_{cm}^{i})^{n} + (w_{cm}^{i})^{n}\Delta t + \frac{1}{2}\frac{(F_{z}^{i})^{n}}{m}\Delta t^{2} \tag{11.30}$$

通过 n 时刻的角速度、角位移和角加速度可以求得 $n+1$ 时刻的角速度和

角位移：

$$(\omega_x^i)^{n+1} = (\omega_x^i)^n + (\alpha_x^i)^{n+1}\Delta t \qquad (11.31)$$

$$(\omega_y^i)^{n+1} = (\omega_y^i)^n + (\alpha_y^i)^{n+1}\Delta t \qquad (11.32)$$

$$(\omega_z^i)^{n+1} = (\omega_z^i)^n + (\alpha_z^i)^{n+1}\Delta t \qquad (11.33)$$

$$(\theta_x^i)^{n+1} = (\theta_x^i)^n + (\omega_x^i)^n\Delta t + \frac{1}{2}(\alpha_x^i)^n\Delta t^2 \qquad (11.34)$$

$$(\theta_y^i)^{n+1} = (\theta_y^i)^n + (\omega_y^i)^n\Delta t + \frac{1}{2}(\alpha_y^i)^n\Delta t^2 \qquad (11.35)$$

$$(\theta_z^i)^{n+1} = (\theta_z^i)^n + (\omega_z^i)^n\Delta t + \frac{1}{2}(\alpha_z^i)^n\Delta t^2 \qquad (11.36)$$

（4）输出运动结果文件。通过求解刚体六自由度的运动方程，计算得出运动物体在每一时间步上的刚体运动参数，输出质心速度、质心位移、绕质心角速度以及绕质心角度等位置参数，并输出相应的结果文件。

观察动网格更新状态，及时对网格设置进行相应的调整，不断重新生成整个流场的计算网格，如此反复，最终得到盖体在整个流场的运动轨迹以及较为真实的模拟流场情况，实现激波开盖的动态模拟过程（图 11.11）。

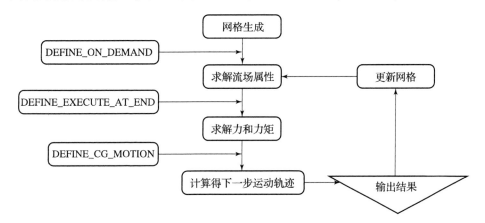

图 11.11　UDF 六自由度模型求解流程

2. 6DOF 模型

CFD 软件自身提供 6DOF 模型配合动网格方法计算六自由度运动。

利用该模型时，同样需要确定计算模型中运动部件的质量、三方向转动惯量及惯性矩、质心坐标。事实上，6DOF 模型提供了更直接的 UDF 宏文件，其定义形式为 DEFINE_SDOF_PROPERTIES（name，properties，dt，time，dtime），可直接设置刚体质量、惯性矩等物理量，也可以设置旋转矩阵等自定义变换变

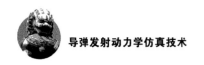
量。位移自由度以及旋转自由度通过布尔值定义，TURE 表示该自由度为 0，默认值为 FALSE。

6DOF 模型将直接输出运动物体的质心速度、质心位移、绕质心角速度以及绕质心角度，具有方便、易获取的优点（图 11.12）。但为了满足计算通用性，该模型可能在某些参数的选取上偏于保守，为了保证其收敛性和鲁棒性，会存在舍弃一定的计算精度的情况。考虑到这一点，在可靠的情况下，选择利用 UDF 进行一定程度的定制计算或许更能达到研究需求。

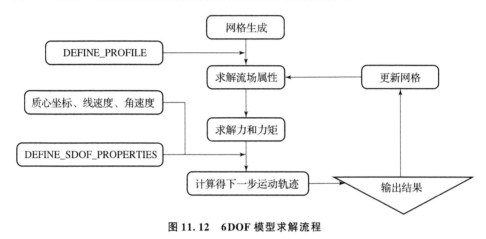

图 11.12　6DOF 模型求解流程

|11.3　激波开盖流场建模仿真方法|

激波开盖过程的流场仿真符合计算流体力学仿真分析的基本流程，包括模型前处理、数值计算以及后处理分析三大部分。本节将结合相关计算流体力学软件，详细介绍激波开盖流场仿真过程的基本步骤和关键技术方法等。

11.3.1　模型前处理

1. 确定输入条件

无论是给定发射装置输入模型还是发射任务指标，都需要首先对计算的输入条件进行确认和分析。激波开盖流场仿真的关键输入条件除了确定其仿真的三维几何模型外，还包括其激波开盖方式、易碎盖形状及材料、开盖压强或开盖时间等条件。

（1）确定激波开盖方式。常见的导弹激波开盖模式主要有燃气流冲击后盖开盖、燃气流反射激波冲击前盖开盖以及燃气流冲击后盖开盖同时反射激波冲击前盖开盖三种。另外，还需要考虑是否采用导流结构。在无导流结构的情况下，剧烈的射流冲击波直接冲击后盖会对后盖及周围设备产生较大影响，利用合适的导流结构可以使后盖压强分布更加均匀。

（2）确定易碎盖形状及材料。易碎盖的材料与破碎压强有关，也是气动耦合仿真模型建立的关键，因此需要在仿真前查阅资料确认相关参数。易碎盖的形状和薄弱结构的设计决定了模型网格复杂区域的划分，对其进行分析可以有效简化模型，确保网格划分的质量和数量。

（3）确定开盖条件。激波开盖过程中，后盖的开启压强或开启时间的设置将直接影响发射箱尾部积聚的燃气团，燃气团又决定了冲击波系的峰值。前盖的开启条件则决定了能否被及时击碎，与导弹后续的顺利发射息息相关。

2. 模型建立及简化

激波开盖流场模型具有一定的复杂性，需要在专业的三维建模软件中实现模型建立或简化。根据输入的三维几何模型，通常建立包含导弹弹体、发射箱、前盖、后盖及滑轨、弹翼等其他部件在内的几何物理模型。具有对称性的导弹发射装置可以建立相应的1/2对称模型，节省建模和划分网格的时间，减少流场仿真的计算量。

在流场仿真计算中，几何模型需要通过一定程度的简化和修改来实现更有利于流场特性计算的网格划分。在保证如盖体、喷管、弹翼等重要结构几何特征尽可能不变的基础上，优化几何模型的结构形状和边缘线条，去除细小、尖锐、薄壁以及重合的结构（图11.13），使网格的畸变程度尽量减小。

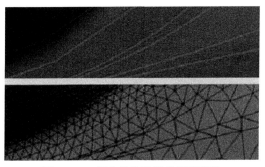

图 11.13　细小结构引起的网格畸变

在 CAD 软件中需要尽可能处理的几何特征如下。

（1）小边和小面。

（2）尖锐边和面。

（3）边与面之间的细小缝隙（通道）。

（4）未连接的几何体。

（5）重合或相切结构。

（6）薄壁片体结构。

处理流体仿真几何模型的策略主要有以下几点。

（1）简化几何形状，如简化不必要的倒角等小结构。

（2）合并小边和小面，减少面的数量。

（3）移除不必要的几何。

（4）只保留重要部分的体间隙。

（5）合并重合或相切的几何。

（6）有效地划分区域来处理片体。

简化激波开盖的几何模型时，保留发射箱体、盖体、弹体、尾喷管以及弹翼等主要结构，对箱体和弹体进行几何简化，尽量减小弹头角度，对弹翼部分几何抽取并划分成合适的块状区域。盖体尽量保证初始的形状和弧度，保留并有效处理薄弱区的缝隙几何（图 11.14）。

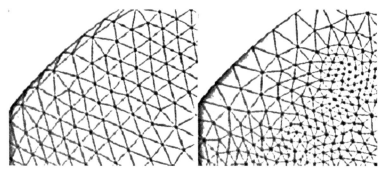

图 11.14　合并面后的网格变化

模型处理完毕后，通过建立外部域与模型进行布尔减运算来获得流体计算域。由于激波开盖过程的研究主要关注前后盖及其附近空间的燃气流场特性，分别在前后盖外延空间设置较大的外部计算域，通常设置为箱体直径的 5 ~ 10 倍。

3. 网格划分

作为有限元分析前处理的重中之重，网格划分与计算目标的匹配程度、网格的质量好坏决定了后期流场仿真数值计算的精度和效率。将简化完毕的流体计算域模型导入网格划分软件中划分网格。接下来主要从网格单元类型、网格数量和疏密度及网格质量三个方面讨论激波开盖流场仿真中的网格划分方法。

1) 网格单元类型

三维网格单元主要有四面体、五面体和六面体三种类型（图 11.15）。六面体结构化网格在计算当中具有更高的计算精度，所占内存较小，但对几何外形的适应性较差，复杂的几何结构往往无法直接采用六面体网格，只可能用多块拼接网格的办法通过对几何结构的细致分块来解决，将耗费大量的时间，且细小特征处理上仍会存在很多问题。四面体和五面体网格属于非结构化网格单元，完全采用非结构网格的三维模型计算量巨大，计算可靠度也不高，但涉及可动边界动网格变化时，采用非结构网格更能实现。

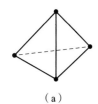 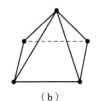 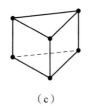 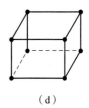

（a）　　　　　　（b）　　　　　　（c）　　　　　　（d）

图 11.15　四种网格单元类型

（a）四面体；（b）四棱锥；（c）三棱柱；（d）六面体

采用四面体与六面体结合的方式划分激波开盖仿真模型的混合网格。不规则几何和前后盖附近区域涉及网格变化及边界运动的部分采用四面体划分，其余结构尽可能采用六面体进行划分。在保证动网格实现且受影响最低的情况下，减少非结构网格的数量，提高数值计算的速度和精度。

2) 网格数量和疏密度

网格数量影响着计算结果的精度和计算规模的大小。由于激波开盖流场仿真属于三维的非定常流场仿真，且涉及动网格变形过程，计算的模态阶次较高，选择较多的网格能更好地保证计算可靠度。但在精度一定的情况下，太多的网格并不能明显提高计算精度，反而会使计算时间大大增加。为了兼顾计算精度和计算量，在结构不同部位采用数量不一、大小不同的网格，即灵活安排网格疏密程度。在复杂和重要的结构划分较多网格，注意在薄弱结构缝隙以及喷管喉部尽可能细化网格，其余部分尤其是外部计算域远端应减少网格数量。

3) 网格质量

网格质量是指网格几何形状的合理性。质量好坏将影响计算精度。质量太差的网格甚至会中止计算。网格质量可用细长比、锥度比、内角、翘曲量、拉伸值、边节点位置偏差等指标度量。在关键部位应保证划分高质量网格，即使是个别质量很差的网格也会引起很大的局部误差。结构次要部位网格质量可适当降低。网格质量评价一般可采用以下指标。

（1）纵横比：以正三角形、正四面体、正六面体为参考基准。理想单元的边长比为 1，可接受单元的边长比的范围线性单元长宽比小于 3，二次单元小于 10（图 11.16、图 11.17）。

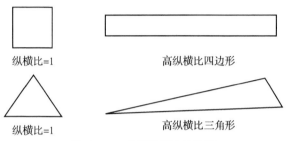

图 11.16　单元纵横比示意图

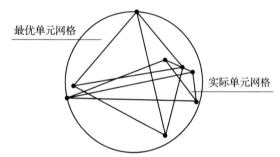

图 11.17　四面体网格质量示意图

（2）偏斜度：单元面内的扭转和面外的翘曲程度。六面体应小于 0.8，四面体应小于 0.9，体网格最大偏斜值应小于 0.95，一般情况下基于求解器的压力可运行包含少量偏斜值为 0.98 的单元。

（3）疏密过渡：网格的疏密主要表现为应力梯度方向和横向过渡情况，疏密过渡比例不应大于 1.2，应力集中的情况应妥善处理。

11.3.2　数值计算

完成模型简化和网格划分等前处理步骤后，将仿真模型以 mesh 文件格式导入数值计算软件，对整个激波开盖过程的燃气流场进行数值仿真计算。采用第 1 章所述的原理和方法，选择适合激波开盖流场特性的求解方法和计算模型，耦合求解三维的 N-S 方程，非定常计算各个时间步内流场的分布，直到流场发展稳定。

1. 数值计算设置

将网格文件导入 CFD 软件后，修改模型尺寸使之符合实际物理尺寸，检查网格质量，若网格质量出现问题，可在 CFD 软件中改善或回到网格划分软件中重新修改。

激波开盖流场仿真模拟了燃气流从喷管喷出并冲击前后盖实现开盖的全过程，因而采用压力基非定常求解器进行瞬态计算，应用 PISO（pressure implicit with splitting of operators）算法求解，初次计算采用一阶格式，计算稳定后可采用二阶格式提高计算精度。

2. 边界条件设置

（1）区域划分。流体区域设置主要指对流体区域和固体区域进行划分，并对动域和静域进行划分。在激波开盖仿真中只存在固体表面而无固体区域。由于盖体为移动边界，覆盖盖体的计算域往往设置为动域。对于需要进行导弹出箱仿真的计算，将导弹区域划分为动域，将外部发射箱区域划分为静域。

（2）初始化条件。在进行数值模拟之前，对流场进行初始化。燃气射流计算中，无初始速度的模型其喷管以外的计算区域初始流场可取静止大气的参数。

（3）边界条件。这是指流动变量和热变量在边界处的值，其主要类型有进出口边界条件（压力、速度、质量进出口，压力远场，进风口，进气扇，通风口，排气扇等）、壁面边界条件、对称面或对称轴、内部单元边界条件（流体、固体）、内部表面边界条件（风扇、散热器、交界面等）。

边界条件的设置步骤为：①在网格划分软件中定义边界条件类型。注意应在命名时确定统一的格式。②在仿真软件中设置边界条件的具体参数。对入口、出口等相应的边界条件设置如温度、压力、燃气组分百分比等参数。对于壁面条件，应先确定该壁面是否传热或移动。对于动边界，则根据动网格需求再进行进一步设置。

激波开盖仿真中，通常用到的边界条件主要有压力入口边界条件、压力出口（pressure outlet）边界条件、对称面、无滑移绝热壁面边界条件以及动边界。

3. 湍流模型

根据激波开盖实际流场特性选取合适的湍流模型，常用的是标准 k - ε 模型、RNG（re - normalization group）k - ε 模型或 realizable k - ε 模型，近壁面湍流计算采用相应的壁面函数法处理。

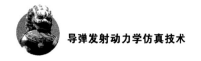

4. 多组分模型

燃气流属于气固两相流，根据研究情况可采用多相流计算模型，也可以不考虑固体颗粒而采用多组分的气体模型，将燃气流视为燃气、空气的混合气体。计算前根据输入条件获取发动机装药的定压比热、摩尔质量等条件，设置燃气参数。

5. 动网格设置与调整

根据 11.2 节的描述，划分动域、变形域和静域，对盖体和其他动域进行动网格的设置，通过编译方式加载 UDF 库。

开启弹簧光顺法和网格重构法两种动网格更新方法。弹簧光顺法主要有弹簧光顺和离散光顺两种网格光顺模型，激活弹簧光顺模型。可设置的参数包括弹簧弹性系数（spring constant factor）、边界点松弛因子（laplace node relaxation）、迭代精度（convergence tolerance）以及迭代次数（number of iterations）。

弹簧弹性系数取值范围为 [0，1]，通过调节该值可以调整弹簧刚度大小。默认为 1，计算中如果发现可动边界附近网格堆积严重，应适当调小此参数使位移扩散出去。

边界点松弛因子取值范围为 [0，1]，是网格位置更新时所使用的参数。默认为 1，通常保持默认，调整该值可控制每次网格更新的节点位置。

迭代精度和迭代次数控制求解精度，通常保持默认。

网格重构法中，可以根据问题研究需要开启局部单元重构、局部面重构以及局部区域重构三种 remeshing 方法。可设置的参数包括歪斜度和尺寸阈值，即最大网格畸变率（maximum cell skewness）、最大面畸变率（maximum face skewness）、最大网格尺寸（maximum length scale）和最小网格尺寸（minimum length scale），用以控制重构单元的大小。通常参考 Mesh Scale Info 的网格参数进行设置。

网格重构间隔（size remeshing interval）用以控制网格重构的频率，默认值为 5。当参数值较大时，重构间隔受歪斜度控制；当此参数值较小时，重构间隔受歪斜度及网格尺寸共同控制。对于时间步长较大的问题，通常取该参数为 1。

为了进一步控制网格重构质量，激活尺寸函数（size function）。尺寸函数用于在可动边界处约束网格，使其维持在一个较小的尺度，在远离可动边界处，逐步将其增大。尺寸函数在重构前帮助标记出那些网格尺度大于当地尺寸函数值的网格。其可设置的参数有：尺寸函数分辨率（size function resolution），用以控制背景网格的密度；尺寸函数变化量（size function variation）α，是最大允许网格尺度的量度；尺寸函数变化率（size function rate）β，是网格成长率的量度。$\beta = 0$ 意味着线性增长，β 值越大，表明边界处网格生长越慢，内部网格生长越快。

在空间六自由度运动模型的三维动网格使用中，由于运动状态由受力状态控制，在计算之前是未知的，调整其动网格参数比较困难。因此，在加载并初步设置完动网格参数后，还要进行计算前的试算，随时观察与调整。对动网格的使用和调整步骤如下。

（1）使用求解器中获取的默认参数设置。

（2）通过动网格预览功能观察网格效果。

（3）根据需要，调节网格控制参数，反复预览后投入初步计算。

（4）观察实际网格变形效果。

（5）根据需要进一步调节网格控制参数，最后获得较为适合的计算结果。

6. 计算过程监测

计算过程中保持合适的时间步长和收敛精度，对关键结构部位如前盖、后盖、流场对称面、箱体及弹体等压强、温度等关键参数进行监测，输出所需要的监测曲线和监测云图，以便于及时关注流场的发展，避免发生计算错误，同时为后处理分析奠定数据基础。

11.3.3　后处理分析

1. 仿真结果的输出及分析

对于非定常流场的数值计算，选取一定的时间步间隔保存相应的结果文件和数据文件，保存原始计算数据避免重新计算，在必要时也可以修改计算设置以及后处理提取数据。

由于保存的 CFD 初始计算文件不易进行统一处理，为了节约工作时间，更有效的做法是计算过程中就输出所需的结果数据。激波开盖流场仿真中常常用到的输出结果主要包括以下几项。

1）前后盖压强及温度变化

后盖的压强和温度变化与所受燃气流冲击波有直接关系，前盖的压强和温度变化将明显反映出盖体所受到燃气流反射激波的影响，对研究是否顺利完成开盖和易碎盖的具体分离过程有着重要意义。

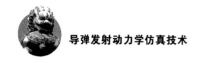
2）易碎盖盖体分离结果

易碎盖盖体被激波吹破后逐步分离的过程是激波开盖研究的关键问题，盖体分离程度的好坏关系到了最终是否能完成发射任务。盖体分离六自由度运动过程一方面可由六自由度动网格模型程序直接输出各分离体的速度、加速度、位移以及偏转角度等计算数据；另一方面还可以通过制作的监测动画直接观察到其运动过程。

3）箱体内激波前进时间及位置

燃气流冲击后盖而产生的反射激波扰动波将会在发射箱内逐步前进，最终到达前盖使其被吹破并完成开盖任务，因此发射箱内的反射激波强度、前进时间及位置是激波开盖研究时箱内流场分析的重点之一，尤其是接近前盖的激波变化，可以说是该流场仿真中影响开盖的关键因素。

4）燃气流场的排导结果

研究燃气流排导过程是大部分燃气射流流场仿真的根本目标，激波开盖问题中的燃气流排导研究可分为三个部分：发动机喷管产生的燃气流直接冲击后盖所产生的燃气流；尾部包含导流结构的发射装置下的燃气流排导结果；前盖开盖后发射装置前端燃气流排出的结果。通过燃气流排导结果，还可以得出燃气流对发射环境的影响。

5）结构受力、力矩等参数曲线

导弹发射仿真计算中弹体及箱体的受力及力矩等动力学特性分析向来是发射过程的重要研究对象。激波开盖流场仿真中，盖体的动力学特性可通过设置六自由度动网格模型给出一定的参考结果，进一步的精确研究需要加入固体动力学仿真计算进行分析。除此之外，滑轨、弹翼等其他主要结构的受力也可能对发射产生相应的影响。

6）发射过程中的各内弹道参数

对于还需要进一步研究导弹发射全过程的激波开盖问题，有必要输出发射过程中的内弹道参数，主要包括发射过程中导弹加速度、速度、位移，可通过监测点设置或相关弹射、热发射等内弹道参数计算得出。

2. 仿真结果的对比和优化

为了对问题实现更深的研究，获得更加可靠而有意义的研究结论，必须根据不同的研究目标，对导弹发射燃气射流流场仿真设置不同的研究工况，在对不同工况仿真计算结果的对比分析的基础上，逐步优化计算，得到更加符合实际的计算结果和研究结论。

|11.4　典型实例分析|

为了更好地帮助读者理解并掌握激波开盖过程的流场仿真方法，本节将以某导弹激波开盖流场仿真为计算实例，阐述其建模及仿真的详细过程，并对计算结果简要处理和分析。

11.4.1　几何模型

计算实例采用输入的发射模型，主体结构包括发射箱箱体、导弹弹体、后盖、易碎盖前盖以及滑轨，如图 11.18 所示。

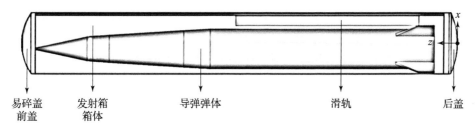

图 11.18　输入发射模型

发射时，发动机喷管产生高压燃气，燃气射流冲击波在发射箱尾部累积，达到一定压强后将后盖整体抛出，同时产生的反射激波在发射箱内传播前进至易碎盖前盖，累积达到一定压强后将易碎盖前盖吹裂，使其按照设计好的结构分离散开，实现导弹的顺利发射。

由于输入三维模型在 $Y-Z$ 平面具有轴对称性，为了简化计算，采用 1/2 轴对称模型，保留主要结构：箱体、导弹圆柱体、后盖、易碎盖前盖、弹翼以及滑轨，对其余结构进行简化。简化完毕后，用布尔运算获得图 11.19 所示的发射箱内计算域模型。向前延伸获得上部计算域，向后延伸获得尾部计算域，整体计算域模型如图 11.20 所示。

抽取前后盖盖体模型表面，仅对其细小处进行少量修改，几乎完整保留盖体形状及分离体设计。本例中，前盖为不规则形易碎盖，边框薄弱区与箱体前端连接，四周为弧形，顶端略突起，整体呈立体式受力，采用十字形划分分离体，破碎后子盖四散飞出，具体结构如图 11.21 所示。后盖为整盖抛出的开盖形式，材料与前盖相同，薄弱区边框与箱尾边缘连接，无导流结构，形状如图 11.22 所示。

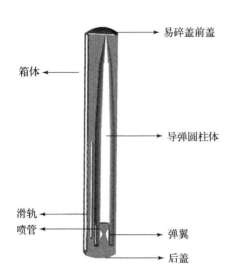

图 11.19　发射箱内计算域模型

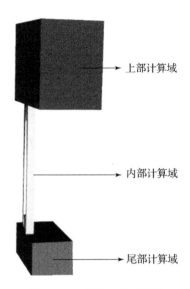

图 11.20　整体计算域模型

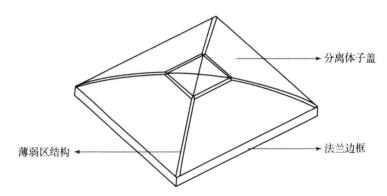

图 11.21　前盖模型整体

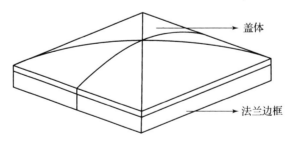

图 11.22　后盖模型整体

11.4.2 网格划分

将简化模型的整体计算域导入网格划分软件，对模型进一步分块。分块后根据网格划分原则从模型网格要求较为严格的部位开始划分，整体网格模型如图 11.23 所示，网格数量约 440 万。

图 11.23 整体网格模型

箱体内部计算域以结构化六面体网格为主，几何形状不规则区域如导弹尾部弹翼部分、导弹头部等采用非结构化网格划分。由于前后盖为不规则几何且涉及动网格运动，盖体及其周围计算域采用非结构网格划分（图 11.24、图 11.25）。

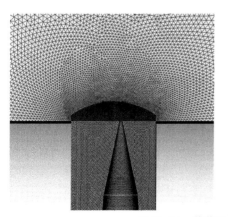
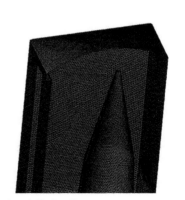

图 11.24 前盖及其周围计算域网格

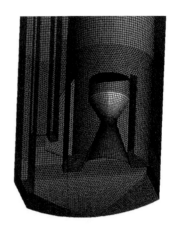

图 11.25　后盖及其周围计算域网格

通常情况下，最小网格尺寸以喷管喉部直径的 1/10 为准。由于本模型薄弱区的网格尺寸最小达到了 10 mm，在计算条件允许的情况下，选择以喉部直径的 1/20 为最小尺寸约 7.25 mm。外部计算域最大网格尺寸约 150 mm。

11.4.3　仿真计算过程

采用压力基（pressure – based）非定常求解器、PISO 算法进行瞬态计算，开启能量方程，考虑重力对盖体运动的影响，沿发射轴负方向设置重力加速度。湍流模型选择 RNG $k – \varepsilon$ 模型，应用标准壁面函数模拟近壁面湍流。工作介质采用燃气 – 空气双组分模型，燃气组分参数根据输入的比热比、气体常数以及发动机出口压强、温度和速度进行计算得出。初次计算均采用一阶格式，收敛精度为 10^{-6}。

1. 边界条件设置

（1）初始化条件：计算中，发射箱工作环境为标准海平面下的外界环境，流场无初速度。

（2）压力入口边界：发动机喷管入口处的条件。本例中，发动机各项参数根据输入的参数设置入口总压压强、总温，燃气组分百分比为 1。

（3）压力出口边界：将外部计算域四周均视作压力出口。指定压力出口与初始化条件一致，均为标准大气条件。

（4）壁面边界：计算中不考虑壁面传热，将发动机壁面、发射箱壁面、弹翼、弹体、盖体及滑轨等固壁处视为无滑移绝热壁面边界条件，并设有一定厚度。

（5）对称面：按 1/2 模型切割面为对称面设置（图 11.26）。

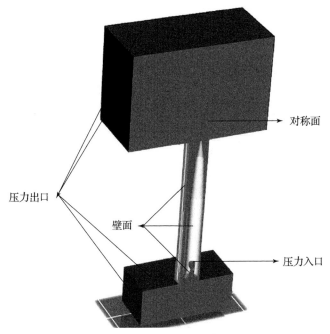

对称面

压力出口

壁面

压力入口

图 11.26　边界条件示意图

2. 动网格设置及调整

算例采用用户自定义函数配合动网格方法进行盖体六自由度运动的模拟。根据输入条件设置前后易碎盖的复合材料参数。在三维建模软件中获取各盖体的物理属性参数（质量、惯性矩、角动量）。根据本节编写相应的 UDF 程序，选择编译型方式加载并构建 UDF 库文件。由于激波开盖模拟过程为瞬变非定常模拟过程，不同时间步下盖体位移坐标不同，因而每次运行计算都需要重新修改 UDF 文件中的质心坐标项，重复挂载步骤。具体的动网格设置如下。

（1）前后盖为可动边界面，用 UDF 设定其六自由度运动并设置一定的理想网格高度（cell height）。

（2）在网格运动过程中，区域内节点位置保持不变的区域为静止域。不设定区域运动，则该区域默认静止，但一些情况下还是需要显式设定某些区域为静止域，尤其是在与可动边界相连的区域处理上。本例中，由于尾部计算域包裹住一半后盖侧边界的特殊情况，将箱体内部计算域与尾部计算域所相连的界面均显式设定为特定静止面，即界定此处网格节点保持恒定。

（3）将后盖内外垂直方向上的尾部计算域均设置为运动域。采用域动分层法的思想，尾部计算域内，静止面以下的网格开始重构变形，后盖内为内域运动域，后盖外外域运动域，不同的运动计算域根据不同的网格变形要求进行设置（图11.27）。

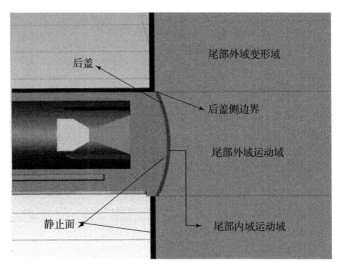

图 11.27　后盖动域设置

（4）将前盖上部计算域与尾部其他计算域设置为变形域，与变形域和运动域对应的对称面也均设置为变形面（图11.28）。由于与可动边界相连，其运动产生的影响也将导致变形域内的节点变形。

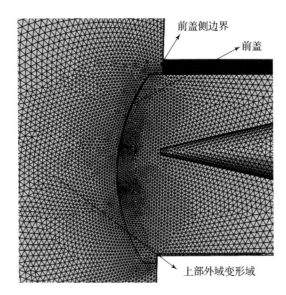

图 11.28　前盖动域设置

当计算进行到一定时间步，首先达到后盖开盖压强，此时挂载 UDF 库，并将后盖薄弱结构由壁面改为内部单元。当激波到达前盖达到前盖压强时，对前盖进行相同操作。为了保证计算文件不出错，最好保存设置后退出原计算文件重新运行，注意此时修改 UDF 中的运动坐标并再次挂载。

3. 数据监测和保存

间隔一定的时间步保存计算文件和数据，开盖时间附近缩短保存间隔。由发射箱底部往上间隔一定距离设置多个监测点观察激波前进状态。计算时主要动态监测前后盖的温度、压强云图，对称面温度、压强云图及前后盖网格变化等。此外，保存 UDF 输出文件、前后盖压强监测曲线，以便于对计算结果进行分析。

11.4.4　仿真结果及分析

1. 发射箱内流场初步分析

根据输入开盖要求分别开启后盖、前盖。通过对发射箱内廓侧面和导弹侧面压强与温度的监测曲线可以看出，燃气喷出后发射箱底部不断积聚一定量的高温高压燃气，这是由于后盖开启需要一定的压力，燃气在发射箱尾部积聚一定量后达到开盖压力时，后盖才会打开。发射箱内的压力符合较为一致的波动规律，激波强度随着监测点向前逐级递减。经过一段时间后，反射激波在前盖前端开始累积加强，从而出现压强增加的现象，最终压强累积达到前盖的开盖压强，完成开盖。

2. 后盖整体激波开盖分析

图 11.29 和图 11.30 所示分别为后盖开启前后的对称面压强与后盖压强云图。可以看出，燃气流冲击后盖达到开盖压强时，射流直接冲击到的中心区（本例中喷管位置偏右）压强要明显高于余下部分。随着后盖的脱离，燃气流迅速由盖体和喷管之间的间隙射出，压强向整块后盖扩散开。此时，燃气流在弹体下边缘向箱体的上方回转形成积聚的燃气团，进而形成了一系列冲击波，即冲击波系。此波系拥有一定的厚度且压力峰值出现在波系中间，当此波系作用在前盖上时会给前盖造成可持续一定时间的具有较高峰值的力的作用，所以可以利用此峰值来击碎前盖，达到开盖目的。还可以看到，后盖开盖时，箱尾空间压力变化有较为明显的波动，这说明后盖的运动对附近区域有小范围的影响。

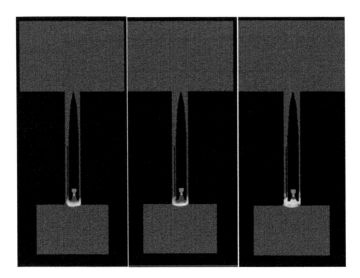

图 11.29　对称面后盖开盖前后压强变化

图 11.30　后盖内壁开盖前后压强变化

　　开盖起初，后盖主要做向下的平移运动，向冲击中心区有一定的偏转。后盖脱离后短时间内，仍然不断受到燃气流的冲击，使其下移和偏转速度增加。由于后期燃气流先后作用，后盖中心区和余下部分的压强差开始缩小，因而盖体下移并偏转到一定角度后，保持一定的速度下移，而旋转速度减弱。

3. 前盖易碎盖分离开盖分析

　　图 11.31 和图 11.32 所示分别为前盖开盖前后四个时刻的对称面压强与前盖压强云图。

　　可以看到开盖时作用到前盖上的压力较为均匀，盖体受反射激波的冲击较为对称，盖体中心区域压强较高。这是因为反射激波到达前盖后，在前盖处需要经过一段时间逐步累积才能达到冲破压强。

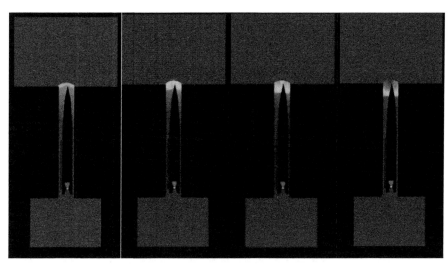

图 11.31　对称面前盖开盖前后压强变化

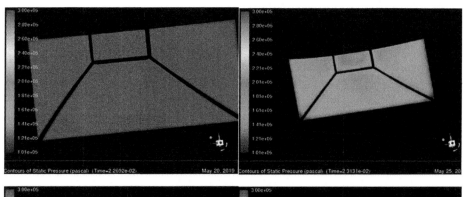

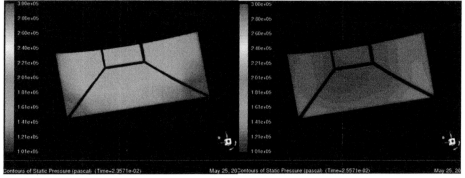

图 11.32　前盖内壁开盖前后压强变化

　　图 11.33 所示为前盖开盖前后对称面的马赫数云图。激波在前盖前端累积时的同时向箱内回转，在发射箱前端形成一定扰动波系。易碎前盖受冲击后，

薄弱区破碎，盖体开始向四周分离，激波气流由薄弱区的细小缝隙中流出。随着分离体之间的间隙扩大，激波气流迅速向外流出，主要向两边横向扩散。可以看到，易碎盖的分离运动较后盖运动更加迅速而剧烈，高强的激波以及分离设计使得前盖破碎后迅速飞出，完成导弹发射任务。由于此时后盖早已经飞出，箱内压强被平衡，剩余扰动波将在箱内迅速消散，减少了其对发射箱体和导弹的影响。

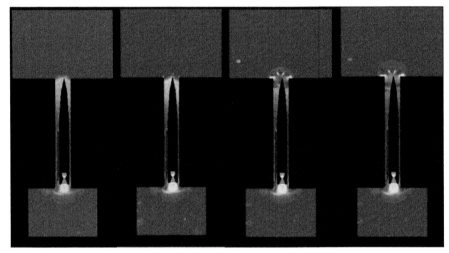

图 11.33　前盖开盖前后对称面的马赫数云图

参 考 文 献

[1] 曹然. 复合材料多瓣易碎盖设计与实验研究 [D]. 南京：南京航空航天大学，2014.

[2] 卜璠梓. 异形复合材料贮箱结构设计与优化 [D]. 大连：大连理工大学，2014.

[3] 段苏宸，姜毅，牛钰森，等. 发射箱易碎后盖开启过程的数值计算 [J]. 兵工学报，2018，39 (6)：1117 – 1124.

[4] 苗佩云，袁曾凤. 同心发射筒燃气开盖技术 [J]. 北京理工大学学报，2004 (4)：283 – 285.

[5] 谭汉清，田义宏. 国外飞航导弹舰面垂直发射关键技术研究 [J]. 飞航导弹，2007 (4)：36 – 38.

[6] 鲁云. 先进复合材料 [M]. 北京：机械工业出版社，2004.

[7] 沈观林. 复合材料力学 [M]. 北京：清华大学出版社，1991.

［8］ 何东晓．先进复合材料在航空航天的应用综述［J］．高科技纤维与应用，2006，31（2）：9－11.

［9］ 王松超．某火箭系统易碎式密封盖研究［D］．南京：南京理工大学，2013.

［10］ 孙甫．MY－9易碎材料在武器系统上的应用［J］．宇航材料工艺，2002（2）：25－28.

［11］ 周宏，周光明，周储伟，等．混杂复合材料泡沫夹层结构在某导弹发射箱盖中的应用研究［J］．玻璃纤维，2004（2）：12－15.

［12］ 余洪浩．冲破式方形多瓣易碎盖的结构设计与试验研究［D］．南京：南京航空航天大学，2016.

第 12 章

导弹热发射燃气流场仿真

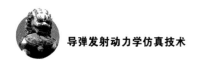
|12.1 裸弹热发射流场仿真|

12.1.1 裸弹热发射流场特征

导弹发动机在发射过程中喷射出高温、高速的燃气射流，在发射平台距发动机较近的情况下，燃气射流对发射平台有较强烈的热冲击和动力冲击效应，某些情况下会威胁发射平台的安全性，并对发射平台上其他设备使用状况产生影响。为此需要研究导弹发射时燃气流场特征。

火箭燃气射流是发动机内部火药燃烧所产生的高温高压气体，经过拉瓦尔喷管后，以超声速喷射到静止介质或流动介质的空间中，亚声速或超声速气体射流由于脱离了限制它流通的喷管壁面，因而会在大气空间、发射装置的迎风正面，对发射装置旁边人员、设备、环境等产生强烈的冲击效应。这种冲击效应分为两种，即热冲击效应和动力冲击效应。热冲击效应主要是火箭发射时产生的强烈火焰和热流，这种冲击不但会造成严重的烧蚀效应，而且还会使发射装置的振动特性发生改变，给后续发射的气动条件带来扰乱，影响到发射装置以及发射武器的安全性和稳定性，有着很大的危害性。动力冲击效应主要是从发动机点火开始，其产生的起始冲击波以及射流冲击导弹。燃气由导弹发动机喷管尾部沿射流轴线喷出，形成高温高压高速射流，冲击导流装置或直接冲击地面，发生转向和反射，最后向周围扩散。

裸弹燃气流主要特征可以从多方面分析。

按导弹运动状态，其可以分为点火未运动阶段和导弹运动阶段。点火未运动阶段，由于推力小于阻力，导弹不发生运动，此时，导流装置上温度压力逐渐升高，随着高压室压力提高，推力达到起动推力后，进入导弹运动阶段。由于高压室压力升高与喷管距离导流装置越来越远，导流装置上温度压力具有先升高、后下降的趋势，并在某处达到最大值。

从特征因素分析，燃气流场主要关注特征参数温度、压力。温度主要表现在烧蚀、损伤导流装置、发射装置及导弹底部区域。压力主要为导流装置、发射装置、燃气舵、气动翼等关键装置和部位所受燃气冲击与气动载荷。

从受影响对象分析，其可以分为燃气流对导弹影响、对导流装置影响、对发射装置影响、对周围环境影响等方面。燃气流对导弹影响可以分为由于燃气流振动产生的初始扰动和燃气流冲击平台后的反溅流产生的气动扰动；燃气对于导流装置主要产生高温高压热冲击，并与导流面上压力、温度，导流器具体结构参数直接相关；燃气流对发射装置影响可以分为燃气流振动产生的初始扰动、对导流装置支撑反作用力和反溅流气动力，以及随着导弹运动，射流覆盖面积增大导致的燃气流正冲击。对周围环境的影响主要包括燃气流折转和反溅流对周围发射环境的影响，以确定发射人员撤离的安全距离等。

12.1.2　裸弹发射流场仿真方法

发射流场仿真方法将从几何模型、网格模型、计算模型、后处理方法等方面讲述。仿真流程如图 12.1 所示。

1. 几何模型简化

对于给定裸弹发射装置几何模型，需要进行多步处理。

（1）除去几何实体中干扰计算精度和效率的细小结构（图 12.2）。细小结构一方面会增大计算量；另一方面也会导致后续网格质量变差，降低计算精度和效率。几何实体的简化是网格划分的基础。同时需要注意对于弹翼、燃气舵、喷管等重要结构，需要尽可能保持其几何特征。

（2）以一定空间减去物理实体结构区域，剩余部分构成需要进行计算的区域。燃气流场计算。计算区域边界取接近大气参数的位置，常取发射装置尺寸 5～10 倍空间尺寸。由于裸弹发射影响范围较广，初始计算域选取应预先考虑导弹运动后燃气流覆盖区域。去除实体结构前后如图 12.3 所示，图中架简化为无厚度壁面。

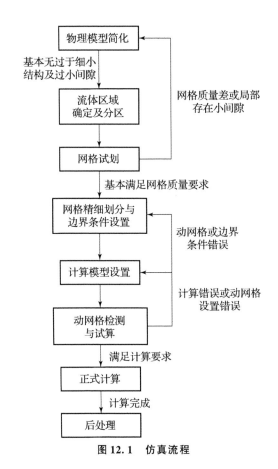

图 12.1　仿真流程

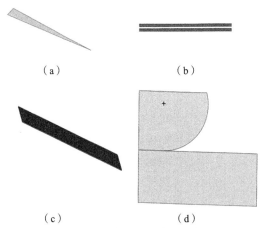

（a）　　　　　　　　　　　　（b）

（c）　　　　　　　　　　　　（d）

图 12.2　常见需要简化结构

（a）过小角度；（b）过小间隙；（c）薄壁结构；（d）相切结构

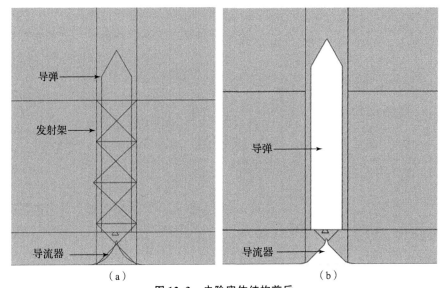

图 12.3　去除实体结构前后

（a）去除前；（b）去除后

（3）对流场区域进行分区。当结构具有明显对称性时，可将结构简化为对称结构，以减小计算量。为提高计算速度，需要尽量减小初始计算域空间，当计算裸弹非定常流场时，常采用图 12.4 分区形式。以包络导弹运动区域为核心动域，将剩余区域分为静止域和上部动域，随着导弹运动，计算域空间逐渐扩大。

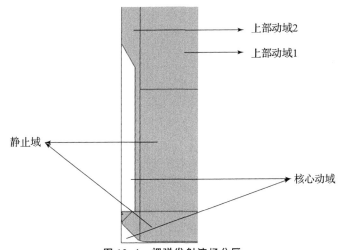

图 12.4　裸弹发射流场分区

（4）输出流场区域模型。完成整体计算域设计后，需要将流场区域模型输出为标准格式，使用专业流体网格软件进行划分。

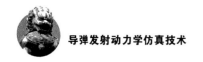

（5）修改模型。一方面由于发射流场模型较为复杂，难以通过一次简化达到计算要求，需要多次修改，以达到网格要求。另一方面，针对同一模型的不同计算工况，需要在模型上进行一些修改。此时可以通过修改部分区域模型，导出到网格划分软件中进行划分，以减小工作量。

2. 网格划分

网格划分是发射流场仿真中重要的步骤。接下来将主要从网格单元类型的选择、分区网格集分区计算技术、变尺寸层动动网格技术等方面讲述。

1）网格单元类型的选择

选择网格单元类型的主要依据是计算精度和计算周期。对于复杂多部件的飞行器外形（或其他复杂流动的外形），生成单域（贴体）的计算网格是困难的，即使勉强生成，网格质量也无法保证，将严重影响流场数值求解的效果。

2）分区网格集分区计算技术

目前常采用分区网格集分区计算技术，即根据外形的特点将总体流场分成若干个子域，对每个子域分别建立网格，并在其中对流动主控方程求解，各子域的解在相邻子域边界处通过耦合条件来实现光滑。区域分解的基本原则是：尽量使每个子域的边界简单，以便于网格的建立；各子域大小也尽量相同，以实现计算负载的平衡。对并行计算后一点尤为重要。分区又有相邻子域有重叠部分的覆盖（overlapping）和各子域无重叠部分的对接（patched）两种方法。在燃气射流计算中通常采用分区对接网格。

分区对接网格的生成步骤可以归纳为以下四个步骤。

（1）根据外形和流动特点分区，并确定区域中的网格拓扑。

（2）生成表面网格在对实际计算模型几何处理基础上按要求的网格疏密分布生成各部件表面的网格。几何定义和表面网格生成是需要投入最大努力的两个流场模拟领域，也是最耗时的环节。

（3）生成交界面的网格。

（4）空间网格的生成。当表面和交界面上的网格生成后，各区的边界即已确定，各区内空间网格原则上可以用代数方法或求解椭圆形方程的方法生成。空间网格迭代过程中，交界面上的正交性要求不能过高，这是交界面本身在空间的方位及其上的网格点分布局限的结果。因此，空间网格如何分区、采用怎样的分区拓扑、交界面方位的选取以及交界面上网格生成的方法等因素都会对区内空间网格的生成过程和质量产生影响。发展好的交界面曲面网格生成技术对分区网格是重要的。

分区对接网格生成的整个过程如图 12.5 所示。

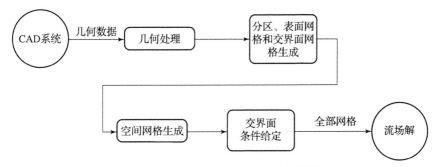

图 12.5　分区对接网格生成的整个流程

分区网格生成的过程图一般来说，结构化网格与计算区域中流体的流动方向有较好的一致性，因此其计算精度一般要高于非结构化网格；另外，由于非结构化网格舍去了网格节点的结构性限制，因此它比结构化网格具有更大的灵活性，对复杂外形的适应性非常强。所以，对于复杂的计算区域来讲，非结构化网格的生成速度要远高于结构化网格的生成速度，有利于缩短计算周期。

非结构网格生成方法在其生成过程中都采用一定准则进行优化判定，因而能生成高质量的网格，且很容易控制网格的大小和节点的密度。一旦在边界上指定网格的分布，在两个边界之间可以自动生成网格，无须分块或用户干预。因而近年来非结构网格方法受到了高度重视，并取得了很大发展。同结构化网格相比，非结构网格存在一些缺点，主要有以下几点。

（1）非结构网格方法需要大量内存，因为必须记忆单元节点之间的关联信息，且在计算过程中必须为梯度项开设存储空间，而且非结构网格不具备方向性，必须记忆各坐标轴方向的梯度分量，使所需内存大大增加。

（2）在非结构网格中进行流场计算需要更多的 CPU（中央处理器）时间。

（3）结构化网格中成熟的流场解计算方法尚不能简单地应用于非结构网格、不易应用多重网格技术等。在综合考虑结构化网格和非结构网格的优缺点的基础上，产生了结构、非结构混合网格。混合网格兼备非结构网格的几何适应性和结构化网格的数值精度及效率，这种方法能够获得质量、效率和适应性相对都比较好的网格。

针对多部件或多体复杂外形，先对多体中的每一个单体或复杂外形中的每一个子域生成贴体结构网格，再在相邻两子域的重叠区挖洞，洞体由非结构网格来填充，实现相邻两网格间的通量守恒。一般复杂流场网格皆属于此类。最简单的一种混合网格是由近物面的非结构网格和远离物面的矩形区域网格构成的。

3）变尺寸层动动网格技术

裸弹发射流场计算域较大，采用固定尺寸或变比例动网格技术往往造成动域 1、动域 2 相接处网格尺寸差异过大,因而可采用变尺寸层动动网格技术。

变尺寸层动动网格技术流程如图 12.6 所示。基本思路为获取静止面处动域 2 运动方向尺寸 h,并将动域 1 分割尺寸设置为 h 值,以达到动域 1、动域 2 两侧网格尺度匹配。

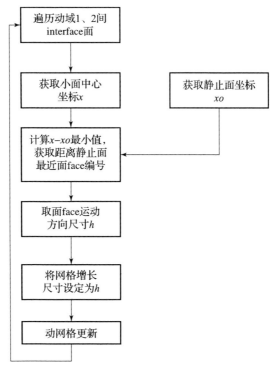

图 12.6　变尺寸层动动网格技术流程

4)仿真结果输出(内弹道参数,导弹力、力矩、温度,发射装置力、力矩、温度,关键部位受力与温度,非定常计算时均曲线)

仿真结果通常保存成计算结果文件与输出文件。计算结果文件包括非定常计算中,不同时刻流场状态的原始数据,以便后续检查处理,原始数据一般占用空间较大,且难以直接进行处理。输出文件是在计算过程中保存或在计算结束后从原始数据中获取的分析数据,常见的数据包括:内弹道参数,导弹受力、力矩、温度,发射装置受力、力矩、温度,以及重要部位所受力、力矩、温度等。

内弹道参数可以认为是从点火到发射到位整个过程的弹道参数,重点关注的是发射过程中导弹加速度、速度、位移,根据非定常计算中数据,绘制加速度、速度、位移时均曲线并进行后续分析。

导弹受力包括导弹整体受力与导弹关键部位受力。导弹整体受力为在当前坐标系下导弹轴向受力与导弹侧向受力,以及导弹在运动中受到转矩与弯矩。

关键部位受力为导弹翼等受力、力矩。发射装置受力主要包括燃气对发射装置作用力。由于燃气温度较高，需要关注发射装置温度或热流密度，以判定是否需要进行热防护。在输出结果中，需要绘制导弹、发射装置受力、受热时均曲线。

在仿真过程中，往往不仅单独进行一次仿真，常见多工况对比分析进行。当需要优化特定面参数时，可采用粒子群优化算法优化响应面结构参数。

粒子群优化算法称为 PSO 算法，是根据鸟类或鱼类等动物种群的觅食行为发展出的一种仿生算法。其思想主要是首先随机生成初始种群，认为每个粒子都是一个可行解对应一个适应值，根据适应值的大小来衡量解的优劣，通过群体之间的信息共享以及个体总结自身"觅食"经验，来修正每个个体的行动策略，最终求得问题的最优解。其基本计算流程如图 12.7 所示。

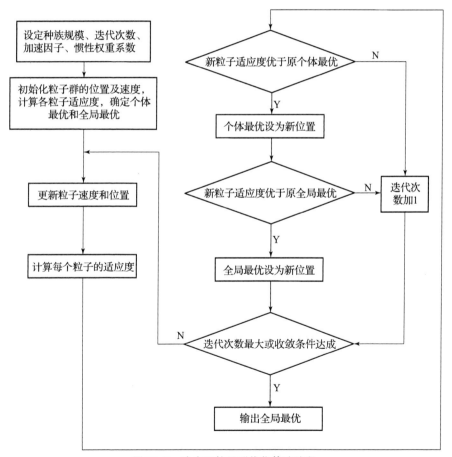

图 12.7　响应面粒子群优化算法流程

在一个维搜索空间中，每个粒子表示一个维向量。第 n 次迭代结束后，第 n 个粒子根据自己位置与个体最优的位置及全局最优的位置的距离，更新自己的速度和位置下标表示维度，使惯性权重科学选择和适时调整能够提高算法性能。较大的惯性权重在开始搜索时可以增强算法的全局搜索能力，搜索后期降低惯性权重则可以提高局部搜索能力。

12.1.3 裸弹热发射流场仿真典型案例

1. 几何模型

发射系统物理模型非常复杂，建立模型较为复杂，对计算机计算能力要求较高。此处为便于理解裸弹流场特征，把握整体的计算流程，同时能够使读者在一般计算条件下较快地计算出结果，特别对物理模型进行大幅度简化，保留主要的几何特征，而将更细致的结构一律省去。

图12.8为裸弹发射装置结构简图，主要保留导弹回转体特征以及尾部弹翼、喷管、导轨、发射架、导流锥等结构。图12.9为物理3D模型。

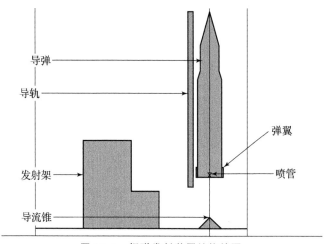

图 12.8 裸弹发射装置结构简图

建立3D模型之后，需要对模型进行整体分析。以本模型为例，可以看出简化后的对称模型，可以将模型简化为1/2对称模型，以减少网格量。

建立3D模型后，需要确定流场计算域。以图12.8为分析对象，可以确定主要研究对象为导弹、发射架、导轨、导流装置等结构所受流场影响，则可以所有研究对象最大特征尺寸的5~10倍左右确定初始流场计算域尺寸。

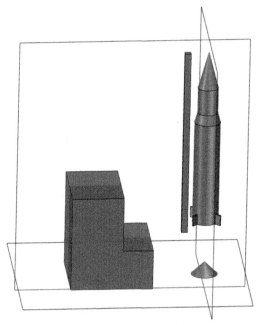

图 12.9　物理 3D 模型

　　以空间中一定区域减去固体区域，则剩余部分为流场区域。确定流场区域范围之后，需要根据几何特征，对流场区域进行分块。

　　分块的目的是获得较高的网格质量，同时对动网格区域进行分割，分割情况如图 12.10 所示。将整体流场区域分为三部分，以靠近与远离导弹为依据将流场分为内、外域；以流场区域是否随时间变化，将流场区域分为动、静域。

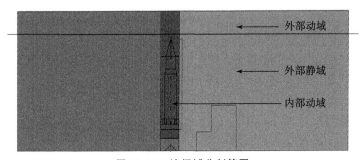

图 12.10　流场域分割简图

　　到此几何模型处理已完成建模、简化、分块等全部流程。初学者在学习过程中，容易在几何处理中出现一些问题，导致后续需要重新返回建模步骤，浪费大量时间。为应对这样的问题，可以事先对重要结构、复杂结构等进行包络，使之处于规则的矩形或其他形状的部分流场区域中，在后续需要修改时，只对此流场区域进行修改即可，无须重新建模。

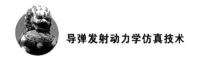
2. 网格模型

整体网格模型如图 12.11 所示，整体网格以六面体网格为主，在结构存在曲角角度较小的情况下以非结构网格填充。以喷管喉部直径 1/10 为最小尺寸，网格随距离喷管的距离增长而逐渐变大，最小网格尺寸为 6 mm，最大尺寸为 500 mm，数量为 22 300 网格单元。喷管部位网格局部放大图如图 12.12 所示。

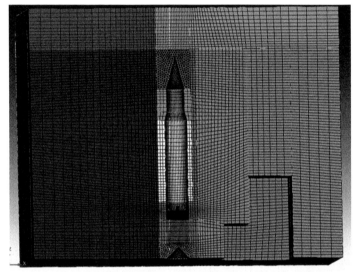

图 12.11　整体网格模型

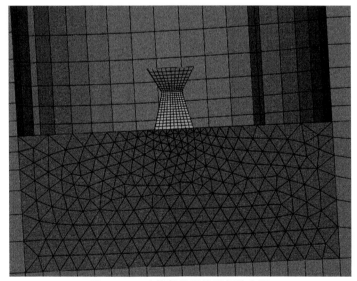

图 12.12　喷管部位网格局部放大图

为实现动网格相对运动，需要在绘制网格时进行如下处理。

将整体网格文件分解为多个不同的区域文件，以图 12.13 为例，将整体区域划分为内部域和外部域两个区域文件。在内部域下表面与外部域交界处布置上下映射的六面体网格，为分层式动网格技术做准备。分层式动网格方法要求动网格表面为规则的六面体网格，因而在网格划分过程中，需要预先规划动网格区域网格，将两个区域文件分别输出，以防止出现网格不能变化的情况。

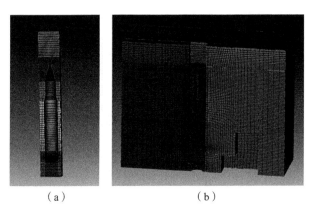

（a）　　　　　　　　　　　　（b）

图 12.13　区域划分

（a）内部域；（b）外部域

3. 边界条件划分

裸弹热发射流场的仿真边界条件比较复杂，常见的有壁面（wall）、压力入口、压力出口、速度入口（velocity inlet）、交界面等。在实际运用过程中，根据工况的不同，同一类边界条件具体设置不同，计算结果也会有较大差异。因而需要根据具体情况选取合适的边界条件。

边界条件划分可以分为两个步骤，第一步是在网格软件中定义边界类型，如壁面、压力入口等参数。第二步是在仿真软件中设置边界的具体条件，如温度、压力等参数。

本算例中主要使用了压力入口、压力出口、壁面、交界面、流体内部面、镜像对称面（symmetry）等条件。详细划分如图 12.14 所示。其中交界面是内域和外域的分界面。

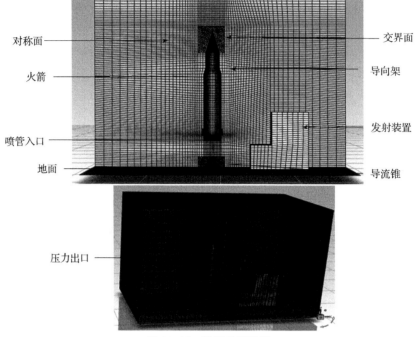

对称面 — 交界面

火箭 — 导向架

发射装置

喷管入口 — 导流锥

地面

压力出口

图 12.14　边界类型设置

4. 计算设置

1）导入

将内域网格与外域网格以叠加方式导入仿真软件中，合并内域底面与外域对应面网格，之后匹配内域、外域的交界面，使内域、外域网格在交界面处可以通过插值传输网格单元数据。

2）网格质量检查

在匹配交界面之后，可以检测网格模型质量，并进行相应改善。网格检测的标准主要是相邻网格渐变比大小、网格形状质量、网格扭曲程度等。

3）计算模型

裸弹运动流场是计算从导弹点火到导弹运动到安全位置的全过程，因而计算采取压力基非定常算法，根据流场特性选取合适的湍流模型，热发射常用的是两方程模型，如标准 $k-\varepsilon$ 模型、RNG $k-\varepsilon$ 模型、realizable $k-\varepsilon$ 模型等。

气体模型采用多组分模型，即燃气、空气混合模型。获取装药的定压比热、摩尔质量等条件，以理想气体分子动理论计算多组分混合后气体参数。

4）边界条件

入口边界条件采用压力入口条件，根据装药特性，如定压比热、摩尔质量等，得出压力入口压力变化曲线。表 12.1 为入口压力变化表，图 12.15 为入口压力变化曲线，此处采取简略的压力输入。

表 12.1　入口压力变化表

时间/s	压力/MPa
0	0.083
0.1	0.250
0.5	0.833
1	1

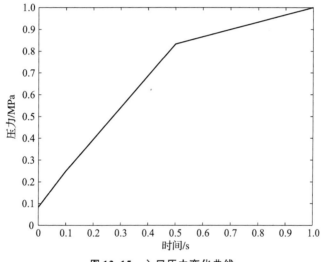

图 12.15　入口压力变化曲线

壁面采用无滑移绝热壁面，以确定导弹、发射架等壁面最高温度与平均温度。

其他边界条件采取默认设置。

5）动网格设置与验证

将内部动域、外部动域设置为运动区域，将外部静域与外部动域交界面设置为固定面，靠近外部动域一侧为分层动网格，当此处网格尺寸在运动方向达到 0.14 m 时，即会分裂为 0.4 m 与 1 m 的新网格单元。同理将内部动域与外部静域交界面设置为固定面，靠近内部动域一侧为分层动网格，当此处网格尺寸在运动方向上达到 0.12 m 时，会分裂为 0.85 m 与 0.35 m 的新网格单元。此处网格尺寸以固定面处网格尺寸为参考。

在完成设置后，为了保证仿真时动网格正确运动，需要进行验证。编写 UDF 程序，使网格在 Z 方向以固定 0.1 m/s 速度运动。为方便比较运动前后网格，取运动后 0 s、1 s 与 1.5 s 三个时间网格对比，详见图 12.16，可以看到运动后网格运动并正确分层。

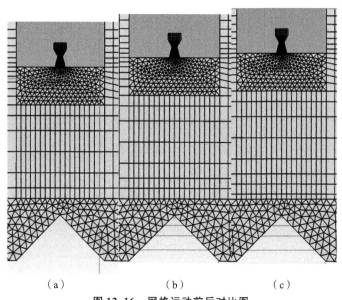

（a）   （b）   （c）

图 12.16　网格运动前后对比图

（a）0 s；（b）1 s；（c）1.5 s

6）初始条件

为模拟真实流场，仿真条件要尽可能与试验条件相似，本算例中流场以高压室压力达到破膜压力为初始流场，初始流场如图 12.17 所示。将初始流场分为高压室与外界环境，并将对应区域赋予初值。

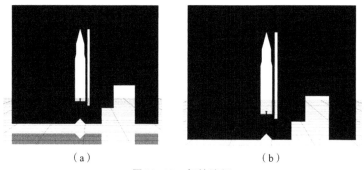

（a）   （b）

图 12.17　初始流场

（a）初始压力；（b）初始温度

5．计算结果分析

1）内弹道分析

内弹道性能曲线如图 12.18 所示。在 0.1 s 时，导弹推力大于导弹重力，开始运动。加速度随时间逐渐增大，直至导弹到达安全高度。

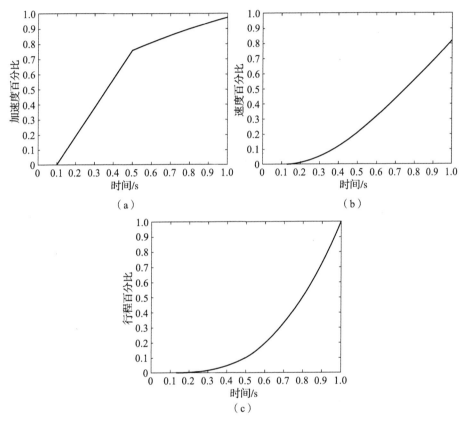

图 12.18　内弹道性能曲线

（a）加速度；（b）速度；（c）位移

2）流场分析

取 0～1 s 温度、压力、马赫数云图做分析。由图 12.19～图 12.21 可以看出燃气主流自喷管喷出后逐渐扩张，在导流锥处形成局部高温高压区域，随着导弹飞行高度增加，导流器受到的冲击越来越小。

图 12.22 中显示了发射 1 s 时导流锥与发射台温度云图，在导流锥顶部温度达到最高，此外可以看出在远离发射台方向温度呈半圆形梯度下降，在靠近发射台方向，温度下降较慢，由于阻碍作用，未影响发射台上部区域。

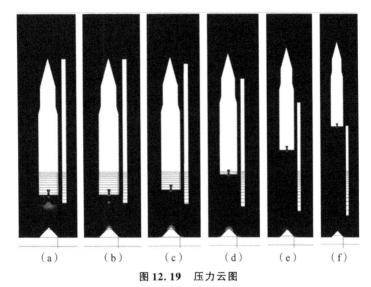

图 12.19　压力云图

（a）0.002 s；（b）0.2 s；（c）0.4 s；（d）0.6 s；（e）0.8 s；（f）1 s

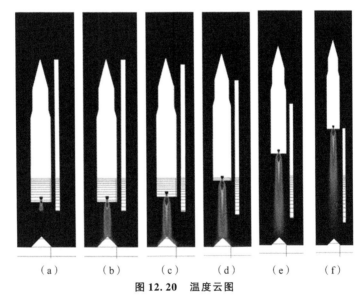

图 12.20　温度云图

（a）0.002 s；（b）0.2 s；（c）0.4 s；（d）0.6 s；（e）0.8 s；（f）1 s

图 12.23 显示了发射 1 s 导流锥与发射台压力云图，可以看出导流锥使燃气流转折过渡均匀，压力变化不大，最大压力在导流锥顶部，由于发射台对燃气流阻碍，在发射台底部形成滞止压力区，图 12.24 显示了发射 1 s 导轨的温度云图，燃气流主要影响导轨的中下部区域，由于形成了稳定的压力场，此时导轨上压力变化不大（图 12.25）。

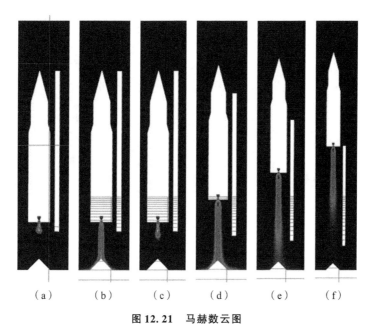

图 12.21　马赫数云图

(a) 0.002 s; (b) 0.2 s; (c) 0.4 s; (d) 0.6 s; (e) 0.8 s; (f) 1 s

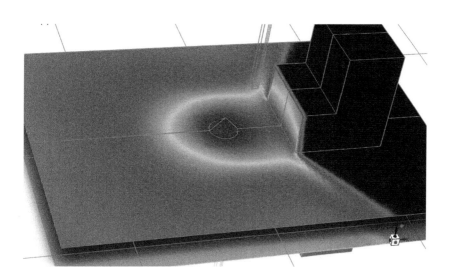

图 12.22　导流锥与发射台温度云图

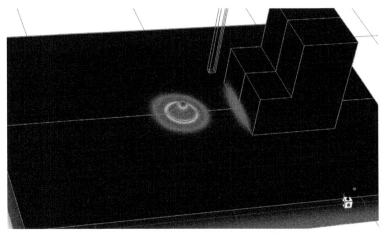

图 12.23　导流锥与发射台压力云图

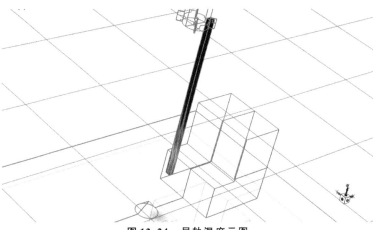

图 12.24　导轨温度云图

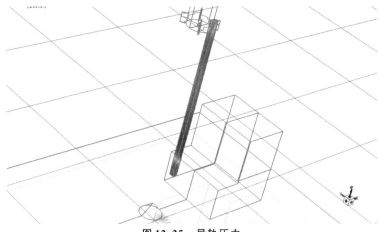

图 12.25　导轨压力

|12.2　箱式热发射流场仿真|

12.2.1　箱式热发射流场特征

　　导弹箱式发射过程中，由导弹高压室喷射的高温、高压、高速的燃气射流会对导弹、导弹的发射箱、发射车以及附带周围一定范围内的环境造成瞬时的冲击效应。箱式发射相较于裸弹发射，其空间封闭性更高，因此会对空间内的装置结构造成更加严重的冲击烧蚀作用，危害发射装置，不恰当的发射装置结构设计甚至会危害导弹的发射安全性。

　　为提高导弹等武器的打击效应，国内外常见的箱式发射装置均有多枚导弹发射单元，这种多枚导弹联装设计对导弹的发射安全性提出了更高的要求。就三联装导弹发射装置举例（图 12.26 ~ 图 12.27），将导弹箱式发射燃气流场分布特性分为三个阶段考虑，即初始阶段、中间阶段以及出箱阶段。

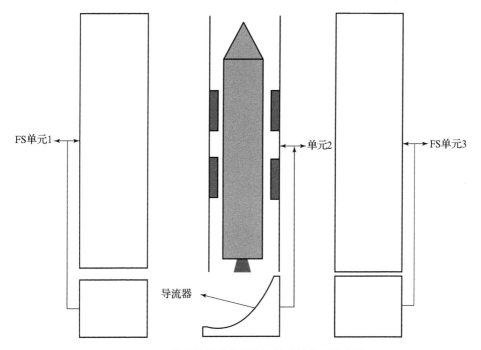

图 12.26　常见单面斜角导流器箱式热发射概略图

初始阶段主要指导弹发动机点火至导弹有一定位移时间段。该阶段燃气射流在导流器作用下对发射箱、发射车及周围单元的发射箱、导流器会产生一定影响，该阶段导流器的形状设计会对燃气射流的排导有明显影响。另外，对于一些箱式热发射装置，在发动机未点火前，发射箱底部、导流箱上部以及导流器侧部均会覆盖一层薄壁易碎盖，这些易碎盖在一定压强下会破碎。因此，仿真过程中需要对这些部分的边界条件进行特别关注。常用的方法为网格消失法，即改变这些部分的边界条件，该过程会在后续章节进行详细介绍。此外，为使导弹发动机高压室达到足够的压强，需要在导弹发动机点火后的一定时间内在高压室喉部设置一块挡板，使燃气射流短时间内达到拉瓦尔喷管出口马赫数要求，进而使得仿真更容易收敛，结果更加可靠。

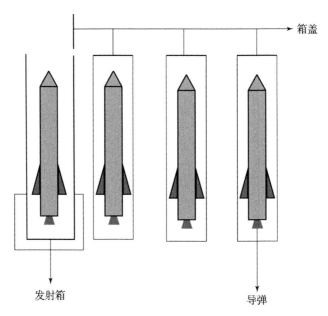

图 12.27　常见箱式自立热发射概略图

中间阶段为导弹有明显位移至导弹出箱时间段，该阶段燃气射流排导较为稳定，主要为燃气射流对发射箱及导弹尾部的烧蚀作用。出箱阶段为导弹发动机离开发射箱以后的时段，该阶段主要表现为燃气射流在发射箱箱盖作用下的复杂流场分布与燃气射流对周围发射单元发射箱箱盖的热冲击作用，以及所带来的发射箱箱盖的热防护设计。此外，对于一些采用折叠翼设计的导弹，在出箱阶段可能会出现折叠翼断裂等问题。其产生的可能原因将在案例结果分析中给出。

12.2.2　箱式热发射流场仿真方法

箱式热发射流场仿真方法主要包括三个部分：①前处理：几何模型建立、模型简化、网格划分、边界条件设置；②计算：模型仿真计算；③后处理：仿真结果输出及仿真结果优化分析。箱式热发射仿真计算流程如图 12.28 所示。

1. 几何模型建立与简化

（1）建立箱式热发射几何模型，根据物理模型参数，选定合理的计算域范围，如发射流场基本关注射流覆盖区域，则流场范围为射流影响区域。箱式发射计算域的确立主要根据发射初始阶段和出箱阶段的燃气射流可能覆盖范围来确定。

（2）去除不必要的细小结构，几何尺寸决定网格尺寸，在计算精度与计算效率权衡间找到平衡点，确定合适的尺寸。对于建立的物理模型中可能存在的超几何结构、严重影响网格尺寸的微小单元结构给予简化处理。比如对于尺寸较大的导弹的顶部可以做抹平处理，即将圆锥形顶部处理为圆台形顶部，如图 12.29 所示。此外，对于一些厚度尺

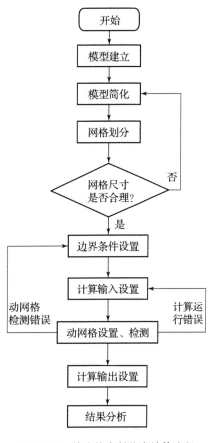

图 12.28　箱式热发射仿真计算流程

寸较小的几何体，不考虑重量的情况可以进行几何体—片体的转化，也可以很大程度上简化特定区域的网格尺寸及整体网格数量。对于一些拓扑结构较为复杂，存在小斜角、面等的区域，如弹翼等，需要进行更为精细的简化处理，第 11 章中有对此更为详细的介绍说明，此处不予赘述。本算例中弹体尺寸不是很大，此处不予处理。

（3）对不同区域进行预划分，事先判断动网格区域、静止区域交界面，以为后续工作准备。预分析导弹运动过程中的动网格区域，以及燃气流主要作用区域，在模型简化的同时进行网格区域的分块划分。

　　在网格软件中对模型简化中已经进行预分块的区域进行进一步更加精细的网格块划分（图12.30）。细致准确的模型区域划分可以很大程度减少后期网格划分中的工作量，并且能更加直观地检查边界条件设置的正确性。提前为流场域、实体域，运动区域、静止区域划分归类也更利于之后的动网格边界条件设置、动网格检查等。对于一般箱式热发射，发射箱底部及顶部会有相应的箱盖，在导弹有一定位移或前后盖压强达到一定数值后会开启，而开启前后的动网格区域一般会发生改变。因此，提前设置好要进行动网格变化的区域进行分块，可以极大简化开盖前后的边界条件的设置及处理。

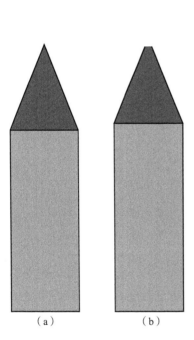

图 12.29　部分简化处理示意图

（a）圆锥形顶部；（b）圆台形顶部

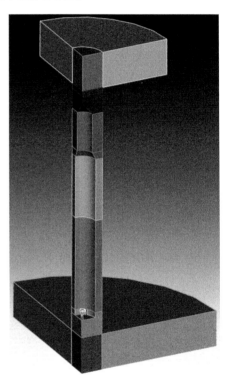

图 12.30　计算模型区域分块图

2. 网格划分

　　网格划分在几何简化之后，也是工作量较大的步骤，好的网格质量可以提高计算精度及计算效率，而差的网格质量则会导致计算发散。

　　整体的网格数量受到模型中最小几何尺寸的影响，此外，为确保后续计算过程能顺利进行，区域之间的网格尺寸跃变比例不宜过大。对于结构化网格而言，网格之间的跃变比例一般不超过 1.25。本算例中，较小的几何尺寸为弹翼及喷管喉部，先将此处网格尺寸及数量确定，进一步进行整体区域的网格划分（图 12.31）。

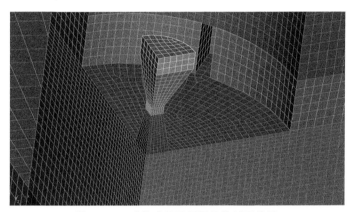

图 12.31　喷管喉部及周围流体域网格图

网格划分过程中，在一些结构不规则的几何区域，可以采用结构化网格 – 非结构网格相结合的网格模式，可以最大限度减少可能产生的网格畸变等问题，并能提高后续仿真计算过程中的计算效率（图 12.32）。

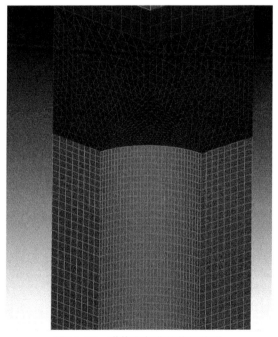

图 12.32　弹体顶部非结构网格图

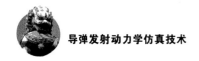

3. 边界条件设置

设置正确合理的边界条件，在计算域确立之后，正确设置压力出口、压力入口等边界条件，为尽量简化计算，选择合理的对称面及对称模型，设置正确的壁面条件，并给出合适的初始输入条件。具体输入参数及步骤将在后续算例中详细给出。

4. 模型计算

对导入计算软件中一些关键性参数给出具体分析，对比分析不同湍流模型的适用范围及特性。

1）箱式热发射动网格简介

箱式导弹热发射过程中，周围流场的计算区域随着导弹的运动而不断变化，研究过程中采用动网格技术来处理流场计算区域的变化过程。动网格技术可以模拟计算区域随时间运动变化的流场。计算区域的运动和变形可以通过指定计算区域边界的运动或变形来实现，也可以根据当前时刻计算结果求得相关的运动参数来实现。每个计算时刻，计算区域由于边界的运动或变形而发生变化，在相应时刻的迭代计算过程中，网格基于运动边界的新位置进行自动更新。

2）发射初始阶破膜方式

箱式热发射过程中，一般在发射箱与导流器及发射箱顶盖部分会存在数次的破膜。对于常见导弹箱式热发射装置，还会在发射箱与导流装置之间设置一定强度的易碎盖，对于存在开盖过程的箱式热发射过程，也会在发射箱顶部设置易碎盖，当箱盖受到的箱内外压力差达到设定值后，易碎盖破裂，在仿真计算中的表现为改变其边界条件，并进行其他动网格方面的设置。设置方式将在算例中进行详细介绍。初始破膜阶段指的是，发动机点火后，为使得高压室达到足够的拉瓦尔喷管出口压强、温度，在拉瓦尔喷管喉部常先用一层网格单元来阻挡燃气流的喷出，压强达到膜破裂的设定压强时，膜消失。常用的方法是设置检测面检测喉部压强，达到标定值时，计算暂停，改变喉部边界条件使膜消失。

3）Interface 配对设置

为使得所需动网格在要求区域、时间内运动，以及保证其运动有效合理性，需要对网格模型进行 Interface 配对设置。这是动网格设置的重要过程。

4）监测输出设置

可在重要区域、位置等设置检测点检测主要参数，如温度、压强、受力、燃气流流速等，为后处理提供数据支撑，为进一步的结果分析提供依据。

5）结果输出及处理

对计算结果进行处理，设置数据输出格式、内容等，对仿真结果进行输出。可输出内容有：导弹内弹道参数，导弹受力、力矩、温度，发射装置受力、力矩、温度，关键部位受力与温度，非定常计算时均曲线等，视具体需要而定。

12.2.3　箱式热发射流场典型案例

1. 模型简介

为简化计算，本案例选取某型箱式自立热发射 1/4 模型。模型简略图如图12.33 所示。

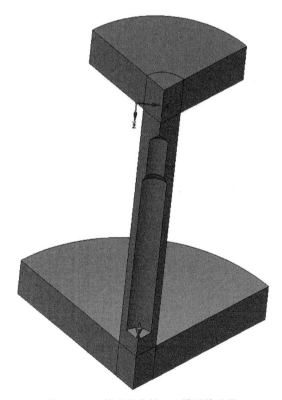

图 12.33　箱式热发射 1/4 模型简略图

从图 12.33 中可以看出本模型主要几何拓扑结构相对简单，因此采用 1/4对称模型可以很大程度简化网格数量，进而减少计算时间，方便重点分析动网格设置、开盖、破膜等过程。一般对于箱式自立热发射过程，主要关注点在发射箱、对称面、发射装置近地面周围区域及出筒时燃气流对发射箱、发射箱箱盖以及其他发射设备的影响，而对于发射箱中部大部分区域的流场不做重点研究，因此，本模型计算域划分形似"工"字形，即仅对重点关注区域（发射箱近地面周围区域及发射箱顶部周围区域）的流场进行分析。

大致确立流场区域后进行初步的动网格区域分块。如图 12.34 所示，主要为三大部分，分别是内部运动网格区域、顶部静止网格区域和底部静止网格区域。为方便后续动网格设置，在模型简化过程中需要把这三大部分单独分块显示并命名。值得一提的是，本模型的网格相对简单，因此，无法体现分块与特定命名的重要性，但在几何模型较为复杂、牵涉到较为复杂多块区域时，简单有效的分类命名和分块可以为后续的网格划分、网格检查、动网格检查等提供极大的帮助。建议读者简化模型时养成分块及分块命名的习惯，具体命名方式一定要既能体现所要命名的工程特性，同时也要方便记忆与区分。

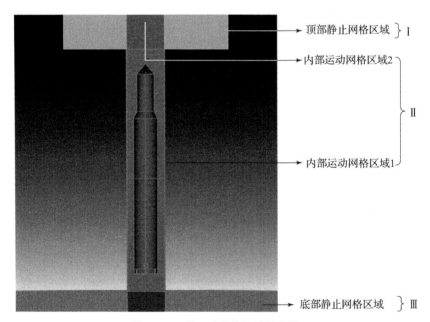

图 12.34　静、动网格区域划分图

2. 网格划分

良好的模型网格划分是为后续计算提供支持的重要保障，为保证仿真精度，需要在喷管出口处最小结构上保证至少两个网格的分布。鉴于本模型的几何复杂部分主要集中在喷管、弹翼及弹头，同时，为保证计算效率并兼具计算精度，在部分区域使用四面体网格进行过渡，主体网格为结构化网格（六面体）。具体网格划分模型如图 12.35 所示。

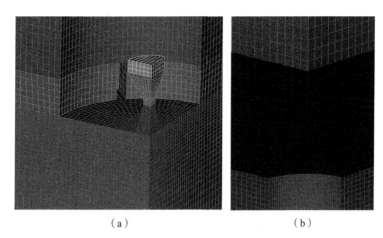

（a）　　　　　　　　　　　　　　（b）

图 12.35　喉部及弹尖区域网格模型

（a）喉部；（b）弹尖区域

喉部最小网格尺寸为 5 mm，喉部径向网格数量为 6，符合最小网格数量要求。弹尖区域采用非结构化网格过渡，最小网格尺寸数量级为 10，尺寸过渡符合相邻网格单元尺寸比例小于网格最大过渡比例要求。计算模型整体区域网格模型如图 12.36 所示。

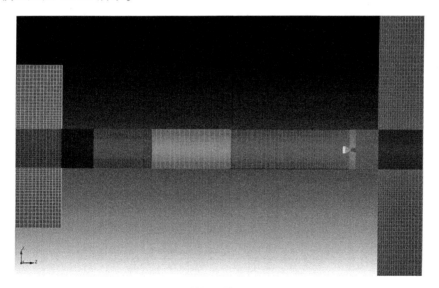

图 12.36　计算模型整体区域网格模型

本算例中网格绝大部分为结构化网格,且计算采用1/4中心对称模型。极大简化了网格数量的同时又保证了计算精度的要求,整体最大网格尺寸为220 mm,网格数量为130 000。

完成整体网格模型之后,为方便进行动网格设置,需要将运动区域与静止区域进行网格区域划分。两大区域网格模型图如图12.37和图12.38所示。需要注意的是,运动区域与静止区域交界面的网格必须保证为网格单元之间过渡均匀的结构化网格,否则,进行动网格计算时容易造成网格畸变进而使计算无法进行。

图 12.37　内部运动区域网格

图 12.38　外部静止区域网格

3. 边界条件设置

导弹箱式自立热发射的边界条件复杂多样。本算例中涉及的边界条件主要有壁面边界条件、动网格交界面边界条件、压力出口边界条件、压力入口边界条件、速度入口边界条件、对称面边界条件以及流体内表面边界条件等。读者需要根据实际情况改变或添加必要的边界条件。与模型简化过程中的命名情况类似,进行边界条件设置命名时,为简化后续计算过程中的检查或方便计算员之外的其他人读懂模型,需要与其模型特性相匹配,遵循简单、便捷、有效的命名原则。

需要注意的是,本算例中涉及两次破膜设置,因此在命名边界条件时需要根据不同区域的模型特性,将两个膜重点标明命名。边界条件设置示意图如图12.39所示。

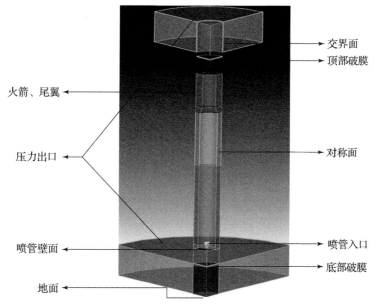

图 12.39　边界条件设置示意图

本算例中压力入口压强设置如表 12.2 所示，需要提醒读者的是，实际压力入口边界的压强变化需要根据实际情况，如喷管结构特征、装药特性（药型、尺寸、爆热、摩尔质量等）及实际应用确定，本算例中暂不予考虑。设 P_0 为一个标准大气压、T_0 为常温。

表 12.2　压力入口压强（Pa）、总温（K）随时间变化

时间/s	0	0.1	0.5	1	3
压强/Pa	$10 P_0$	$30 P_0$	$80 P_0$	$100 P_0$	$120 P_0$
总温/K	$10 T_0$				

压力出口边界条件压强为标准大气压，温度为 T_0。

本算例中壁面采用无滑移绝热壁面，其他边界条件采取默认设置。

4. 计算参数调整

本算例中内部动域 1、2 为运动区域，外部静域及底部静域为静止区域。内部动域 1 与底部静域交界面设为固定面。将紧邻该固定面的内部动域 1 一侧设置为动网格，该处网格尺寸沿导弹运动方向大于 0.033 m 时，将分裂为 0.033 m 新一层网格单元；内部动域 1 运动过程中整体沿着导弹运动方向移动，当发射箱顶部盖打开后，内部动域 2 在顶盖固定面基础上沿着导弹运动方向移动，在紧邻顶盖靠近内部动域 2 侧一层的网格尺寸单元大于 0.07 m 时，分裂形成新的一层网格单元。此处的 0.033 m 与 0.07 m 为网格划分工作完成后依据对应位置处的网格单元尺寸参考决定，一般与对应位置网格单元尺寸近似。

动网格设置完成后，为保证动网格设置的准确性，确定网格生成与运动方向一致需要预先进行动网格验证，通过编写相应程序完成。

5. 结果分析

1）导弹运动特性分析

导弹运动曲线图如图 12.40 所示。

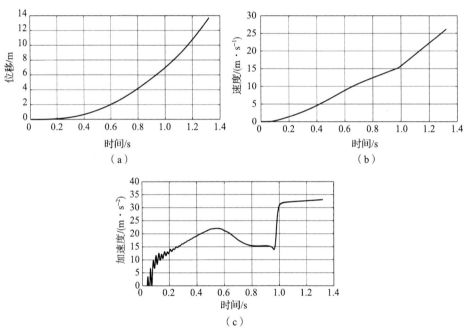

（a）

（b）

（c）

图 12.40　导弹运动曲线图

（a）位移曲线；（b）速度曲线；（c）加速度曲线

分析导弹运动曲线可知，位移、速度曲线均随着时间不断稳步增加。而观察导弹加速度曲线，可以看出导弹在运动初期有明显的加速度的波动，说明该阶段导弹其自身的受力随时间变化波动较大，其可能原因有多种，如高压室压力曲线的设置是否合理、导弹自身的参数设置是否准确以及所采用的计算方法、湍流模型是否可行、开盖压强是否准确等。随着导弹的运动逐渐趋于稳定，导弹加速度也稳定增加。$0.6 \sim 1$ s 之间，导弹加速度有较为明显的改变，说明该过程中导弹的受力复杂多变，可能是在出筒过程中受到多方面作用力共同作用的结果。进而也说明了出筒阶段中，导弹自身受力较为复杂、多变，是相对危险的阶段。

2）计算流场分析

选取计算不同时刻对称面压强、温度及马赫数图进行对比分析。本算例以计算不同时刻及导弹运动情况，将运动阶段分为三个阶段。第一个阶段为导弹运动初级阶段，主要为从初始时刻到导弹第二次开盖。大致时间为 $0 \sim 0.04$ s。该阶段导弹还未形成稳定的运动趋势，且两次开盖过程中，导弹受力复杂且不稳定，是事故多发的时间段。需要重点关注。初级阶段对称面不同时刻压强、温度及马赫数云图如图 12.41 ~ 图 12.43 所示。

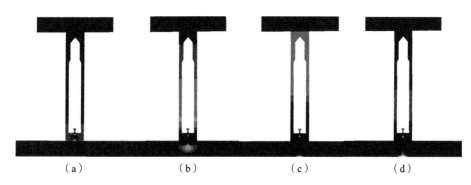

（a）　　　　　　（b）　　　　　　（c）　　　　　　（d）

图 12.41　不同时刻压强云图

（a）0.005 s；（b）0.020 s；（c）0.025 s；（d）0.040 s

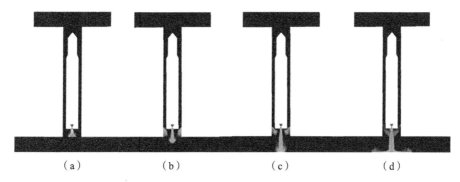

（a）　　　　　　（b）　　　　　　（c）　　　　　　（d）

图 12.42　不同时刻温度云图

（a）0.005 s；（b）0.020 s；（c）0.025 s；（d）0.040 s

此次计算设置开盖压强为 $0.2P_0$（指箱盖前后压差绝对值），设置检测面压强变化曲线图。需要提醒读者的是，对于一些计算流体力学软件，监测面的

设置是需要分正反面的，此时需要设置多个监测面，随着计算的进行，观察正反监测面的压强（或其他监测值）变化趋势，进而分辨出所需的监测面。为便于读者理解，正反监测面平均压强变化曲线如图 12.44 所示。

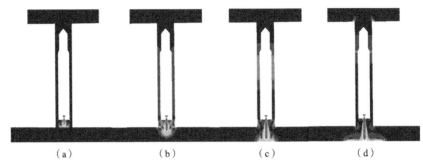

图 12.43　不同时刻马赫数云图

（a）0.005 s；（b）0.020 s；（c）0.025 s；（d）0.040 s

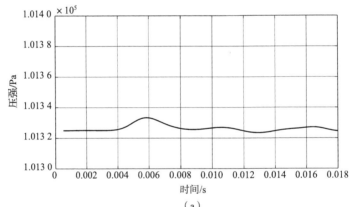

（a）

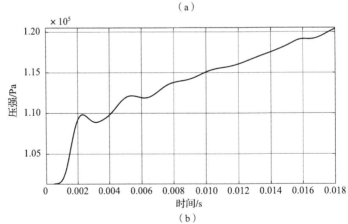

（b）

图 12.44　正反监测面平均压强变化曲线

（a）底部测面 1 平均压强图；（b）底部监测面 2 平均压强图

第一次开盖。通过观察底部监测面平均压强变化曲线可知，底部监测面 2 平均压强达到破膜压强 $1.2P_0$ 时刻为 0.018 s。实际计算中为保证达到足够开盖压强，开盖时刻一般需要向后推迟，此处不予考虑。实际计算时，当发现两个监测面有明显变化差异（例如 $t = 0.005$ s 时刻），即已能确定所需关注面时，可仅记录对应监测面（本例中为监测面 2）的相关数据。

显然，监测面 2 为所需的实际监测面，而监测面 1 的压强一直保持标准大气压（P_0）附近极小范围波动，可见其面法线指向下方静止区域。

第二次开盖。通过观察顶部监测面平均压强变化曲线可知，顶部监测面平均压强达到破膜压强 $1.2P_0$ 时刻为 0.028 s（图 12.45）。实际计算中为保证达到足够开盖压强，开盖时刻一般需要向后推迟，此处不予考虑。实际计算时，当发现两个监测面有明显变化差异，即已能确定所需关注面时，可仅记录对应监测面（本例中为监测面 2）的相关数据。

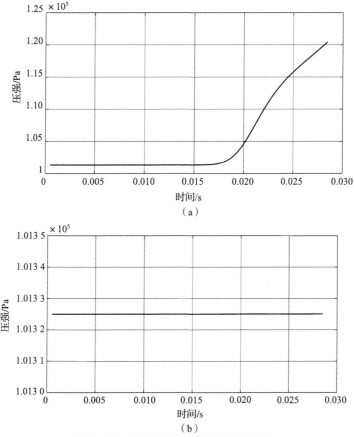

图 12.45　第二次开盖监测面平均压强图

（a）顶部监测面 1 平均压强曲线图；（b）顶部监测面 2 平均压强曲线图

可见，顶部监测面 1 为所需的实际监测面，而监测面 2 的平均压强一直保持标准大气压（P_0）附近极小范围波动，即监测面 1 的面法线指向下方内部运动区域 1。

结合上述云图及检测面压强曲线图可知，两次开盖前后，对称面内的压强、温度及马赫数有着明显的不同。通过开盖前后的温度和马赫数云图可以发现，在底部箱盖附近开盖后会有更为复杂的流场状态，进一步解释了导弹运动曲线中加速度的波动变化，即开盖后导弹的受力状态更为复杂多变。一般仿真计算中，为了提高计算效率，在流场稳定后可以通过改变每次迭代的时间步长来加快计算。但是在初级阶段这种有着较为复杂流场流动特性的阶段，要尤其注意，时间步长不宜过大，否则，很可能导致计算发散而无法进行。

在两次开盖的初级阶段后且导弹未出筒的较长一段时间里，导弹的运动状态是相对稳定的，该阶段可以稍微加大迭代的时间步长加快计算，但要采用"微调多次"的原则进行，即每次改变数值要相对较小，过渡着进行多次调整，直到达到我们想要的结果。结合导弹运动曲线，本算例中可将 0.04 ~ 0.4 s 时间间隔内视为中间阶段。图 12.46 ~ 图 12.48 为对应压强、温度及马赫数云图。

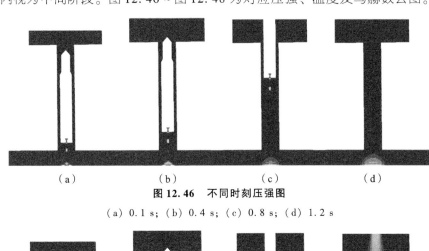

（a）　　　　　（b）　　　　　（c）　　　　　（d）

图 12.46　不同时刻压强图

（a）0.1 s；（b）0.4 s；（c）0.8 s；（d）1.2 s

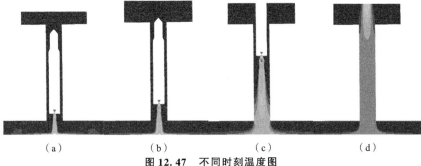

（a）　　　　　（b）　　　　　（c）　　　　　（d）

图 12.47　不同时刻温度图

（a）0.1 s；（b）0.4 s；（c）0.8 s；（d）1.2 s

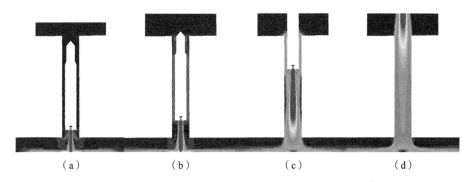

（a）　　　　　　　（b）　　　　　　　（c）　　　　　　　（d）

图 12.48　不同时刻马赫数图

（a）0.1 s；（b）0.4 s；（c）0.8 s；（d）1.2 s

结合导弹运动曲线及 0.4 s 时刻、0.8 s 时刻、1.2 s 时刻对称面压强、温度及马赫数云图可知，0.4~1.0 s 时间间隔内为导弹的出箱阶段。该阶段内，燃气流到达顶部箱盖时会在外界大气、发射箱以及导弹自身的作用下反射、交互影响，可能对导弹、发射箱以及其他周围设备产生影响。通过导弹运动加速度曲线可知，导弹在出箱后可能会存在加速度的骤减，说明导弹受到了骤变的力的作用。而产生这种现象的原因可能是导弹出箱后，发射箱内部气流与外界气流作用，造成气流回吸，进而作用于导弹而形成的。这也说明了，对于某些带有折叠翼的导弹及发射单元，在箱式热发射的出箱时刻可能有一定的危险。应提前进行仿真计算，对较为危险的区域进行分析，进而采取相应的结构强度设计或结构设计。而对于多个发射箱并联的联发发射装置，在导弹出筒阶段及出筒后的一小段时间燃气流与周围大气的共同作用可能会对发射箱、临近发射箱、导弹等带来影响和危害，该阶段需要重点关注。

6. 小结

通过相关仿真结果，结合导弹自身运动特性，本算例将导弹箱式自立热发射阶段分成了多个阶段，现将各阶段主要特点及注意事项总结如表 12.3 所示。

针对不同导流器形式的导弹箱式热发射过程，其主要步骤与算例相似。需要注意的是，不同形式的箱式热发射过程，不同阶段的划分不同，可能存在的问题亦不相同，需要读者视具体情况而具体分析。对于不同阶段可能存在的威胁导弹、发射车及其他设备的安全问题，还可以在结合云图的基础上进行特定部分的受力分析，进一步分析、完善所需数据。

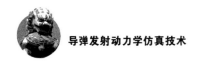

表 12.3　导弹运动各阶段主要特点及注意事项

阶段名称	运动时间/s	主要特点	注意事项
初级阶段	底部开盖 (0~0.018)	底部箱盖达到开盖压强后开盖，开盖即改变对应面网格边界条件	开盖前注意设置正确的监测面；开盖时网格单元属性更改；开盖后需要进行正确的动网格区域的更改
	顶部开盖 (0.018~0.028)	顶部箱盖达到开盖压强后开盖，开盖即改变对应面网格边界条件	注意设置正确的监测面、监测数据；注意更改正确的网格条件；注意进行正确的动网格区域变更
中间阶段	0.04~0.4	第二次开盖后导弹运动相对稳定至导弹到达箱盖的过程	该阶段导弹运动相对稳定，受力及运动都较为稳定；可能存在的问题有燃气流对导弹自身的影响（尾部的烧蚀、弹身的热冲击、热辐射等）
出箱阶段	0.4~1.0	导弹到达箱盖至导弹完全出筒的过程	该阶段导弹受力较为复杂多变，是发射过程中导弹相对危险的阶段。出箱过程中，发射箱的燃气流可能对周围发射箱、发射车、导弹自身（折叠翼等）、发射箱箱盖等产生较为复杂的影响，需重点关注
自由阶段	1.0~∞	导弹脱离发射箱约束，完全出筒后运动过程	该阶段导弹运动不再受发射装置限制；导弹将在短时间内快速运动；可能存在的问题是燃气射流对发射箱顶部等的热冲击作用

|12.3　同心筒热发射流场仿真|

12.3.1　同心筒热发射流场特征

　　同心筒自力发射是在国外同类发射装置基础上提出的。同心筒式发射系统是美国正在研究应用的一种舰载导弹新型垂直发射系统，称为 Con - centric

Canister Launcher，简称 CCL，美国海军打算用它代替著名的 MK41 舰载导弹垂直发射系统。同心筒自力发射装置采用加装适配器的圆形发射筒，燃气垂直向上排导，每个发射筒由两个同心圆筒构成，内筒的筒体用于支撑导弹，并为导弹起飞导向，内外筒之间的环形空间是燃气排导通道，发射筒底部为半球形端盖及推力增大器。导弹发射时，由发动机喷出的高温高速燃气流通过推力增大器后，在导流锥及半球形端盖作用下转过 180°反流向上，进入环形空间向上排出。

　　国内对同心筒发射装置进行了全面计算分析和大量的试验研究，发现导弹在发射过程中无可避免地要经过两个高温燃气环境阶段，第一阶段是导弹在同心筒内要承受从筒底部反射进入弹与内筒之间的高温燃气；第二阶段是导弹出发射筒口部分要承受从内外筒之间喷出的高温燃气（图 12.49），而且，在导弹飞离发射筒一定距离内，导弹一直会受燃气流的冲击。这对导弹提出了耐高温燃气烧蚀的要求。

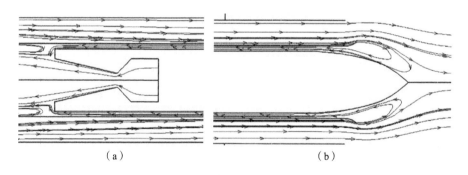

（a）　　　　　　　　　　　　　　（b）

图 12.49　同心筒导弹底部和筒口处的流场迹线图

（a）导弹底部的流场迹线图；（b）筒口处的流场迹线图

　　在采用同心筒发射导弹时，导弹周围在两个阶段出现高温燃气烧蚀的根本原因是从内外筒流出的高温高速燃气，由于该气流流速很高，而且隔断了发射筒出口与周围的大气环境（即在发射筒筒口形成了环形燃气屏幕），在发射筒筒口处，该燃气对导弹与内筒之间的气体具有非常强烈的引射效应，使得筒口压力不断降低，从而将发射筒底部燃气从弹与内筒之间的通道吸向筒口，最终形成了燃气通过弹与内筒之间向筒口反射，使得导弹在发射筒内运动过程中也处在高温燃气包围的环境中；当导弹运动出筒部分受到两路反射高温燃气（首先是内外筒之间反射的气流，一定时间后还有从弹与内筒之间反射的高温燃气）的直接冲击，导弹出筒部分一直处在高温燃气的环境中。

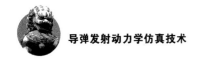
12.3.2　同心筒热发射流场仿真方法

1. 边界条件和初始条件

壁面边界条件取无滑移的绝热固壁，喷管入口边界采用压力入口，筒外燃气射流的边界条件为压力远场，计算时整个初始流场取标准大气参数。湍流模型为数值计算时采用精度较高的 RNG $k - \varepsilon$ 模型。采用非定常二维轴对称计算方法。

2. 模型建立

同心筒发射过程流场计算中采用二维轴对称计算模型，如图 12.50 所示。

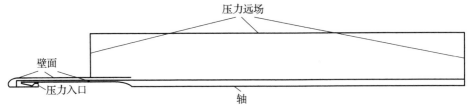

图 12.50　二维轴对称计算模型

3. 网格划分

同心筒发射装置非定常数值模拟网格划分如图 12.51 所示。全流场均为结构化网格，有效保证计算精度。

图 12.51　同心筒发射装置非定常数值模拟网格划分

4. 动网格技术

在计算流体力学领域有很多数值模拟需要用到动网格技术，目前国内外发展的动网格方法主要有代数法、迭代法和解析法。代数法和解析法费时相对较少，但仅限于振幅小的运动，对于大位移运动利用这两种方法可能导致网格交叉或合并。迭代法能够处理大的运动，但要花费更多的计算时间。本书针对大位移的数值模拟，主要阐述迭代法动网格方法。迭代法动网格方法的网格更新方法目前应用较多的主要有动态分层动网格更新方法、局部网格重组法动网格更新方法、域动分层动网格更新方法等。

（1）动态分层动网格更新方法。在结构化网格区域，可以使用动态分层法在运动边界相邻处根据运动规律动态增加或减少网格层数，以此来更新变形区域的网格。增加网格或减少网格依据的标准是运动边界相邻网格的高度。整个过程如图 12.52 所示，根据与运动边界相邻的第 j 层网格的高度 h 可以决定是将该层网格分割还是将其与第 i 层合并。

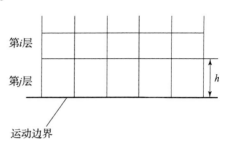

图 12.52　动态分层法示意图

根据上文描述的判读依据，这就要求为运动边界相邻网格层（第 j 层）定义一个理想高度值 h_{id}，当第 j 层网格处于拉伸状态时，网格的高度可以允许增加直到满足

$$h_{min} > (1 + \alpha_s) h_{id} \tag{12.1}$$

式中，h_{min} 为第 j 层网格的最小高度，h_{id} 为理想网格高度，α_s 为网格切割因子。当满足上述公式时，第 j 层网格被分割，分割形式有两种：定常高度和定常比例。

在定常高度情况下，第 j 层网格会被分割成两部分，其中一部分网格高度为 h_{id}，另一部分网格高度为 $h - h_{id}$。在定常比例情况下，新生成的两层网格之间的高度比例始终保持为 α_s。

当第 j 层网格处于压缩状态时，它的高度可以被压缩直到满足

$$h_{min} > \alpha_c h_{id} \tag{12.2}$$

式中，α_c 为网格的消亡因子，当式（12.2）满足时，被压缩的网格层会与相邻的网格层合并。

（2）局部网格重组法动网格更新方法。在非结构网格区域，当运动边界的位移相对网格尺寸过大时，使用弹簧近似光滑法生成的网格质量会变得很差，在有些情况下甚至无法完成，这严重影响了计算精度。为克服这个困难，采用局部网格重组法可以将那些超出网格斜度及尺寸标准的质量较差的网格合并并重新划分，如果新生成的网格满足了斜度及尺寸标准，则新的网格被采用，反之则会被摒弃。

在网格重组的过程中，满足下列一项或多项条件的网格会被重组：①网格尺寸小于规定的最小尺寸；②网格尺寸大于规定的最大尺寸；③网格斜度大于规定的最大斜度。

使用局部网格重组法要求网格为三角形（二维）或四面体（三维），这对于适应复杂外形是有益的，局部网格重组法只会对运动边界附近区域的网格起作用。采用该方法进行网格重组，要对指定边界处的网格进行重组，所需计算时间较长，因此应用该方法时必须设置合适的最大、最小尺寸，否则其重组生成的新网格质量较差，影响计算精度甚至导致计算不收敛，同时在计算域变化较大时，该方法生成的网格数量会较初始量有较大增加，这会大大降低计算速度。

（3）域动分层动网格更新方法。结合以上两种动网格更新方法的优点，提出了一种局部区域运动及动态分层法相结合的动网格更新方法（简称为域动分层法），其基本思路是将动网格的更新边界从形状复杂的边界转移到形状相对简单的边界处。下面以同心筒发射过程的数值模拟为例介绍该方法的原理。

首先确定计算区域以及划分运动区域和静止区域。同心筒发射装置发射导弹过程中，只有导弹的壁面及喷管是该算例的运动边界，可取导弹周围局部流场区域为域动分层动网格更新方法作用区域，即运动区域，其他计算区域静止不动。如图 12.53 所示，图中深色区域为本例的运动区域，浅色部分为静止区域。

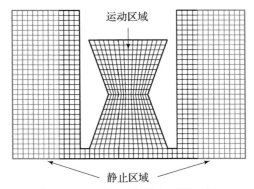

图 12.53　运动区域及静止区域示意图

可取导弹周围局部流场区域为域动分层动网格更新方法的作用区域，如图 12.54 中灰色区域所示。

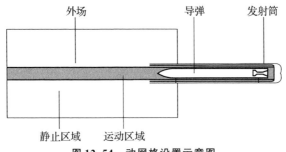

图 12.54　动网格设置示意图

本例中导弹运动速度赋给整个局部动网格区域（图 12.53 中的运动区域），同时限制该区域前后边界（图 12.55 中的静止边界）静止，并使静止边界在该局部区域运动后进行网格的动态分层更新，而弹道壁面及喷管附近的网格随导弹运动，不进行网格更新操作，网格变化的位置转移到局部动网格区域前后的平面边界处。这可以保证在整个发射过程的数值模拟中导弹周围的网格不发生变化，同时可保证计算过程中的网格质量及数量。如图 12.55 所示（图 12.55 给出了导弹后部的动网格更新，前部类似）。

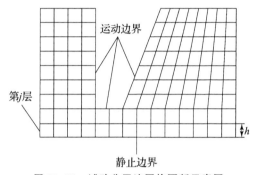

图 12.55　域动分层法网格更新示意图

域动分层法同样要求为动网格更新边界（图 12.55 的静止边界）的相邻网格层（第 j 层）定义一个理想高度值，当第 j 层网格处于拉伸状态时，网格的高度可以允许增加直到满足式 $h_{\min} > (1 + \alpha_s) h_{id}$，公式中各标识含义同前述，其分割形式同动态分层法。

图 12.55 中的运动边界（即导弹壁面及喷管壁面处）周围的网格在数值模拟过程中只是随运动区域运动，而不进行复杂的网格更新运算。

综上所述，该方法成功地将复杂边界处的动网格问题转移到了简单的直线（或平面）处。采用该方法对动网格区域进行局部更新，一方面可实现大部分复杂外形流场计算的动网格技术，另一方面可极大地缩短动网格更新迭代所需的时间，对于前后同时更新动网格的计算区域，可以保证在整个数值计算过程中整个流场的网格数量严格不变，从而保证数值模拟的计算速度不因计算网格的增加而降低。

12.3.3　新型引射同心筒

1. 引射同心筒的概念及原理

要解决 12.3.1 小节所述导弹在发射过程中的热环境问题，必须从两方面入手，首先保证导弹在筒内运动过程中没有底部燃气通过弹与内筒之间的通道向筒口反射，同时要降低从内外筒之间反射出发射筒口后燃气的温度并且使该燃气在条件许可的情况下尽量离导弹远些。如果在导弹发射过程中，可以一直将周围空气通过弹与内筒之间的通道引入，使得该空气流形成从筒口向筒底运动规律，则导弹在筒内运动过程中，一直处于空气的包围中，从而可以很好地解决导弹在发射筒内的高温环境，同时，不断引入的空气，在发射筒底部与高温燃气掺混，由于空气温度比燃气低得多，可以降低从内外筒之间反射的燃气温度，在筒口加一定的导流角度，使该股气流离弹稍远些，就可以解决导弹出筒部分周围气体温度过高的问题。这就是新型引射同心筒概念产生的初衷。

为了引入发射筒周围的空气，在发射筒筒口必须给周围空气留出进入弹与内筒之间的通道，可以通过在内外筒形成的环形通道内加数根有一定宽度的"桥"来实现，该"桥"面上方在发射筒筒口将周围空气与弹和内筒之间相通，保证导弹在发射过程中周围空气可以通过"桥"面源源不断地进入弹与内筒之间（图12.56）。有一定宽度的"桥"体从筒口一直延伸到发射筒筒底，在内外筒之间就将燃气分割成数股，燃气从内外筒筒口喷出后就形成了数股气流，各股气流之间是有一定间隙的，这些间隙就是周围空气进入弹和内筒之间的流动通道。这样，就可保证导弹发射时，由于发动机射流对弹与内筒间气体具有引射效应，即在筒口压力与周围大气压力相近的情况下，从发射筒周围补充进入的空气可以沿着弹与内筒之间的流道连续地从筒口向筒底流动。这就是希望出现的流动状态，导弹在发射过程中如果出现所述的流动状态，首先，导弹在发射筒内的弹体部分由于有引射空气的包围，没有燃气的影响；其次，引入的温度较低的空气流过弹体后就和发动机高温燃气相混，使燃气温度降低，这样，也就降低从内外筒喷出燃气的温度，从而达到了减小该燃气对导弹出筒部分的热效应的目的，如果在筒口加装有一定角度的导流装置，通过导流角度的控制，就可调节喷到导弹表面的气流温度，使该温度在导弹可以承受的范围内。这就是引射同心筒的基本原理。

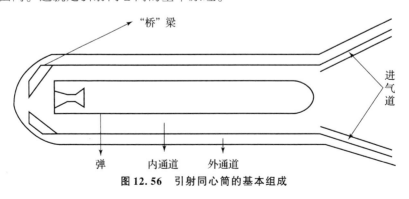

图12.56　引射同心筒的基本组成

2. 引射同心筒的发射过程流场研究

引射同心筒的网格划分情况以及域动分层法动网格的区域设置情况前已述，此处不再赘述。导弹的运动速度根据牛顿第二定律进行求解。

图 12.57 所示为 0.1 s 时刻引射同心筒对称面温度和速度云图。由云图可知，内外筒间隙的温度较高，内筒和导弹之间的温度较低，这是因为内筒和导弹之间引射入低温的空气。由速度云图可以看出，内外筒之间的燃气速度较大，这是因为内外筒间隙较大，大部分燃气从内外筒间隙排导，内筒和导弹之间靠筒口与筒底的压力差吸入空气，速度较小。

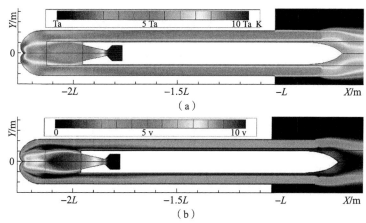

图 12.57 0.1 s 时刻引射同心筒对称面温度和速度云图

(a) 温度云图；(b) 速度云图

图 12.58 所示为 0.1 s 时刻引射同心筒导弹底部及筒口处速度矢量图。由图 12.58 可知，内筒和导弹底部之间的速度方向朝向筒内，表明内筒和导弹之间存在引射效应。内外筒之间向外排导的燃气被纵梁打断，使得内筒可以从筒口纵梁附近吸入周围低温空气，降低导弹表面的温度。

图 12.59 所示为 0.2 s 时刻引射同心筒对称面温度和速度云图。由图 12.59 可知，由于筒口引射入低温空气，导弹在筒内的部分温度较低，但是导弹出筒的部分还是要经历筒口的高温燃气区域，表面温度较高。

图 12.60 所示为 0.2 s 时刻引射同心筒导弹底部及筒口处速度矢量图。由图 12.60 可知，0.2 s 时刻内筒和导弹底部之间的速度是向着筒内的，此时导弹运动一段距离，喷管出口与筒口的距离变近，筒口处吸入的燃气速度变大。

图 12.61 所示为 0.3 s 时刻引射同心筒对称面温度和速度云图。由图 12.61 可知，此时导弹已经完全出筒，导弹通过筒口的高温燃气区域，表面的温度升高。

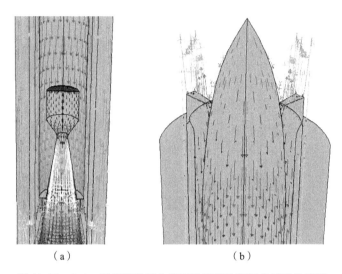

（a）　　　　　　　　　　　　　　　（b）

图 12.58　0.1 s 时刻引射同心筒导弹底部及筒口处速度矢量图

（a）导弹底部的流场速度矢量图；（b）筒口处的流场速度矢量图

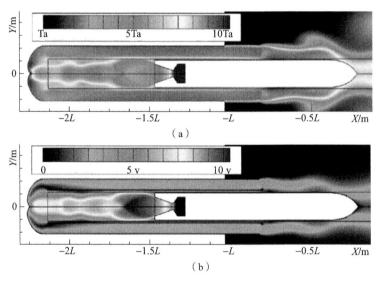

（a）

（b）

图 12.59　0.2 s 时刻引射同心筒对称面温度和速度云图

（a）温度云图；（b）速度云图

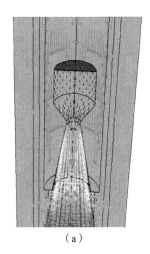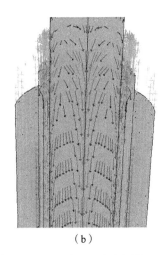

（a）　　　　　　　　　　　　　　（b）

图 12.60　0.2 s 时刻引射同心筒导弹底部及筒口处速度矢量图

（a）导弹底部的流场速度矢量图；（b）筒口处的流场速度矢量图

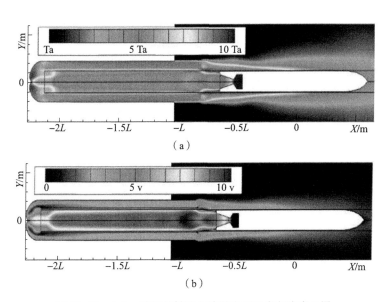

图 12.61　0.3 s 时刻引射同心筒对称面温度和速度云图

（a）温度云图；（b）速度云图

　　图 12.62 所示为 0.4 s 时刻引射同心筒对称面温度和速度云图。由图 12.62 可知，此时形成较为清晰的马赫结构，导弹已经远离筒口的高温区域，导弹表面的温度有所降低。

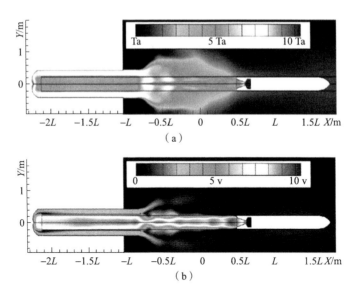

图 12.62 0.4 s 时刻引射同心筒对称面温度和速度云图

（a）温度云图；（b）速度云图

12.3.4 同心筒热发射流场典型案例

舰载弹道导弹是一种新型高效反舰（或对地攻击）的武器系统，实现与"通垂"系统的融合，突破弹道导弹的舰面垂直发射技术，是弹道导弹能否上舰的关键技术之一。较弹射技术而言，舰面垂直热发射技术主要优点是安全性高、过载小、无发动机再点火问题、对舰面设备影响较小、可靠性高。但是垂直热发射技术也存在问题，就是发射时燃气对导弹的热效应过高。本例对同心筒垂直发射装置进行优化设计来降低发射过程中的热效应。由于发射筒与通垂架的接口为一带导角的方形截面，因此，可以将传统的圆柱形外筒设计为方形结构，使得内筒外壁与方形筒内壁间具有较大的空间排导燃气流，达到弹道导弹性能优势最大化。

本例使用三维动态网格更新方法对两种方案的同心筒发射过程进行了非定常计算。计算中使用了仿真软件，采用域动分层动网格更新方法模拟导弹发射过程。得到发射过程中各个时刻导弹表面及流场的温度分布情况，并与标准同心筒的发射过程的流场进行了对比，表明新型同心筒发射装置在发射过程中能降低导弹表面的温度，为舰载弹道导弹的发射装置设计提供参考。

1. 计算模型

进行流场计算时，采用有限体积法对流场控制方程进行离散，湍流模型选用 RNG $k-\varepsilon$ 模型，壁面附近采用标准壁面函数，网格更新方法采用域动分层法。

对标准的同心筒和外筒改为方形的新型同心筒分别进行计算。由于物理模型的对称性，按照 1/4 计算区域进行建模。图 12.63（a）为标准同心筒后盖部分结构示意图，图 12.63（b）为外筒改为方形的新型同心筒后盖部分结构示意图。本书计算所取的内筒直径为 R_1，对于标准同心筒垂直发射装置来说，外筒直径为 R_2，筒长度为 L。对于外筒改为方形的同心筒来说，外箱边长为 L_1，筒长度相同。内外筒间隙排导燃气的容积相差达到 V 左右。

喷管入口边界采用压力入口，燃烧室的压力在 0.07 s 线性上升到 P_0，燃气温度为 T_0。燃气射流外边界条件为压力出口，环境压力为 P_a，环境温度为 T_a。

2. 发射过程流场分析

图 12.64 所示为发射过程网格更新示意图。

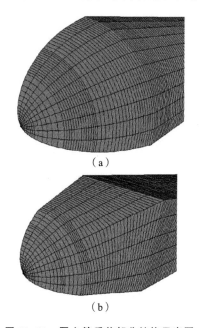

（a）

（b）

图 12.63　同心筒后盖部分结构示意图

（a）标准同心筒结构；

（b）方形外形同心筒结构

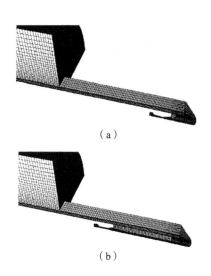

（a）

（b）

图 12.64　发射过程网格更新示意图

（a）初始时刻流场网格划分；

（b）0.1 s 时刻流场网格更新图

图 12.65 所示为发射过程中导弹的位移随时间变化曲线。导弹受到最主要的力是燃烧室的推力，相对于其他力来说起到决定性的作用。

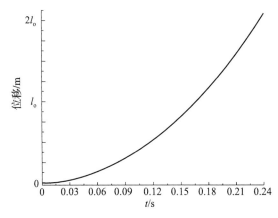

图 12.65　发射过程中导弹的位移随时间变化曲线

图 12.66 所示为 0.01 ~ 0.05 s 时刻导弹表面的温度曲线。导弹的起始位置为 $-l_0$ ~ 0，沿 X 轴负向运动，其中，"新"代表新型同心筒，"旧"代表标准同心筒。由曲线可知，0.01 ~ 0.05 s 时刻新型同心筒的导弹表面温度明显低于标准同心筒工况。标准同心筒由于内外筒之间排导燃气的空间较小，导致较大部分燃气在内筒和弹之间排出，使得弹表面的温度升高，0.01 ~ 0.05 s 时刻弹表面的温度基本都达到 T_1。新型同心筒在 0.01 s 时刻内筒和弹之间排导的少量燃气只到达弹的中部左右，弹前部的温度较低。0.03 ~ 0.05 s 时刻由于筒底高速燃气的引射作用使得筒口吸入部分冷空气且在内筒往复运动，因此导弹表面的温度较低。

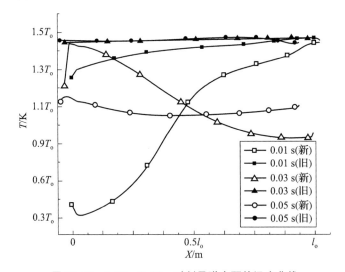

图 12.66　0.01 ~ 0.05 s 时刻导弹表面的温度曲线

图 12.67 所示为 0.03 s 时刻流场的温度云图。由图 12.67 可知，新型同心筒的导弹表面及筒口位置的温度均较低，这主要是因为新型同心筒的内外筒间隙较大，燃气排导顺畅，在筒口堆积的燃气较少，且只有少部分燃气从内筒和弹之间排导。

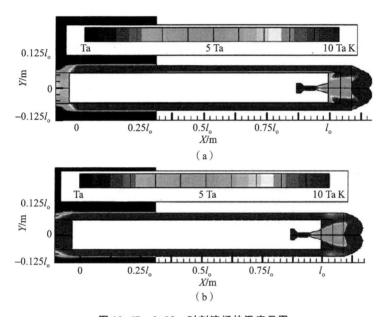

图 12.67　0.03 s 时刻流场的温度云图

（a）新型同心筒；（b）标准同心筒

图 12.68 所示为 0.05 s 时刻新型同心筒筒口附近速度矢量图。由图 12.68 可知，有部分气体被"吸入"内筒和导弹之间，这是因为喷管出口处形成超声速射流使得此处的压力低于一个大气压，筒口处的气体被吸入内筒内部，这与图 12.66 新型同心筒导弹表面的温度整体都较低一致。

图 12.69 所示为 0.07 ~ 0.11 s 时刻导弹表面的温度曲线。由图 12.69 可知，标准同心筒在发射过程中导弹表面的温

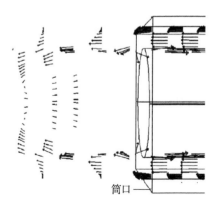

图 12.68　0.05 s 时刻新型同心筒筒口附近速度矢量图

度一直较高，这是因为有大量高温燃气在内筒和导弹之间排出，阻塞了筒口气体进入内筒内的通道，因此温度一直较高，导弹出筒部分穿过高温区以后温度

有较小的降幅。新型同心筒由于在筒口吸入的低温气体在筒内来回运动使得筒内的温度较低，出筒部分燃气温度降低。

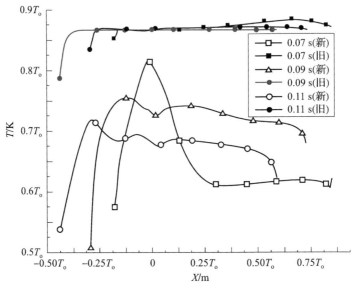

图 12.69　0.07～0.11 s 时刻导弹表面的温度曲线

图 12.70 所示为 0.09 s 时刻流场的温度云图。由图 12.70 可知，新型同心筒筒口部分燃气堆积较少，使得导弹出筒部分温度较低。标准同心筒由于导弹出筒后还要经过一个高温燃气堆积区域，温度降低不明显。

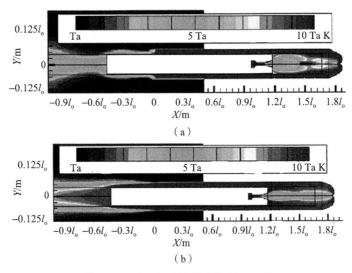

图 12.70　0.09 s 时刻流场的温度云图

（a）新型同心筒；（b）标准同心筒

图 12.71 所示为 0.13 ～ 0.17 s 时刻导弹表面的温度曲线。由图 12.71 可知，导弹出筒部分的燃气温度迅速下降，标准同心筒工况的导弹在筒内部分温度依旧较高。

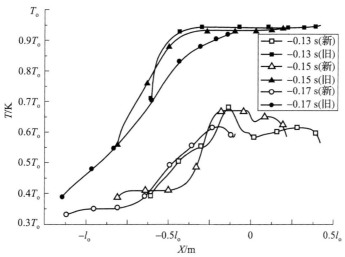

图 12.71 0.13 ～ 0.17 s 时刻导弹表面的温度曲线

图 12.72 所示为 0.14 s 时刻流场的马赫数等值线图。由图 12.72 可知，新型同心筒工况的喷管为欠膨胀工作状态，而标准同心筒工况的喷管为过膨胀工作状态。这是由于新型同心筒的底部空间较大，底部压力较小，喷管出口的压力大于环境压力，气流在喷口圆周边缘处受扰动产生膨胀波，由于起始膨胀后

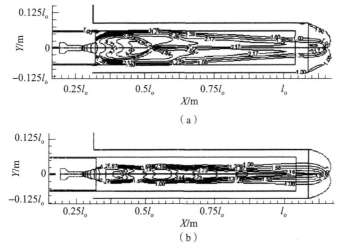

（a）

（b）

图 12.72 0.14 s 时刻流场的马赫数等值线图

（a）新型同心筒；（b）标准同心筒

的压强可能变得比周围介质压强小，于是这种压强差决定了出现冲波，而且此波将截断起始膨胀波。拦截冲波相交于一点，如图 12.72（a）所示。图 12.72（b）所示标准同心筒的喷管处于过膨胀工作状态，由于喷口压强小于环境压强，气流一出喷口就受到周围介质的压迫，这使得气流在喷口周缘受扰动后发出弱压缩波，压缩波后的气流压强提高、马赫数降低。由于压缩波相交仍要产生压缩波，气流压强再一次降低，马赫数再一次降低，形成图 12.72（b）所示的 4 个马赫结构。

图 12.73 所示为 0.19 ~ 0.22 s 时刻导弹表面的温度曲线。由图 12.73 可知，导弹已经基本远离筒口高温区，两种方案弹头的温度均较低。

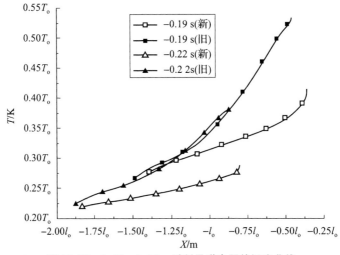

图 12.73　0.19 ~ 0.22 s 时刻导弹表面的温度曲线

图 12.74 所示为 0.22 s 时刻流场的温度云图。由图 12.74 可知，导弹表面的温度已经降低，标准同心筒由于筒内燃气排导不顺畅导致筒内和筒口的温度较高。

3. 小结

（1）采用动网格更新方法对同心筒的导弹发射过程进行了数值计算，导弹运动位移曲线与试验符合较好。

（2）采用外筒改为方形的新型同心筒发射方式，在实现通垂发射的前提下能有效降低导弹表面的温度，使得导弹表面的温度在整个发射过程中均降低明显，形成一种发射装置设计的全新技术途径。

（3）由标准同心筒变为新型同心筒，使得筒底部环境压力减小，喷管的工作状态由过膨胀变为欠膨胀，发射过程中的流场结构发生改变。

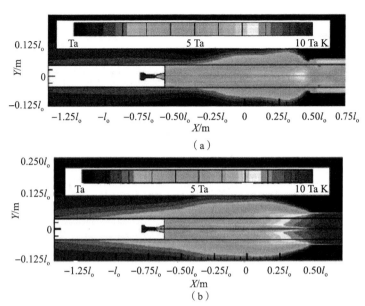

图 12.74　0.22 s 时刻流场的温度云图

（a）新型同心筒；（b）标准同心筒

参 考 文 献

［1］于勇，母云涛．同心筒式发射装置附加弹射力影响因素分析［J］．航空动力学报，2014，29（4）：980-986.

［2］ZHANG K，YANG M，ZHANG Y W. Two-and three-dimensional numerical simulations of natural convection in a cylindrical envelope with an internal concentric cylinder with slots［J］. International journal of heat and mass transfer，2014，70（1）：434-438.

［3］邵立武，姜毅，马艳丽，等．新型舰载同心筒发射过程流场研究［J］．导弹与航天运载技术，2011（4）：54-58.

［4］马艳丽，姜毅，王伟臣，等．同心筒发射过程燃气射流冲击效应研究［J］．固体火箭技术，2011，34（2）：140-145.

［5］姜毅，郝继光，傅德彬．导弹发射过程三维非定常数值模拟［J］．兵工学报，2008（8）：911-915.

第 13 章

水下发射环境多相流场仿真

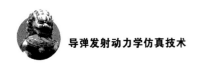

|13.1 水下发射多相流问题简介|

导弹水下发射是典型的多相流问题。例如，发射筒开盖过程涉及海水的"水锤"效应；燃气发生器/导弹发动机点火形成的高温燃气气泡在海水中往复变形，因此发动机推力振荡；液态水遇到高温燃气后的加速汽化；导弹出筒加速过程中的头部空化问题等。导弹水下发射多相流问题较为复杂，却又涉及发射安全性、发射效率等方方面面，因此具有较高的工程研究价值。采用数值仿真方法可以有效避免水下发射试验条件的限制，同时能够获取更为细致的多相流流场数据，非常适合用于水下发射工程问题的分析计算。

导弹水下发射存在"水锤"效应。如图 13.1 所示，潜射导弹在发射前通常储存在发射筒内，发射筒与外界水域通过筒盖等装置隔离。导弹在水下发射时，首先需要向发射筒内充气保证筒盖内外两侧压力均衡，随后打开筒盖。由于海水密度远高于筒内气体，因此在重力的作用下，海水会倒灌到发射筒内。而为了确保导弹具有一定的出筒速度，发射筒必须具有足够的长度以保证充足的加速行程，这使得倒灌进入筒内的海水存在类似于高空坠落的过程。在筒内加速的高动量海水冲击发射筒底部，形成"水锤"效应，威胁发射筒的结构安全性。发射中的"水锤"效应，涉及发射筒内气体与筒外海水在重力作用下的气–液两相流动。对于水下发射数值仿真，如何准确高效地捕捉气–液交界面，以及如何合理计算筒内气体与筒外海水之间的相互作用力，是确保"水锤"效应仿真评估准确性的重中之重。

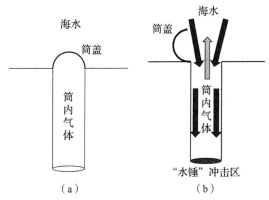

图 13.1　"水锤"效应示意图

（a）开盖前；（b）开盖后

　　水下发射过程中产生的高温燃气与海水接触后形成燃气气泡，如图 13.2 所示。由于燃气本身流速较快，因此燃气与海水两种介质之间存在剪切，这使得气 - 液交界面存在明显的 Kelvin - Helmholtz 不稳定现象。此外，燃气密度远小于海水密度，因此气 - 液交界面同时还存在 Rayleigh - Taylor 不稳定现象。这些流动不稳定现象导致气泡不断变形振动，进而产生压强波动。这种压强波动作用在导弹及其发动机表面，最终表现为推力振荡。推力振荡会使导弹发射过程不稳定，增大发射安全隐患。另外，高温燃气与海水接触后加快了液态水的汽化，生成的水蒸气反过来影响气泡内的气体密度和压强，使得气泡的变形与运动更为复杂。因此，如何准确高效地解析气 - 液交界面，如何准确计算气相与液相之间的相互作用力，以及如何合理模拟液态水的汽化过程，是准确预估水下发射推力振荡的关键。

　　导弹水下发射过程中会产生空化现象，如图 13.3 所示。空化指的是当液体局部压强低于当地饱和蒸汽压时，液体汽化形成气泡的现象。例如，燃气气泡振动变形导致周围海水压强波动，压强波动过大会导致局部压强低于饱和蒸汽压，进而引发空化。此外，导弹水下发射出筒后的加速过程中，导弹头部附近海水与头部顶点速度相差较大，导致海水局部压强降低并空化。空化后产生的气泡受高压海水挤压破碎，形成局部冲击波。当空化气泡破碎位置距离导弹或发射装置表面较近时，该冲击波会加剧金属结构的疲劳，产生气蚀现象，威胁结构安全。因此，为了评估水下发射过程中空化对结构的影响，需要准确模拟海水在低压条件下的汽化过程，以及空化气泡破碎时产生的局部冲击波。

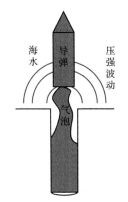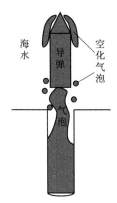

图 13.2　燃气气泡引起推力振荡　　　　图 13.3　空化现象

|13.2　水下多相流常用模型|

相比于单相流动，水下多相流需要计算两相介质之间的相互作用，并且常常需要考虑重力的影响。为此，水下多相流动仿真需要引入用于描述相间作用的多相流模型。水下发射仿真中常用的多相流模型有 VOF 模型、mixture 模型以及 Eulerian 模型，三种模型分别适用于不同的使用场景。

1. VOF 模型

VOF 模型全称为 Volume of Fluid 模型，该模型可以模拟两种互不浸润的流体形成的多相流动。采用 VOF 模型求解多相流动时，只求解同一套动量方程，而通过每一种流体的体积分数来表示不同的流体。对于水下发射过程多相流仿真，VOF 模型非常适合模拟其中的大气泡变形，并且能够较为准确地追踪捕捉气-液交界面。

VOF 模型所基于的前提是多相流中涉及的各种流体介质之间没有充分混合，即不同介质之间始终保持明确的交界面。VOF 模型通过网格单元内每种介质所占的体积分数描述各种流体介质的分布，且同一个网格单元内各介质体积分数之和为 1。流场内的流动参数通过各相流体流动参数的体积加权平均进行计算，即

$$\phi = \sum_{q=1}^{N} \phi_q \alpha_q \qquad (13.1)$$

其中，ϕ 为网格单元内的流场变量，ϕ_q 表示该网格单元内第 q 相介质中该流场

变量的值，α_q 表示该网格单元内第 q 相介质的体积分数。VOF 模型正是通过体积分数 α 来追踪相间交界面的。对于第 q 相介质，其体积分数 α_q 满足如下输运方程：

$$\frac{1}{\rho_q}\left[\frac{\partial}{\partial t}(\alpha_q \rho_q) + \nabla \cdot (\alpha_q \rho_q \vec{v_q}) = S_{\alpha_q} + \sum_{p=1}^{N}(\dot{m}_{pq} - \dot{m}_{qp})\right] \tag{13.2}$$

其中，$\dot{m}_{pq}$ 表示从介质 p 到介质 q 的质量传递速率，$\dot{m}_{qp}$ 表示从介质 q 到介质 p 的质量传递速率，S_{α_q} 表示其他源项。通过求解体积分数输运方程，并利用得到的体积分数加权计算流场密度、黏性等参数，可以用统一的动量方程描述流场中的动量输运：

$$\frac{\partial}{\partial t}(\rho \vec{v}) + \nabla \cdot (\rho \vec{v}\vec{v}) = -\nabla p + \nabla \cdot [\mu(\nabla \vec{v} + \nabla \vec{v^T})] + \rho \vec{g} + \vec{F} \tag{13.3}$$

这种处理方式减少了待求解方程的个数。然而，对于在交界面附近存在较强剪切的多相流动，这种处理会导致交界面附近速度求解失准；对于界面两侧两种介质黏性相差较大的情况，甚至使得求解难以收敛。而这些情况在水下发射过程中是十分常见的：导弹发射过程中发动机产生的高速燃气射流，与周围海水之间就存在较大的速度差与黏性差。对于这种情况，我们可以通过选用合适的界面捕捉方法改善收敛性。例如，在仿真软件中，可以通过选用 CICSAM 界面捕捉模型来解决。

与动量方程相同，VOF 模型中采用统一的能量方程：

$$\frac{\partial}{\partial t}(\rho E) + \nabla \cdot (\vec{v}(\rho E + p)) = \nabla \cdot (k_{eff} \nabla T) + S_h \tag{13.4}$$

与动量方程不同的是，VOF 模型能量方程中的总能量 E 与温度 T 采用各相介质的质量平均（而不是体积平均）计算，形如

$$E = \frac{\sum_{q=1}^{n} \alpha_q \rho_q E_q}{\sum_{q=1}^{n} \alpha_q \rho_q} \tag{13.5}$$

能量方程中的密度 ρ 与有效热导率 k_{eff} 依然通过体积分数求和计算，并由各相介质共享。方程中的源项 S_h 中则包含与辐射、热源相关的部分。此外，当两相交界面两侧的温度相差较大时，VOF 模型的能量方程也会出现收敛困难。

水下发射过程涉及气泡的变形运动，而气泡的变形运动与气－液交界面的表面张力息息相关。VOF 模型可以通过引入表面张力模型来模拟表面张力。例如，仿真软件中常用的模型有连续表面力（CSF）模型与连续表面应力（CSS）模型，其中 CSS 模型具有更好的普适性。对于伴随高速流动的多相流问题，是否考虑表面张力的影响，取决于雷诺数 $Re = \rho UL/\mu$ 与韦伯数 $We = \rho U^2 L/\sigma$，其中 σ 为表面张力系数。当 $We \gg 1$ 时，可以忽略表面张力的影响。

对于水下发射过程中产生的燃气气泡，通常需要考虑表面张力。此外，还需要考虑气泡接触导弹以及发射装置表面后壁面对交界面的粘连效应。壁面的粘连效应可以通过壁面本身的法线方向以及气泡与壁面的接触角对交界面的曲率进行修正，并利用修正后的曲率调节体积力来实现。

虽然 VOF 模型能够较好地捕捉相间交界面，但是由于在交界面处体积分数不连续，因此用 VOF 模型得到的流场参数在求解各参数的空间导数上存在困难，尤其是在交界面处。为了克服这一困难，可以将 VOF 模型与 Level-set 方法耦合在一起使用。Level-set 是一种利用 Level-set 函数描述复杂曲面空间变换的方法，其中 Level-set 函数定义为

$$\varphi(x,t) = \begin{cases} + |d| & \text{if } x \in \text{the primary phase} \\ 0 & \text{if } x \in \Gamma \\ - |d| & \text{if } x \in \text{the secondary phase} \end{cases} \quad (13.6)$$

其中，d 表示从交界面到当前位置的距离。Level-set 函数随时间的变化与 VOF 模型中体积分数变化具有相似的形式：

$$\frac{\partial \varphi}{\partial t} + \nabla \cdot (\vec{u}\varphi) = 0 \quad (13.7)$$

此时动量方程可以改写为

$$\frac{\partial(\rho\vec{u})}{\partial t} + \nabla \cdot (\rho\vec{u}\vec{u}) = -\nabla p + \nabla \cdot \mu[\nabla\vec{u} + (\nabla\vec{u})^T] - \vec{F_{sf}} + \rho\vec{g} \quad (13.8)$$

其中，$\vec{F_{sf}}$ 表示由于表面张力而产生的力，有

$$\vec{F_{sf}} = \sigma\kappa\delta(\varphi)\vec{n} \quad (13.9)$$

其中，σ 表示表面张力系数，κ 表示当地交界面平均曲率，$\vec{n}$ 表示当地交界面法向单位矢量，并且

$$\delta(\varphi) = \begin{cases} 0 & |\varphi| \geq \alpha \\ \dfrac{1 + \cos(\pi\varphi/\alpha)}{2\alpha} & |\varphi| < \alpha \end{cases} \quad (13.10)$$

其中，α 表示交界面厚度。

由于 Level-set 函数是光滑且连续的，因此可以准确计算空间中各参数的梯度。这种方法的缺点是不能保证各相介质体积守恒。VOF 模型与 Level-set 方法耦合使用刚好达到了取长补短的目的，具有很强的实用价值。对于水下发射问题的 CFD 多相流仿真，推荐使用二者结合的方法。

需要注意的是，VOF 模型的使用存在限制。以水下发射仿真分析中常用的 CFD 商业软件为例，其中的 VOF 模型存在以下限制。

（1）VOF 模型与密度基求解器不兼容，必须使用压力基求解器。

（2）所有的网格控制体内必须充满流体，不允许存在非流体区域。

（3）允许使用可压缩液体模型，但是只有一种流体可以被设定为可压缩理想气体。

（4）不能同时使用沿流线的周期性边界条件。

（5）使用显示格式的 VOF 模型时，时间项不能采用二阶隐式格式。

（6）当 VOF 模型与 Level – set 方法耦合使用时，两相流体之间不允许存在质量转移。

由于不同的 CFD 仿真工具对 VOF 模型的实现方法不同，因此相应的限制条件也存在差异，不可一概而论。我们需要根据具体的 CFD 仿真分析工具，明确其模型适用范围，选取合适的模型进行水下发射多相流场仿真计算。

2. mixture 模型

mixture 模型是一种简化的多相流模型，该模型可以模拟相间存在相对速度的多相流问题，并且可以用于计算非牛顿流体的黏性。与复杂的 Eulerian 模型相比，mixture 模型更适合计算含有颗粒的多相流动，如河床中的泥沙随河水的流动，以及水下发射过程中产生的数量巨大的微小气泡等。与 VOF 模型的相同点在于，mixture 模型同样是求解同一套质量方程、动量方程与能量方程，通过体积分数方程区分不同相流体；与 VOF 模型的区别在于，mixture 模型引入相间相对速度，即允许相间交界面存在滑移速度，并且 mixture 模型允许不同相的介质之间的相互侵入混合，即网格单元内的体积分数可以取 $0 \sim 1$ 之间的任意值。

mixture 模型中对于多相流体混合物的质量方程为

$$\frac{\partial}{\partial t}(\rho_m) + \nabla \cdot (\rho_m \vec{v}_m) = 0 \tag{13.11}$$

其中混合物的速度通过各相流体速度的质量平均计算：

$$\vec{v}_m = \frac{\sum_{k=1}^{n} \alpha_k \rho_k \vec{v}_k}{\rho_m} \tag{13.12}$$

混合物的密度 ρ_m 则通过体积分数加权计算：

$$\rho_m = \sum_{k=1}^{n} \alpha_k \rho_k \tag{13.13}$$

mixture 模型中对于混合物的动量方程为

$$\frac{\partial}{\partial t}(\vec{\rho v}_m) + \nabla \cdot (\rho_m \vec{v}_m \vec{v}_m)$$

$$= -\nabla p + \nabla \cdot [\mu_m(\nabla \vec{v}_m + \nabla \vec{v}_m^T)] + \rho_m \vec{g} + \vec{F} + \nabla \cdot \left(\sum_{k=1}^{n} \alpha_k \rho_k \vec{v}_{dr,k} \vec{v}_{dr,k}\right) \tag{13.14}$$

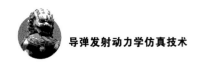
其中，动力黏度系数 μ_m 为

$$\mu_m = \sum_{k=1}^{n} \alpha_k \mu_k \qquad (13.15)$$

$\overrightarrow{v}_{dr,k}$ 为第 k 相流体相对于混合物的漂流速度，即

$$\overrightarrow{v}_{dr,k} = \overrightarrow{v}_k - \overrightarrow{v}_m \qquad (13.16)$$

相应地，mixture 模型的能量方程为

$$\frac{\partial}{\partial t} \sum_{k=1}^{n} (\alpha_k \rho_k E_k) + \nabla \cdot \sum_{k=1}^{n} (\alpha_k \overrightarrow{v}_k (\rho_k E_k + p)) = \nabla \cdot (k_{eff} \nabla T) + S_E$$

$$(13.17)$$

体积分数方程为

$$\frac{\partial}{\partial t} (\alpha_p \rho_p) + \nabla \cdot (\alpha_p \rho_p \overrightarrow{v}_m) = -\nabla \cdot (\alpha_p \rho_p \overrightarrow{v}_{dr,p}) + \sum_{q=1}^{n} (\dot{m}_{qp} - \dot{m}_{pq})$$

$$(13.18)$$

漂流速度与两相流体之间的滑移速度的关系为

$$\overrightarrow{v}_{dr,p} = \overrightarrow{v}_{pq} - \sum_{k=1}^{n} c_k \overrightarrow{v}_{qk}$$

mixture 模型中，多相流颗粒对流动的影响至关重要。考虑到含有颗粒（如固体颗粒、微小气泡等）的悬浊液的多相流等效黏性对流动的影响，需要引入颗粒黏性

$$\mu s = \mu_{s,col} + \mu_{s,kin} + \mu_{s,fr} \qquad (13.19)$$

其中，$\mu_{s,col}$ 为粒子碰撞黏性

$$\mu_{s,col} = \frac{4}{5} \alpha_s \rho_s d_s g_{0,ss} (1 + e_{ss}) \left(\frac{\theta_s}{\pi}\right)^{1/2} \alpha_s \qquad (13.20)$$

$\mu_{s,kin}$ 为粒子运动黏性，常见的形式有 Syamlal 形式

$$\mu_{s,kin} = \frac{\alpha_s d_s \rho_s \sqrt{\theta_s \pi}}{6(3 - e_{ss})} \left[1 + \frac{2}{5} (1 + e_{ss})(3 e_{ss} - 1) \alpha_s g_{0ss}\right] \qquad (13.21)$$

以及 Gidaspow 形式

$$\mu_{s,kin} = \frac{10 \rho_s d_s \sqrt{\theta_s \pi}}{96 \alpha_s (1 + e_{ss}) g_{0,ss}} \left[1 + \frac{4}{5} g_{0,ss} \alpha_s (1 + e_{ss})\right]^2 \alpha_s \qquad (13.22)$$

水下发射过程中的多相流场涉及大量微小气泡在海水中的流动，这些微小气泡可以近似处理为离散相，同时需要考虑微小气泡颗粒与周围海水之间的质量、动量和能量交换。这一过程涉及由于相间传质、压强变化、合并、破碎、成核等导致的离散相颗粒尺寸与空间分布的变化。为了高效、准确地反映这些复杂的物理过程，可以采用交界面浓度模型。交界面浓度指的是单位体积混合物中，两相之间的交界面面积。交界面浓度的输运方程为

$$\frac{\partial(\rho_g \chi_p)}{\partial t} + \nabla \cdot (\rho_g \vec{u}_g \chi_p) = \frac{1}{3}\frac{D_{\rho_g}}{Dt}x_p + \frac{2}{3}\frac{\dot{m}_g}{\alpha_g}\chi_p + \rho_g(S_{RC} + S_{WE} + S_{TI})$$

$$(13.23)$$

其中，χ_p 为交界面浓度，α_g 为气相体积分数。方程右边的前两项分别为由于气泡可压缩性和相间传质导致的气泡膨胀。最后一项表示气泡合并与破碎对交界面浓度的影响，其中涉及的相互作用机理可以归纳为以下五类[1][2]。

（1）湍流导致的颗粒随机碰撞产生的颗粒合并。

（2）涡冲击导致的颗粒破碎。

（3）尾迹流中的合并。

（4）小气泡从大气泡中剪切脱落。

（5）大气泡表面流动不稳定性导致的气泡破碎。

mixture 模型的使用同样存在许多限制条件。例如，在仿真软件中，除了与 VOF 模型相同的限制条件外，mixture 模型不能模拟无黏流动，并对空化模型的使用进行了限制。

3. Eulerian 模型

Eulerian 模型可以模拟任意数量相态的多相流动，并对每一相态都采用欧拉描述。不同相态介质之间共享同一套压强场，并对每一相的质量守恒与动量方程单独求解。

Eulerian 模型中，对第 q 相的质量守恒方程为

$$\frac{\partial}{\partial t}(\alpha_q \rho_q) + \nabla \cdot (\alpha_q \rho_q \vec{v}_q) = \sum_{p=1}^{n}(\dot{m}_{pq} - \dot{m}_{qp}) + S_q \qquad (13.24)$$

动量守恒方程为

$$\frac{\partial}{\partial t}(\alpha_q \rho_q \vec{v}_q) + \nabla \cdot (\alpha_q \rho_q \vec{v}_q \vec{v}_q) = -\alpha_q \nabla p + \nabla \cdot \overline{\overline{\tau}}_q + \alpha_q \rho_q \vec{g} +$$

$$\sum_{p=1}^{n}(\vec{R}_{pq} + \dot{m}_{pq}\vec{v}_{pq} - \dot{m}_{qp}\vec{V}_{qp}) +$$
$$(\vec{F}_q + \vec{F}_{lift,q} + \vec{F}_{wl,q} + \vec{F}_{vm,q} + \vec{F}_{td,q})$$

$$(13.25)$$

其中，$\overline{\overline{\tau}}_q$ 为第 q 相的应力 – 应变张量：

---

① HIBIKI T, ISHII M. One – group interfacial area transport of bubbly flows in vertical round tubes [J]. International journal of heat and mass transfer, 2000, 43 (15): 2711 – 2726.

② WU Q, KIM S, ISHII M, et al. One – group interfacial area transport in vertical bubbly flow [J]. International journal of heat and mass transfer, 1998, 41 (8): 1103 – 1112.

$$\overline{\overline{\tau}}_q = \alpha_q \mu_q \left(\nabla \vec{v}_q + \nabla \vec{v}_q^T \right) + \alpha_q \left(\lambda_q - \frac{2}{3} \mu_q \right) \nabla \cdot \vec{v}_q \overline{I} \qquad (13.26)$$

其中，μ_q，λ_q 分别为第 q 相介质的剪切黏性与体积黏性，$\vec{F}_q$ 为外部体积力，$\vec{F}_{lift,q}$ 为升力，$\vec{F}_{wl,q}$ 为壁面润滑力，$\vec{F}_{vm,q}$ 为虚质量力，$\vec{F}_{td,q}$ 为湍流色散力，$\vec{R}_{pq}$ 为相间作用力，$\vec{v}_{pq}$ 为相间速度。相间作用力 $\vec{R}_{pq}$ 可以用相间动量交换系数与相速度表示为

$$\sum_{p=1}^{n} \vec{R}_{pq} = \sum_{p=1}^{n} K_{pq} \left(\vec{p}_p - \vec{v}_q \right) \qquad (13.27)$$

质量守恒方程为

$$\frac{\partial}{\partial t} \left(\alpha_q \rho_q h_q \right) + \nabla \cdot \left(\alpha_q \rho_q \vec{u}_q h_q \right) = \alpha_q \frac{dp_q}{dt} + \overline{\overline{\tau}}_q : \nabla \vec{u}_q - \nabla \cdot \vec{q}_q +$$

$$S_q + \sum_{p=1}^{n} \left(Q_{pq} + \dot{m}_{pq} h_{pq} - \dot{m}_{qp} h_{qp} \right)$$

$$(13.28)$$

其中，h_q 为第 q 相介质的比焓，$\vec{q}_q$ 为热流密度，S_q 为与化学反应以及热辐射相关的热量源项，Q_{pq} 为第 p 相与第 q 相之间的热交换强度，h_{pq} 为相间焓（如蒸发凝结过程中的焓变）。

Eulerian 模型的使用同样存在一些限制条件。例如，在仿真软件中，当使用 Eulerian 模型时：①雷诺应力模型不能单独用于多相流模型中的每一相；②拉格朗日离散相只与多相流主相相互作用；③无法模拟无黏流动；④无法模拟融化与凝固。

|13.3　水下多相流工程问题仿真方法|

下面通过一个简单的案例来介绍一下水下发射多相流场仿真方法。如图 13.4 所示，导弹在发射筒内的密闭空间中点火，火箭发动机产生的高温燃气射流在密闭空间中不断聚集，在较短的时间内提高密闭空间中的压强。当水密膜内外两侧压强差大于水密膜的破膜压强时，水密膜破碎，随后周围环境中的海水倒灌入发射筒内，同时发射筒内的燃气向外流出形成气泡。

为了简化仿真流程，在此选用二维轴对称模型进行仿真计算。此外，由于涉及导弹运动的动网格技术在前几个章节已经有所涉及，因此不再重复导弹运动过程，而将重点放在燃气与海水之间的多相流动过程。

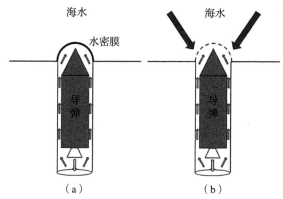

图 13.4　水下发射多相流场仿真案例

（a）破膜前；（b）破膜后

　　水下多相流仿真主要依托于 CFD 技术。第一步需要根据实际问题建立几何模型，划分计算域并绘制网格。如前所述，这里选用二维轴对称模型，模型尺寸参数如图 13.5 所示。

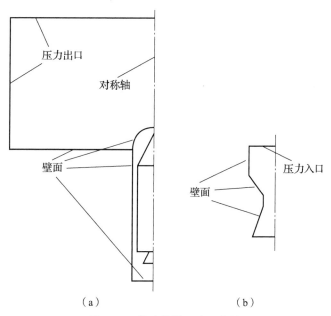

图 13.5　仿真模型尺寸示意图

（a）整体模型；（b）喷管模型

　　图中水密膜为 1/4 圆弧，导弹表面为壁面。建立相应的几何模型，并划分计算域（图 13.6）。

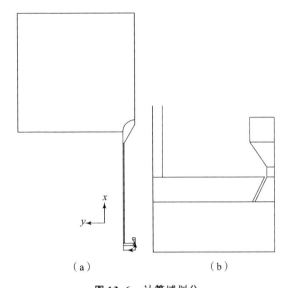

（a）   （b）

图 13.6　计算域划分

（a）整体计算域；（b）喷管附近计算域

在此计算域上划分网格。由于模型较为简单，统一使用四边形网格，如图 13.7 所示。

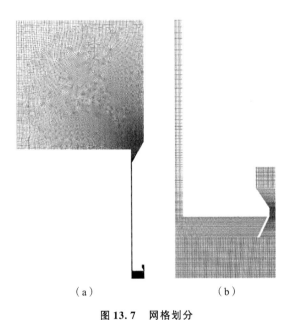

（a）   （b）

图 13.7　网格划分

（a）整体网格划分；（b）喷管附近网格划分

其中水密膜与导弹头部之间的区域、水密膜以外的区域通过 Pave 网格划分策略，使用非结构化四边形网格填充，并通过尺寸函数控制网格增长速率。

划分完网格后，检查网格质量，确保网格畸变率小于 0.6，并尽量使得网格尺寸均匀过渡。确认网格质量满足计算要求之后，对网格尺寸数字进行单位设置，确保在 CFD 仿真软件中网格尺寸与实际模型尺寸一致。

导弹水下点火破膜的整个过程是随时间变化的，因此在这里必须选择针对二维轴对称模型的瞬态求解器。这里选用基于压力的分离求解器，求解算法选择 PISO 算法。为了确保计算的稳定，计算的时间步长应小于 5×10^{-6} s，每一时间步的最大迭代此时应大于等于 50 次。对应湍流动能与湍流比耗散率的松弛因子设置为 0.5，同时计算中对湍流黏性比的限制应大于 1×10^{10}。

选择合适的求解器之后，我们需要选取适用于导弹水下点火破膜问题的物理模型。该过程设计超声速燃气可压缩流动与气 – 液两相流动，因此我们需要将流场中的燃气、空气以及海水相变后生成的水蒸气设置为可压缩理想气体，同时开启能量方程、组分输运模型与多相流模型，并将燃气、空气与水蒸气包含在同一混合气体中。考虑到破膜后燃气流入海水中形成气泡，为了更好地捕捉气泡边界，我们选用 VOF 模型，并结合 Level – Set 方法捕捉交界面。此外，高温燃气会使海水汽化形成水蒸气，为了模拟这一相变过程，需要在多相流模型中开启相间相互作用，选择蒸发 – 凝结模型。另外，由于海水密度较大，发射筒内形成的气泡在浮力作用下会逐渐上浮，并会产生 Rayleigh Taylor 不稳定现象。因此，不同于地面发射，水下发射仿真计算需要考虑重力对流体的影响。最后，整个过程涉及高速剪切流动，雷诺数较大，因此需要引入湍流模型。这里选择使用 $k – \omega$ SST 模型。

接下来需要指定计算所需要的边界条件。其中，喷管入口设置总温总压，湍流强度为 1%，湍流黏性比为 2，气体组分为纯燃气。压力出口边界压强设置为 10 个标准大气压，温度设置为 300 K。水密膜设置为耦合壁面。发射筒内初始为纯空气，压强、温度与压力出口一致。喷管喉部上游区域初始为纯燃气，压强温度与喷管入口总温总压一致。水密膜外初始为液态水，压强温度与压力出口一致。计算前在发射筒出口处设置监测点，用于监测筒口的参数（如压强、温度等）变化，如图 13.8 所示。

导弹水下点火破膜过程仿真计算分为两个阶段。第一阶段火箭发动机点火，形成的初始燃气流场，筒内压强逐渐增大。当水密膜内表面局部压强大于破膜压强时，进入第二阶段。此时筒内气体向外流出，与周围液态水接触形成两相流动。在第一阶段，水密膜保持耦合壁面边界条件。当达到破膜压强后，需要将水密膜转换为内部网格面，确保内外计算域连通。

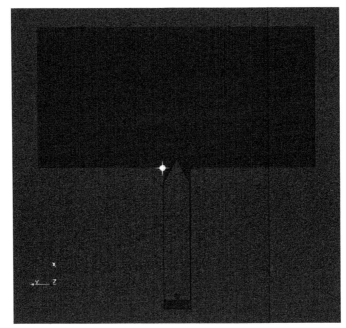

图 13.8　监测点

|13.4　水下多相流仿真结果|

下面根据导弹水下点火破膜过程依次分析流场物理量变化。首先分析第一阶段。在初始时刻，高压燃气顶开喷管喉部堵片向外喷出。堵片内外两侧压强差较大，产生起始冲击波。如图 13.9 所示，起始冲击波从喷管传出后撞击发射筒底部壁面，之后向上反射。一部分反射波冲击到导弹底部壁面形成二次反射，并在导弹底部与发射筒底之间的区域内交替反射；另一部分反射波沿弹筒间隙向上传播。点火后起始冲击波到达水密膜内表面，并增大了水密膜内表面局部压强。当局部压强大于破膜压强时，水密膜破碎，允许筒内气体向外流出。

相比起始冲击波，燃气本身的传播速度是比较慢的。如图 13.10 所示，高温燃气从发动机内部喷出后，沿导弹与发射筒缝隙向上流动。当起始冲击波到达水密膜内表面时，燃气仅沿纵向传播了不到筒长 1/4 距离。这一点也可以说明，对于当前工况，导致水密膜破膜的原因为起始冲击波，而非高压燃气本身。

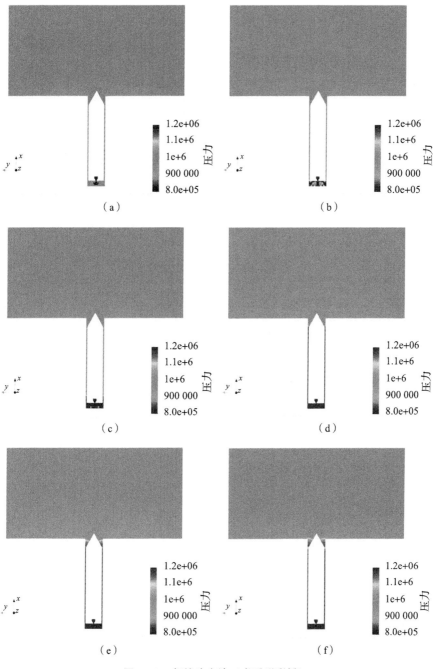

图 13.9 起始冲击波（书后附彩插）

（a）t1；（b）t2；（c）t3；（d）t4；（e）t5；（f）t6

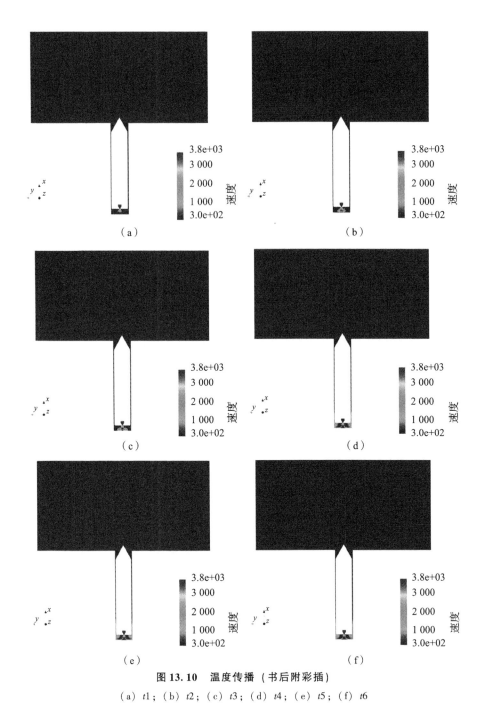

图 13.10　温度传播（书后附彩插）

（a）$t1$；（b）$t2$；（c）$t3$；（d）$t4$；（e）$t5$；（f）$t6$

　　水密膜破膜后，进入第二阶段。此时流场分析的关键在于气 – 液两相流动，其中主要包含两个重要方面：气液交界面与相变。由于采用了 VOF 与

Level Set 相结合的方法，因此气液交界面可以被较为准确地捕捉到。图 13.11 显示了流场中气相（红色）与液相（蓝色）流体的体积分数分布云图。从图 13.11 中可以看出，选取的多相流模型能够较为清晰地捕捉气液交界面。筒内气体喷出后形成的气泡经历了先膨胀、后收缩的过程，并且在收缩过程中，出现了颈缩现象，即气泡中间向内凹陷收缩。这与水下喷射试验的观测结果相符，进一步说明了选取的多相流模型是合理的。

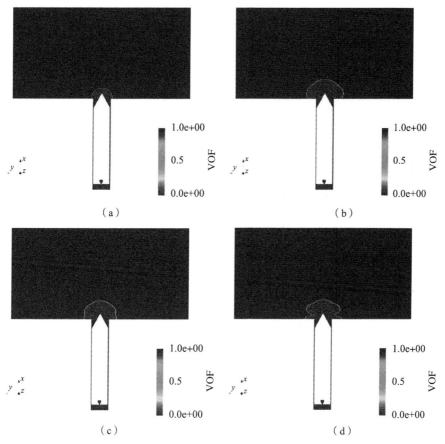

图 13.11　体积分数云图（书后附彩插）

（a）$t7$；（b）$t8$；（c）$t9$；（d）$t10$

图 13.12 显示了第二阶段的压强分布云图。从图 13.12 中可以看出，筒口气泡区域存在明显的压力振荡，当地压强在 10 个标准大气压上下波动。图 13.13 显示了监测点处的压强变化。从图 13.13 中可以看出，筒口压力波动幅值随着波动次数增加而减小。这说明压力波的能量在振动过程中逐渐耗散。

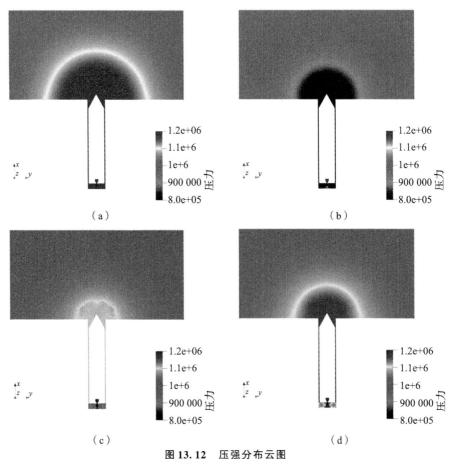

图 13.12　压强分布云图

（a）t7；（b）t8；（c）t9；（d）t10

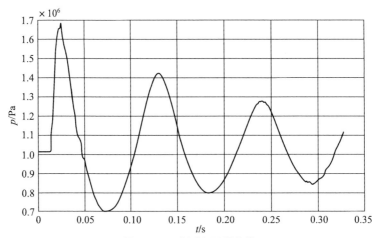

图 13.13　监测点压强变化

图 13.14 显示了第二阶段温度场分布。从图 13.14 中可以看出，高温燃气沿缝隙流出发射筒后受到周围高压海水的阻挡，始终保持在一定的区域范围之内。图 13.15 显示了筒口监测点处温度随时间的变化规律。可以看到，高温燃气到达监测点的时间明显晚于起始冲击波到达的时刻。与压强相比，温度未见大幅度波动。值得注意的是，$t5 \sim t6$ 时刻附近监测点温度超过了燃气总温，这显然是非物理的，说明对于水下发射问题而言，应该考虑各物质物性参数——特别是定压比热——随温度的变化，以免出现当地温度超过燃气总温的情况。

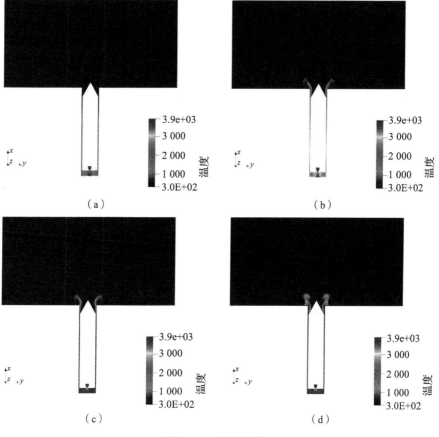

图 13.14　温度云图

（a）$t7$；（b）$t8$；（c）$t9$；（d）$t10$

图 13.16 显示了第二阶段水蒸气质量分数云图。从图 13.16 中可以看出，在发射筒筒口边缘附近，受高温燃气影响，液态水持续汽化形成水蒸气。并且，随着高温燃气不断流出，汽化区域逐渐上移，范围不断增大。

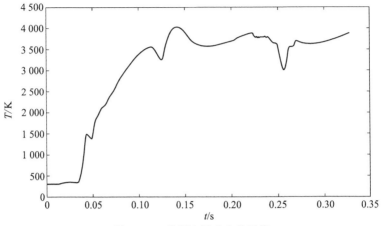

图 13.15　监测点温度变化规律

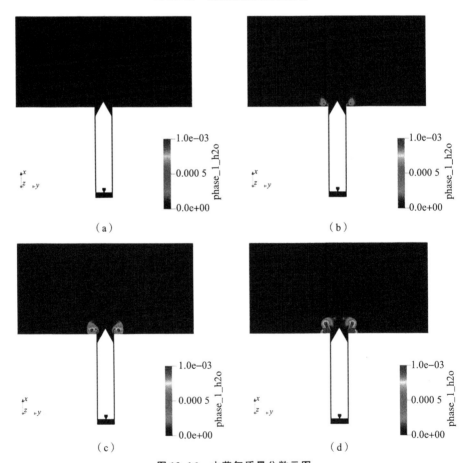

图 13.16　水蒸气质量分数云图

（a）$t7$；（b）$t8$；（c）$t9$；（d）$t10$

参 考 文 献

［1］曹然. 复合材料多瓣易碎盖设计与实验研究［D］. 南京：南京航空航天大学，2014.

［2］卜璠梓. 异形复合材料贮箱结构设计与优化［D］. 大连：大连理工大学，2014.

［3］段苏宸，姜毅，牛钰森，等. 发射箱易碎后盖开启过程的数值计算［J］. 兵工学报，2018，39（6）：1117－1124.

［4］苗佩云，袁曾凤. 同心发射筒燃气开盖技术［J］. 北京理工大学学报，2004（4）：283－285.

［5］谭汉清，田义宏. 国外飞航导弹舰面垂直发射关键技术研究［J］. 飞航导弹，2007（4）：36－38.

［6］鲁云，先进复合材料［M］. 北京：机械工业出版社，2004.

［7］沈观林，复合材料力学［M］. 北京：清华大学出版社，1991.

［8］何东晓. 先进复合材料在航空航天的应用综述［J］. 高科技纤维与应用，2006，31（2）：9－11.

［9］王松超. 某火箭系统易碎式密封盖研究［D］. 南京：南京理工大学，2013.

［10］孙甫. MY－9 易碎材料在武器系统上的应用［J］. 宇航材料工艺，2002（2）：25－28.

［11］周宏，周光明，周储伟，等. 混杂复合材料泡沫夹层结构在某导弹发射箱盖中的应用研究［J］. 玻璃纤维，2004（2）：12－15.

［12］余洪浩. 冲破式方形多瓣易碎盖的结构设计与试验研究［D］. 南京：南京航空航天大学，2016.

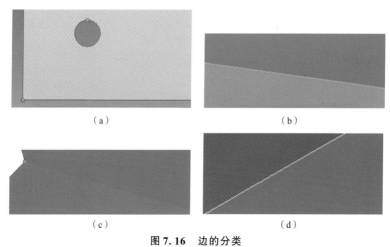

图 7.16　边的分类

（a）自由边；（b）共享边；（c）压缩边；（d）T 形边

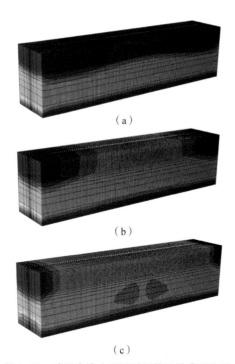

（a）

（b）

（c）

图 8.10　路面自应力不同时刻的三种典型位移

图 8.11　加载过程中模型应力云图

图 8.12　轮胎滚动过程中模型应力云图

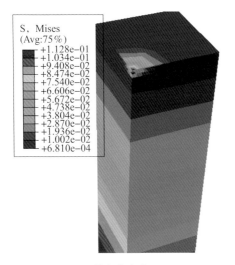

S，Mises
(Avg:75%)
+1.128e−01
+1.034e−01
+9.408e−02
+8.474e−02
+7.540e−02
+6.606e−02
+5.672e−02
+4.738e−02
+3.804e−02
+2.870e−02
+1.936e−02
+1.002e−02
+6.810e−04

图 8.18　最小密度为 100 mm

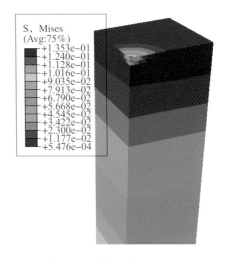

S，Mises
(Avg:75%)
+1.353e−01
+1.240e−01
+1.128e−01
+1.016e−01
+9.035e−02
+7.913e−02
+6.790e−02
+5.668e−02
+4.545e−02
+3.422e−02
+2.300e−02
+1.177e−02
+5.476e−04

图 8.19　最小密度为 50 mm

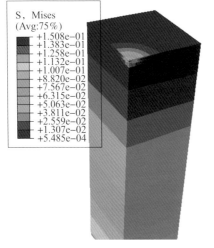

S，Mises
(Avg:75%)
+1.508e−01
+1.383e−01
+1.258e−01
+1.132e−01
+1.007e−01
+8.820e−02
+7.567e−02
+6.315e−02
+5.063e−02
+3.811e−02
+2.559e−02
+1.307e−02
+5.485e−04

图 8.20　最小密度为 10 mm

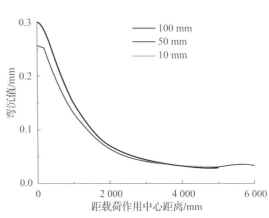

图 8.21　不同密度网格下场坪弯沉曲线

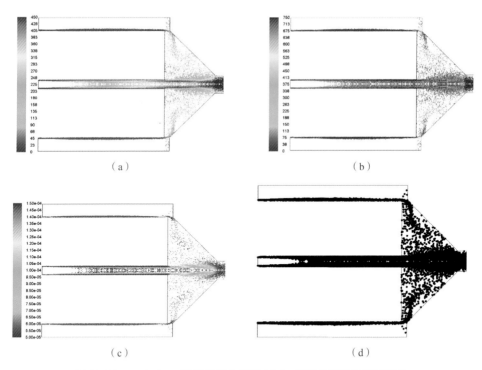

图 10. 20　$t = 0.4$ ms 时燃烧室内熔融 Al_2O_3 液滴的运动与破裂情况

（a）粒子速度云图；（b）粒子韦伯数云图；（c）粒子直径云图；（d）粒子分布图

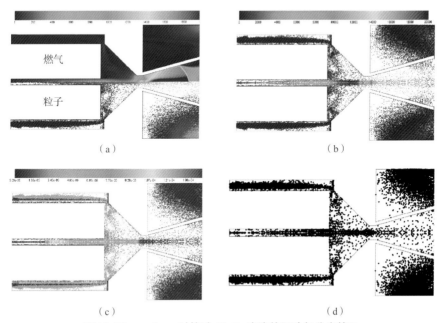

图 10. 21　$t = 2$ ms 时熔融 Al_2O_3 液滴的运动与分布情况

（a）燃气与粒子速度云图对比；（b）粒子韦伯数云图；（c）粒子直径云图；（d）粒子分布图

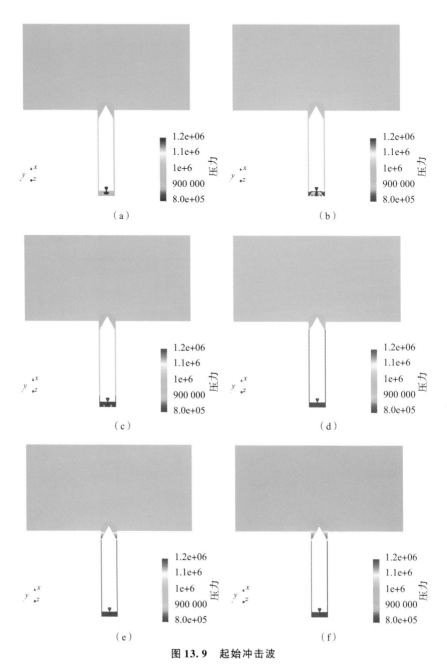

图 13.9　起始冲击波

（a）*t*1；（b）*t*2；（c）*t*3；（d）*t*4；（e）*t*5；（f）*t*6

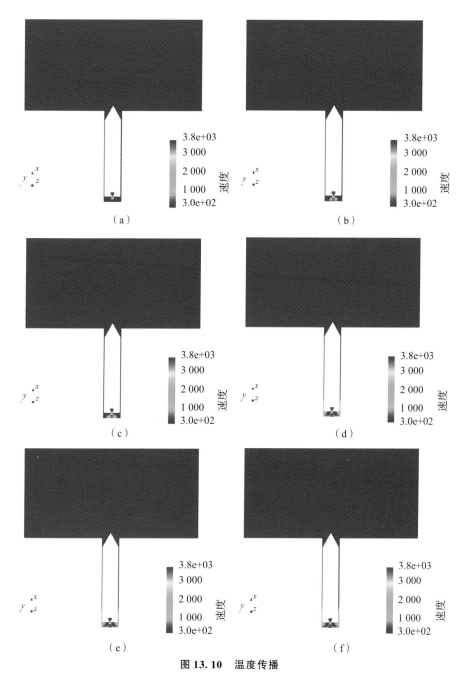

图 13.10　温度传播

（a）t1；（b）t2；（c）t3；（d）t4；（e）t5；（f）t6

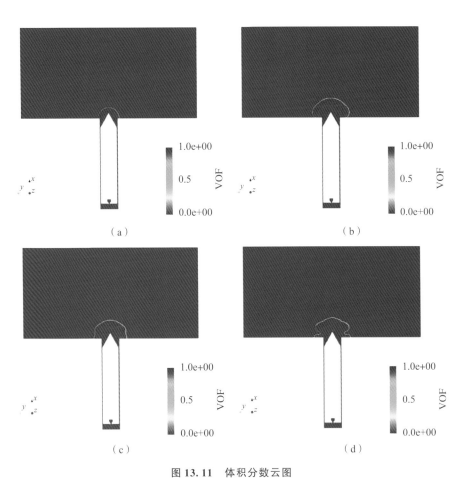

图 **13.11** 体积分数云图

（a） $t7$；（b） $t8$；（c） $t9$；（d） $t10$